EIN LABRADOR
FÜRS LEBEN

EDEL

MEL C. MISKIMEN

LABRADOR

FÜRS LEBEN

WIE EIN CHAOTISCHER VIERBEINER
UNSERE FAMILIE WIEDER VEREINTE

EDEL

Inhaltsverzeichnis

Für meinen Vater Markie Good Guy
und seine liebreizende Gattin,
die alte Wie-hieß-sie-noch-gleich

Prolog

Mein Vater legte die Hände an den Mund und rief: „Nutz! Die! Pfeife!"

Sollte ich nur kurz oder lang in die geschnitzte Hirschhornpfeife blasen, die mir an einem Band um den Hals hing?

Dad stand am einen Ufer eines schlammigen Teichs, ich am anderen und fragte mich, ob das Kitzeln an meinem Bein von einer Zecke stammte. Ich schaute nach und wurde sofort zurechtgewiesen: „Achte auf deinen Hund!"

Mein siebenjähriger schwarzer Labrador Seamus schwamm mit einem weißen Trainingsdummy aus Gummi im Maul auf mich zu. Er verfügte über eine schier endlose Energie und brauchte regelmäßig ein Ventil für seine Apportierwut, die ich doch eigentlich im Griff zu haben geglaubt hatte. Denn ich bot Seamus reichlich Möglichkeit, sie auszuleben – die Zeitung holen, meine Schuhe oder die ein oder andere abtrünnige, dreckige Socke bringen und klammheimlich, Stück für Stück, meine frisch gewaschene und gerade abgehängte Bettwäsche aus dem Wäschekorb fischen. Zog man jedoch in Betracht, wie sehnsüchtig er den Hunden im Fernsehen dabei zusah, wie sie in Seen sprangen, um tote Enten ans Ufer zu bringen, lag der Schluss nahe, dass ich die Wahrheit einfach nicht hatte sehen wollen.

Ich hatte keine Ahnung, was ich mit ihm machen sollte. Ich war keine Jägerin. Mir war es egal, dass mein Hund ein „hartes Maul" hatte, wie mein Vater es nannte, dass er also auf den Sachen herumkaute, die er sich aus meinem Schrank klaute. Genauso egal war es mir, ob ich Seamus' Erwartungen an einen anständigen Rudelführer erfüllte. Er verdrehte regelmäßig die

Augen, wenn wir uns in Gesellschaft anderer Hunde befanden, insofern erfüllte ich sie mit ziemlich großer Sicherheit nicht.

Mein Vater legte die Hände wieder an den Mund und wiederholte seine Anweisung: „Nutz die PFEI-FE!"

Also steckte ich sie mir in den Mund und brachte einen Pfiff zustande, der meiner Meinung nach laut genug war, dass Seamus ihn hören und irgendwie begreifen konnte, was ich ihm damit sagen wollte. Aber was genau wollte ich ihm eigentlich damit sagen? Herkommen? Umdrehen? Anhalten? Wenn *ich* es schon nicht wusste, wie konnte ich es dann von meinem Hund verlangen? Weil Hunde solche Dinge einfach intuitiv begreifen? Sie wissen schließlich auch, ob man gerade zum Strand oder zum Tierarzt unterwegs ist, oder?

Seamus war immer noch auf Kurs. Und ich machte mir immer noch Gedanken um die vermeintliche Zecke.

Ich war eigentlich genauso gern draußen unterwegs wie mein Dad – na ja, vielleicht nicht *genauso* gern. Mit meinem Hund draußen Zeit zu verbringen schloss für mich durchaus ein, dass ich genüsslich einen Smoothie auf der Terrasse trank, während Seamus im Garten mit der gleichen Hingabe einen Stock zerkaute wie ich früher in der dritten Klasse meine Bleistifte. Sobald die Temperaturen Richtung eiskalt tendierten, bevorzugte ich den Komfort einer Hütte mit Innentoilette, während mein Vater noch zu Zelt und Schlafsack griff. Außerdem startete ich gern in trockenen Klamotten in den Tag und beendete ihn auch lieber in solchen, statt vom Spritzwasser eines sich schüttelnden Hundes einseitig durchweicht zu werden.

Mein Vater beherrscht das Handwerk der Jagdhundeabrichtung wie eine zweite Muttersprache. Seine Hunde gewannen Pokale, Schleifen, Urkunden. Sein derzeitiger Hund – ein vierzehnjähriger Springerspaniel namens Mugsy, mittlerweile im Ruhestand – erklomm den Gipfel innerhalb der Retrieverszene und holte sich den Titel *Master Hunting Dog Excellent,* innerhalb der Welt der Feldprüfungen eine ziemlich große Sache. Also, ja, mein Vater kennt sich aus. Obendrein ist er pensionierter Polizist. Er gibt Befehle. Er führt. Selbstverständlich weiß er, wie man eine Pfeife benutzt.

Endlich trottete Seamus das rutschige Ufer hinauf, den Dummy fest im Maul, warf mir einen abschätzigen Blick zu und verschwand im hohen Gras. Mein Vater schüttelte entrüstet den Kopf. Warum hatte ich noch mal darauf bestanden, mit meinem Vater und dem Hund gemeinsam loszuziehen? Weil ich nach dem Tod meiner Mutter geglaubt hatte, das könne uns helfen ...

1

Das unglaubliche Schrumpfhirn

Mit der Gesundheit meiner dreiundachtzigjährigen Mutter ging es seit Anfang September rapide bergab. Die Untersuchungen ergaben, dass kein Krebs dahintersteckte; alle Organe funktionierten, wie man es bei einer Frau ihres Alters erwarten konnte. Allerdings schrumpfte ihr Gehirn – etwas, was laut Aussage des Arztes das Hirn eines jeden tut, was mich auf beunruhigende Weise beruhigte.

Ich befand mich in der Leeres-Nest-mit-alternden-Eltern-Phase. Meine beiden Kinder – eine Tochter, Caitlin, und ein Sohn, Angus – wohnten anderthalb Stunden mit dem Bus entfernt in Madison, Wisconsin. Caitlin ist die Ältere. Sie hat einen Master in Journalismus und strebt gerade ihren Doktor an. Sie ist blond, witzig, hübsch. Angus ist vier Jahre jünger, charmant, gut aussehend, umsichtig und fürsorglich. Er kann keinen Film sehen, in dem ein Hund vorkommt, ohne vorher zu wissen, ob der Hund stirbt oder nicht. Als Mutter bin ich natürlich verpflichtet, sie zu lieben, aber was viel wichtiger ist: Ich mag sie wirklich richtig, richtig gern. Ich bin mit ihnen auf

Facebook befreundet, allerdings unter einer Bedingung: Ich darf nichts kommentieren.

Die Letzten, die noch durchs Haus polterten, waren ich und mein geduldiger Ehemann Mark, den ich in einer kalten Novembernacht in einer Bar kennengelernt hatte. Das war in den toupierten Achtzigern. Er hatte den besten Baggerspruch aller Zeiten. Ich war allein. Er war allein. Er kam zu mir und fragte: „Darf ich dich was fragen?"

„Klar", antwortete ich.

„Äh ... warst du auf einer katholischen Mädchenschule?"

Ich wusste nicht, was ich darauf erwidern sollte, denn – ja – ich *bin* auf eine katholische Mädchenschule gegangen.

„Du hast einfach so eine Aura", sagte er dann.

„Kariert und plissiert?", fragte ich.

Und dann gab es da noch ein weiteres Lebewesen, das unser Domizil nach dem Auszug der Kinder sein Zuhause nannte: unseren siebenjährigen schwarzen Labrador Seamus.

Offiziell entstammt er einer Arbeitslinie, also der sportlichen Labradorzuchtvariante, die vornehmlich in der Jagd eingesetzt wird und schlanker und leichter ist als Labradore aus Showlinien. Aber Seamus ist stämmig und hat vergleichsweise kurze Beine. Seine Pfoten sind groß wie Paddel. Seine Rute kann mit Leichtigkeit einen Couchtisch leer fegen, auf dem alles für einen Footballabend vor dem Fernseher bereitsteht – einmal Wedeln und schon finden sich Schüsseln mit Chips, Dips und Salsa auf dem Boden wieder. Spielstände interessieren Seamus überhaupt nicht, dafür ist er viel zu sehr damit beschäftigt, die Reste vom Teppich zu schlecken.

Während der Monate, in denen sich der Zustand meiner Mutter immer weiter verschlechterte, brauchte ich Mark, Caitlin und Angus hauptsächlich, um Frust abzulassen – darüber, wie sehr die Situation meinen Vater belastete, über das mangelnde

Mitgefühl meiner Schwester und über mein Gefühl von Hoffnungslosigkeit, von Wut und Enttäuschung. Ich suchte bei ihnen nicht nach Antworten – es waren ihre Zustimmung, ihre Umarmungen und ihre Zuwendung, die mir Kraft schenkten. Seamus bot mir seinen großen Quadratschädel zum Streicheln, seine Schnauze zum Knuddeln und seinen Ich-bin-für-dich-da-Blick aus treuen braunen Augen. Als Gegenleistung wollte er nichts als Fressen und ein Stück Grün, auf dem er sein Geschäft verrichten konnte.

Thanksgiving kam und meine Mutter konnte nicht mehr ohne Stock gehen. Sie erinnerte sich nicht, welchen Tag wir hatten oder ob ich bereits dagewesen war, um ihren Strickkorb zu ordnen, aber über tagespolitische Themen konnte sie noch diskutieren. Wie war so etwas möglich?

Weihnachten brachte sie kaum mehr etwas ohne Hilfe fertig, war sehr schweigsam und nur noch schwer in eine Unterhaltung zu verwickeln und aß nichts mehr außer Pudding. Die Tage nach dem Fest verbrachte sie auf dem Sofa, starrte aus dem Panoramafenster und wartete darauf, dass die Goldzeisige an ihren Futterspender zurückkehrten.

Dad rief mich an und bat mich, zum „Momsitting" vorbeizukommen. Er musste zum Großmarkt, weil sie nur noch vierzehn Klopapierpackungen im Haus und – nach fünf Jahren – endlich das Zwanzigliterfass saure Gurken geleert hatten.

Mom wirkte nervös.

„Ein Vogel ist gegen das Fenster geflogen", sagte sie, eine Spur Panik in der Stimme. „Du weißt, was das bedeutet."

„Ach so, ja. So was passiert."

„Es war ein Goldzeisig. Du weißt, wie sehr ich sie liebe."

„Mom, es ist nur ein Vogel, der gegen das Fenster geflogen ist", sagte ich in dem Versuch, mich selbst von der Nichtigkeit des Geschehenen zu überzeugen.

„Ein Rotkardinal ist dagegengeflogen und dann ist meine Schwester Ellen gestorben."

„Mom, sie war neunzig und hatte einen Schlaganfall."

„Kurz vor dem Tod meiner Schwester Jane: ein Rotkehlchen."

„Mom, sie war fünfundachtzig und starb an Herzversagen."

Sie schüttelte den Kopf. „Nein. Nein. Ein Goldzeisig ... Ich bin als Nächste dran."

Ich setzte mich zu ihr und versuchte, an dem mit gelben Federn gespickten Fleck vorbei durch das Panoramafenster zu schauen, während ich inständig hoffte, dass sich dieses Ammenmärchen nicht bewahrheiten würde.

Die Generation meiner Eltern wurde von General Tōjō und Hitler geprägt. Sie stammten aus der Zeit der Rationsbücher und Big Bands. Sie lernten sich mit zwölf kennen. Mein Vater stibitzte einen ihrer Fäustlinge, während sie auf dem zugefrorenen Teich im Kosciuszko-Park „Mädchenfangen" spielten: Solange man ein Mädchen festhielt, konnte man selbst nicht gefangen werden. Sie wuchsen nur ein paar Straßen entfernt voneinander im selben Arbeiterviertel Milwaukees auf. Die Familie meines Vaters gehörte – nach Ansicht meiner Großmutter väterlicherseits – zu den wohlhabenden, gehobenen Polen (sie verfügten über ein Auto und einen Telefonanschluss!). Die Familie meiner Mutter gehörte (ebenfalls und einzig nach Ansicht meiner Großmutter) zur Unterschicht und war insofern völlig ungeeigneter Umgang. Sie hatten weder Auto noch Telefon noch Zentralheizung. Sie bewohnten ein Kellergeschoss – zur Miete! Und das Schlimmste: Meine Mutter war *Irin*. Meine Eltern heirateten 1950 und wohnten noch immer in dem Haus, das sie 1955 gekauft hatten, eingerichtet im altamerikanischen Stil: karierte Polster, geflochtene Läufer und rustikale Kiefernvertäfelung. Meine Mutter hatte nie in ein größeres, besseres Haus umziehen wollen. Für sie glich ein Haus mit zwei Schlafzimmern, einem

Bad und einem Gemeinschaftsraum im Keller einem feudalen Anwesen.

Sie spielte weder Tennis noch Golf; ihre sportlichen Aktivitäten umfassten Staubsaugen und Wäschefalten. Ihre Oberarmmuskeln kamen zustande, indem sie Körbe voller Dreckwäsche in den Keller trug und den Haufen nasser Hemden und Bettwäsche dann wieder hinaufschleppte, um sie anschließend auf die Wäscheleine zu hängen. Sie brachte mir bei, wie man ein Spannbettlaken faltet, dass Viskose aus Zellstoff besteht und wie man ein Bügeltuch verwendet, um die Falten in den Rock meiner Highschooluniform zu bekommen.

Je älter sie wurde, desto mehr Aufgaben musste mein Vater übernehmen, weil sie zum Beispiel die steile Treppe nicht mehr in den Keller hinunterkam (geschweige denn wieder hinauf), um die Wäsche zu machen. Ihr fehlte die Kraft, den Staubsauger zu bedienen. Sie vergaß immer häufiger, dass ihr Kaffee zum Aufwärmen in der Mikrowelle stand und ob sie die Flamme am Gasherd abgedreht hatte. Ich rief meinen Dad an, um zu fragen, ob er Hilfe brauche und wie der Tag gelaufen sei, und er antwortete stets in dem Telegrammstil, den er bei der Polizei gelernt hatte: „Niemand ist hingefallen, niemand hat erbrochen, niemand hat eingemacht."

Mit anderen Worten: ein guter Tag.

Dad arbeitete fast vierzig Jahre lang bei der Polizei in Milwaukee. Er fuhr Streife, und das im Rettungswagen, denn damals bestand der noch aus nichts weiter als zwei Polizisten in einem entsprechend umgebauten Kombi mit einer Trage hintendrin. 1958 war er noch jung und blond, eignete sich also perfekt für die Arbeit bei der Sittenpolizei. Was genau dort seine Aufgabe war, erzählte er nie. Ich fand es vor ein paar Jahren Thanksgiving heraus, als meine Mutter Brötchen, Apfelkuchen und einen Karton voll verschwommener Polizeiberichte mitbrachte. Der Truthahn geriet in jenem Jahr etwas trocken, weil ich wie gebannt in der Küche stand und las, wie mein Vater in öffentlichen Bedürfnisanstalten als Lockvogel für Huren und Homosexuelle, die damals noch als Perverse galten, gedient hatte, was bei mir einen faden Nachgeschmack hinterließ.

Die Ermittlungen gegen Organisierte Kriminalität führten zu Morddrohungen gegen ihn und uns – während eines besonders heiklen Falls wurde unser Haus rund um die Uhr bewacht. Als es in den späten 1960ern zu Bürgerunruhen kam, wurde Dad zum Sergeant befördert, was meine Schwester und mich in moralische Schwierigkeiten brachte – wir gerade Teenies und unser Vater der Bulle. Als ich aufs College ging, gehörte Dad zur Taktischen Einheit, die in einem Zivilfahrzeug durch die Stadt kurvte. Trotzdem wusste jeder, wer sie waren. Aus welchem Grund sollten sonst vier kräftig gebaute weiße Männer in Nylonjacken in einem fetten schwarzen Wagen ohne Radkappen unterwegs sein? Zuletzt war er Schießausbilder an der Polizeischule gewesen – die einzige Phase in seiner knapp vierzigjährigen Karriere, in der er eine normale Vierzigstundenwoche und freie Wochenenden hatte und meine Mutter in den Nächten ruhig schlafen konnte.

Der Ruhestand ermöglichte es ihm, das zu tun, was er liebte – jagen und angeln –, und zwar mit den beiden großen Lieben seines Lebens: seinem Hund und seiner Frau. Mit der Rotwildjagd hatte er in den frühen 1940ern angefangen, als er noch ein neunmalkluger Jungspund war. Eins meiner Lieblingsfotos von ihm zeigt ihn bei seiner ersten Jagd. Wenn ich aus den Hunderten von Aufnahmen, die sich in Kisten, Alben und Schubladen stapeln, eine auswählen müsste, die das Wesen meines Vaters am besten wiedergibt, dann wäre es diese. Oder eine, die auf Streife entstanden ist und ihn lächelnd in Uniform zwischen ein paar Typen zeigt, die an die Jets und die Sharks aus der *West Side Story* erinnern.

Das Jagdfoto könnte direkt der Kulisse zu *Früchte des Zorns* entstammen. Der staubige Hof einer Farm, ein Zehnenderhirsch hängt an der Windmühle, ein weiterer liegt über die Motorhaube eines 1939er Fords drapiert. Vier Männer in Wasser abweisenden, dicken Karojacken stehen dort, sie alle haben gefütterte Jagdkappen auf dem Kopf, ganz so wie Elmer Fudd sie bei *Bugs Bunny* trägt. Nur mein Vater hat keine Jacke an, der Kragen seines Flanellhemds ragt aus einem lumpigen Sweatshirt. Seine Hose hat Löcher, sein blondes Haar ragt unter einer Strickmütze hervor, seine Stiefel sind lehmverkrustet. Mit dem Gewehr auf der einen und einem zotteligen Hofhund auf der anderen Seite wirft er sich richtiggehend in Pose.

Die Entenjagd hatte anfangs noch nicht zu seinen aushäusigen Aktivitäten gezählt, denn dafür brauchte man einen ausgebildeten Hund und er hatte weder die Zeit, einen Hund entsprechend zu trainieren, noch einen geeigneten Hund. Die Hunde seiner Kindheit und Jugend waren überwiegend Mischlinge, Streuner gewesen, die ihm nach Hause gefolgt waren. Erst mit über vierzig kaufte er sich einen Springerspaniel und schloss sich einem Hundeverein an, der über ein großes Areal mit Feldern und Teichen verfügte – ein Ort, der alles bot, was man für die Ausbildung eines Jagdhundes benötigte.

Wann immer sich meinem Vater die Gelegenheit bot, sich in einen feuchten Unterstand oder auf einen kalten Baumstumpf zu setzen, in der Hoffnung, dass ihm nun endlich der lang ersehnte Vorzeigehirsch ins Fadenkreuz lief, ergriff er sie. *Immer.* Auch damals, als es seiner Mutter gesundheitlich immer schlechter ging oder als unsere kleine Kernfamilie von der zweiten einer Reihe noch folgender Scheidungen meiner Schwester gebeutelt wurde.

Erst die Krankheit meiner Mutter setzte Dads fünf bis sechs Stunden langen Hundeausflügen ein Ende, während deren er gewöhnlich auf und ab durch Felder stapfte, bis zu den Knien im Schlamm, eine Flinte über der Schulter, während sein Hund tat, wozu er ihn ausgebildet hatte: geschossenes Geflügel apportieren. Wann war er das letzte Mal im Verein gewesen? Wann hatte er zuletzt Enten gejagt? Wann Rotwild? Vor einem Jahr? Zwei? Ich bot ihm an, auf Mom aufzupassen, falls er mal wieder mit seinem Hund loswollte, einfach um rauszukommen oder auf irgendwas zu schießen. Egal ob nur einen Nachmittag oder sogar über Nacht. Aber er wollte nicht. „Was, wenn etwas passiert? Ich wäre viel zu weit weg, außerdem habe ich im Unterstand oder Hochsitz gar keinen Handyempfang."

Nach Ostern kam Mom ins Krankenhaus, weil sie zu schwach geworden war und unter Flüssigkeitsmangel litt. Wir alle glaubten, sobald sie erst am Tropf hinge, wäre alles wieder in Ordnung, aber da lagen wir falsch. Wie sich herausstellte, war eine ganz andere Flüssigkeit das Problem. Die Diagnose lautete Normaldruckhydrozephalus. Zu viel Gehirn-Rückenmarks-Flüssigkeit füllte den durch das schrumpfende Gehirn entstandenen Platz. War das also der Grund für Moms Demenz, ihre Inkontinenz, ihre Gleichgewichtsprobleme?

Es gab eine Lösung in Form eines chirurgisch eingesetzten Shunts, der die gestaute Gehirnflüssigkeit abführen würde. Die Ärzte erklärten uns, dass die OP helfen würde, wir aber nicht damit rechnen könnten, dass Mom im Anschluss vom OP-Tisch springen und eine Runde Polka tanzen könne. In einer Pizzeria wogen mein Vater, meine Schwester Linda und ich die Vor- und Nachteile einer Shuntlegung ab.

„Ich weiß nicht, Dad. Sie ist immerhin dreiundachtzig … Aber ich schätze, Sie hätten den Eingriff nicht vorgeschlagen, wenn er ein zu großes Risiko für sie darstellen würde, oder?"

„Ich nehme die mit grüner Paprika", sagte Linda.

„Für mich ohne Zwiebeln", warf Dad ein. Die mehrfach gepiercte und bis zum Hals tätowierte Kellnerin, auf deren Namensschild „Fräu Lein" stand, kritzelte unsere Bestellung in ihren welligen Block und nahm uns dann die postergroßen, laminierten Speisekarten aus den Händen. „Dauert nur 'n paar Minuten", sagte sie.

Eine Weile saßen wir schweigend da. Ich dachte darüber nach, wie die nächsten Wochen aussehen würden, fragte mich, ob mein Vater das alles würde bewältigen können. Denn wenn nicht, müssten wir einen Pflegedienst finden und ein Krankenbett in die Wohnzimmerecke stellen, in der sonst immer der Weihnachtsbaum aufgestellt wurde. Oder aber wir sahen einem Weihnachtsfest in einem Pflegeheim entgegen, denn das war die letzte Alternative. Und alle drei Szenarien waren schrecklich.

„Sagen wir mal, wir stimmen dem Shunt zu", setzte ich an, „dann kann sie trotzdem nicht nach Hause, außer –"; die Kellnerin brachte uns ein rotes Plastikkörbchen mit Brot und glänzenden Butterpäckchen und unsere Getränke.

„Außer?" Mein Vater wickelte sein Besteck aus der Serviette.

„Du rüstest nach. Du weißt schon: Ihr braucht Rampen."

„Dann bau ich halt welche!", sagte er.

„Das lässt du schön bleiben!", entgegnete meine Schwester.

„Mit deinen Knien!" Die Butter in dem Päckchen, das er sich ausgesucht hatte, war noch gefroren. Seine Versuche, sie trotzdem auf seinem Brot zu verteilen, führten zu klaffenden Löchern, die nur von der Brotrinde zusammengehalten wurden.

„Und was, wenn" – ich wollte es nicht aussprechen, aber einer von uns musste es wagen – „das mit dem Shunt nichts bringt? Was dann?"

„Na, wenn da mal nicht der personifizierte Optimismus sitzt." Linda hatte mehr Glück mit der Butter. Sie hatte sich zwei Päckchen in den Ausschnitt gesteckt, um sie anzuwärmen.

Mein Vater seufzte, zuckte dann mit den Schultern.

„Aber wenn … wenn wir nichts tun", er riss das Papier von einem Strohhalm, bevor er etwas Wasser aus seinem roten Plastikbecher saugte, „dann werde ich mir in den Hintern beißen, weil wir es nicht mal versucht haben."

Die Pizza kam, aber ich kriegte keinen Bissen runter. Mein Vater starrte auf den Teller, auf den Blasen werfenden Käse, die fettigen Wurstscheibchen, die schrumpeligen Pilze, die grüne Paprika und die Oliven. Auch er konnte nichts essen.

„Ich verhungere!", sagte meine Schwester und zog sich ein großes Pizzastück auf den Teller. Ich ließ mir von Fräu Lein einen Karton für die Reste geben. Seamus durfte sich auf kalte Pizza freuen.

2

Die Shuntlegung

Die Operation wurde für den kommenden Sonntag angesetzt. Ich ging nicht zu meiner Mom ins Zimmer, bevor sie weggebracht wurde, weil ich das Gefühl hatte, sie und mein Vater hatten einander noch ein paar persönliche Dinge zu sagen. Ich wäre mir wie ein Eindringling vorgekommen. Außerdem trug meine Mutter ihr Gebiss garantiert nicht und ich wusste, wie empfindlich sie in dem Punkt war.

Ich hatte erst drei Jahre zuvor erfahren, dass sie überhaupt ein Gebiss hatte. Damals hatte ich sie zu einer Kernspintomografie begleitet und ihr beim Ausfüllen des Aufklärungsbogens geholfen.

„Mom, bist du allergisch gegen Jod?"

„Ja."

„Im Ernst?"

„Ja."

Also kreuzte ich das Kästchen an.

„Hast du Implantate?"

„Implantate?"

„Ja, du weißt schon. Hüfte, Knie …"

„Ach, und ich dachte, du meinst Brüste!"

„Und?"

„Nein!"

Ich kreuzte Nein an.

„Halbkronen, Kronen, Brücken oder sonstigen Zahnersatz hast du ja auch nicht." Sie machte ein komisches Gesicht. Den gleichen Blick kannte ich von meinem Sohn, als er neun war und ich herausgefunden hatte, dass er seine Reli-Note eigenmächtig von „ausreichend" auf „gut" verbessert hatte. Ich gab ihm damals dreimal die Chance, mir die Wahrheit zu sagen, aber er nutzte keine davon.

„Mom? Zahnersatz?"

„Ähm ... doch."

„Eine Krone? Oder eine Brücke?"

„Nein, eher komplett die Dritten."

„Du trägst ein Gebiss?!"

„Ja", sagte sie hastig und beschwichtigend.

„Seit wann denn?"

„Oh ... ich hab es schon mit einundzwanzig bekommen. Meine Zähne sahen so schlimm aus."

„Warum hast du nicht in eine Spange investiert?"

„Die konnte ich mir nicht leisten. Die Hochzeit stand an und ich wollte perfekt aussehen, deshalb bin ich zum Zahnarzt und der meinte, die einzige Möglichkeit sei, sie alle zu ziehen." Während der dreiundzwanzig Jahre, in denen ich ein Bad mit meinen Eltern teilte, war mir nie etwas aufgefallen, das auf falsche Zähne hätte hindeuten können. Keine Dose. Kein Gebissreiniger. Keine Spezialzahnpasta. Ich war so schockiert wie sie damals, als ich aus der Grundschule nach Hause kam und ihr erzählte, wir hätten in Geschichte gelernt, dass Franklin D. Roosevelt nicht laufen konnte. Jemand kam, um sie zum MRT zu bringen. Ich schaute ihr hinterher und fragte mich: *Was gibt es noch, das ich nicht über sie weiß?*

Der Shunt-Eingriff sollte fünfundvierzig Minuten dauern. Mein Vater, meine Nichte Amanda, die stellvertretend für meine Schwester gekommen war, und ich saßen im Familienwartezimmer. Mein Vater war optimistisch. „Der Bruder von einem Bekannten hatte genau das Gleiche …"

„Ach?", fragte ich.

„Ja, und er hat noch zwanzig Jahre gelebt!"

War ich überrascht, dass meine Schwester nicht aufgetaucht war? Ja und nein. Sie hatte lange nicht vorbeigeschaut – weder zu Hause noch im Krankenhaus … Ich glaube, sie war sauer. Auf Mom. Weil sie keine der Fitness-DVDs geschaut und auch nicht die Gymnastikbänder benutzt hatte, die meine Schwester ihr zu den letzten Geburtstagen und jüngst zu Weihnachten geschenkt hatte. Wenn meine Mutter Lindas Geschenke öffnete, wirkte sie danach noch verwirrter als gewöhnlich. Meine Schwester erklärte dann mit lauter Stimme wie einer dieser nervigen Amerikaner im Ausland: „Das sind Gummibänder! Für deine Beine. Wenn du die nicht benutzt, fällst du und brichst dir was … und dann müssen wir dich erschießen."

Mein Vater blätterte geistesabwesend, aber lautstark durch die Seiten einer Gartenzeitschrift von 1999. „Sag mal, wo ist denn eigentlich deine Mutter?"

Amanda erklärte, ihre Mutter habe wirklich versucht freizubekommen, aber niemand hatte ihre Schicht im Kino übernehmen können.

Schon bald steckte der Chirurg den Kopf zur Tür herein und berichtete, dass alles wie am Schnürchen gelaufen sei. Eine OP „wie aus dem Lehrbuch". Mom müsse noch ein paar Stunden im Aufwachraum bleiben. Mein Vater legte das Magazin, das er sowieso nicht gelesen hatte, weg und wirkte erleichtert. Er sagte, ich müsse nicht länger bleiben. Ich widersprach. Er bestand darauf, dass ich gehen solle. Ich bestand darauf zu bleiben. Er beharrte, ich solle gehen. Also ging ich und nahm Amanda mit. Aus dem Auto rief ich meine Schwester an.

„Hi, ich bins", sagte ich.

„Oh, oh. Was ist los?" Sie klang höchst beschäftigt. Ich hoffte, dass es etwas Wichtiges war.

„Mom hat die OP hinter sich. Sie ist gut verlaufen. Dad ist noch im Krankenhaus. Amanda und ich sind auf dem Heimweg ... Ach, und eins noch: Dad glaubt, dir ist Mom scheißegal."

„Wie bitte?" Es klang, als wäre ihr das Telefon aus der Hand gefallen.

„Er hat gefragt, warum du nicht ins Krankenhaus gekommen bist."

Sie seufzte. Weil sie wusste, dass sie sich falsch verhielt. Und ich wusste, dass ich das Richtige tat.

„Ich ... Mann, es ist so hart!", wimmerte sie.

„Ich weiß ... Aber jetzt reiß dich mal zusammen und fahr hin!"

Als ich am nächsten Tag ins Krankenhaus kam – in der Hoffnung, Mom im Bett sitzend und die *Andy Griffith Show* schauend anzutreffen –, schlief sie. Es war nicht leicht zu erkennen, wo die weißen Laken aufhörten und wo Mom begann. Dann entdeckte ich etwas Kleines, Gelbes auf ihrem Brustkorb, der sich nur schwach hob und senkte. Es war ein Post-it.

Ich war hier. Du hast geschlafen. L.

Sechs Tage nach der Shuntlegung konnte Mom noch immer weder stehen noch gehen, aber sie war stabil, hatte sogar wieder Appetit und ihre Werte waren gut. Sie musste nicht länger im Krankenhaus bleiben. Nächster Halt: Reha.

Sie bekam ein schönes Zimmer mit einer Bettnachbarin namens Helen, deren Sohn ein Kollege meines Vaters bei der Polizei gewesen war. Ein gutes Zeichen. Die Pflegekräfte waren fürsorglich und aufmerksam. Wie lange Mom hierbleiben würde, lag ganz an ihr. Sie könnte nach Hause kommen, sobald sie ohne Hilfe würde stehen können. Nicht einmal *gehen*, nur *stehen*. Aber gemessen an den Gerätschaften und der Menge muskulösen Personals, die nötig war, um sie aus dem Bett und wieder hinein zu bekommen, und daran, wie erschöpft sie danach immer aussah, würde es bis zum selbstständigen Stehen allerdings noch eine Weile dauern.

Die private Krankenversicherung übernahm nur einen dreißigtägigen Aufenthalt, dann würde Medicare einspringen, unsere gesetzliche Krankenversicherung für ältere oder behinderte Menschen, aber auch nicht endlos. Danach würde die finanzielle Bringschuld an meinen Vater fallen, und auch wenn wir dort noch lange nicht angekommen waren, machte er sich schon Gedanken. Wie sollte er mit seiner Pension siebenhundert Dollar die Woche stemmen?

„Ich werde ein paar Gewehre verkaufen müssen."

Er verwahrte seine Winchester Kaliber 12, den Unterhebelrepetierer und den Karabiner aus dem Zweiten Weltkrieg in einem Gewehrschrank aus Walnussholz und Glas auf. Meine Mutter hatte ihm den Schrank zum Sechzigsten geschenkt. Sie hatte genau diesen ausgewählt, weil auf den Seitenteilen und der unteren Verkleidung Spaniels abgebildet waren, die nach Beute stöberten. Seine Dienstwaffe – eine Smith & Wesson mit Perlmuttgriff, die er am Küchentisch auseinandernahm und reinigte, wobei ich ihm immer aufmerksam zugesehen hatte – hing an einem Haken an der hinteren Wand.

Er wollte die Waffen seinen Enkelsöhnen vermachen, die zwar nicht jagten, aber eins von Dads wichtigsten Kriterien erfüllten: Sie waren Männer.

„Oder vielleicht das Boot?", fuhr er fort.

Nein. Nicht das Boot!

Er hatte sich jahrelang ein Boot gewünscht, aber kaum kam es in greifbare Nähe, war immer irgendetwas dazwischengekommen – wie meine Zahnspange oder das Schulgeld, um meine Schwester und mich auf eine katholische Mädchenhighschool zu schicken, oder der Sommer 1969, als meine Schwester sich auf das Motorrad ihres Freundes setzte, Gas gab, durch die Rückwand unserer Garage donnerte und dabei ein riesiges Loch in die Wand und ihr Bein riss.

Nachdem er sich jahrelang mit gebrauchten Aluminiumbooten ohne eigenen Motor und Aufbauten zufriedengeben musste, besaß er nun endlich das Boot seiner Träume. Es war fünf Meter lang, bestand aus GFK und besaß einen 50-PS-Außenbordmotor, einen zusätzlichen Elektromotor, ein Echolot mit GPS und MOB-Funktion, einen Fischkasten, gepolsterte Drehsitze mit Lendenwirbelsäulenstütze und einen breiten, flachen, mit Teppich ausgelegten Bug, damit der Hund nicht abrutschte, wenn er in den See sprang, um Enten zu apportieren. Das Boot war seit fast zwanzig Jahren in Gebrauch und sah trotzdem noch immer aus wie am ersten Tag.

„Ich könnte mich auch von ein paar Angeln trennen. Und von einem Teil der Fischköder. Einige sind noch aus den Vierzigern, die müssen mittlerweile ja was wert sein!"

Doch nicht die Angeln! Die schönen Spulen! Da hätte er sich gleich ein Körperteil abhacken können!

Wäre ich der Vorstand einer Krankenkasse, ich könnte nicht mit der Vorstellung leben, dass jemand in Milwaukee seine wertvollsten Habseligkeiten verkauft, um für den Krankenhaus- und Reha-Aufenthalt seiner Frau zu zahlen. Wie können die Bosse dieses Systems nachts nur schlafen?

Aber ausreden würde ich es ihm nicht können. Selbstverständlich würde er seinen Kram verkaufen. Denn mehr war das für ihn nicht, bloß Kram. Für ihn zählte eben Mom. Marian. So war er einfach. Und während wir so vor dem Schwesternzimmer standen und ich ihm lauschte, welche (in seinen Augen) kleinen Opfer er für die Situation bringen wollte, wurde er von meinem ganz persönlichen Alltagshelden zum Superhelden.

Wenn sie gewusst hätte, dass er auch nur darüber nachdachte, ihretwegen sein Boot zu verkaufen, sie wäre ihres Lebens nicht mehr froh geworden.

Ich verbrachte den Rest des Tages bei Mom und verfolgte ihre vorhandenen und nicht vorhandenen Fortschritte. Dann fuhr ich die zwei Stunden von Milwaukee nach Madison, um meinen Sohn abzuholen, damit er am nächsten Tag seine Großmutter besuchen, unseren Kühlschrank leer essen und seine Wäsche waschen konnte.

Als wir zu Hause ankamen, zog ich meine Jacke und die Clogs aus. Kaum hatte ich es mir mit einem Glas Pinot von der Größe eines Goldfischglases, das Mark für mich bereitgestellt hatte, bequem gemacht, klingelte das Telefon.

Im Display stand „Wheaton Franciscan Healthcare". Das Rehazentrum.

Wieso brannte es plötzlich in meiner Magengegend? Vielleicht war irgendetwas passiert? Vielleicht war es aber auch einfach nur Mom, die plaudern wollte. Deswegen hatte sie schließlich auch vor ein paar Tagen schon angerufen.

„Hallo? Wer ist da?", hatte sie gefragt.

„Mom, du hast *mich* angerufen."

„Oh, dann habe ich mich wohl verwählt. Ich wollte meine Schwester Ellen sprechen."

Wir unterhielten uns kurz über Schuhe, dass sie gern mal wieder welche bei Schuster's kaufen wolle. Ich erinnerte sie weder daran, dass ihre Schwester tot war, noch daran, dass Schuster's schon vor fünfzig Jahren seine Tore geschlossen hatte.

Ich nahm ab. Die Stimme am anderen Ende war schlecht zu verstehen und erst glaubte ich, dass mich jemand unbewusst aus der Hosentasche heraus angewählt hatte. „Es ... es geht um deine Mutter ... sie ... hat einen Herzstillstand. Sie versuchen gerade, sie wiederzubeleben. Oh Gott ... *oh Gott.*"

Ich erkannte die Stimme meines Vaters nicht gleich; er klang so gepresst, so leise.

Ich kann mich nicht daran erinnern, Schuhe angezogen zu haben. Hat Seamus sie mir gebracht? Und die Jacke? Ich hasse es sowieso schon, im Dunkeln zu fahren. Im Dunkeln bei Regen zu fahren, während ich mich vor Sorge fast vergaß, war noch schlimmer. Ich überfuhr ein paar Stoppschilder und einige dunkelgelbe Ampeln. Als ich in einem zu spitzen Bogen auf den Parkplatz bog, nahm ich den Bordstein mit. Ein Rettungswagen der Feuerwehr stand vor dem Gebäude. Weil ich wusste, dass er wegen meiner Mutter hier war, wirkte er größer, die Lichter heller, der Motor lauter.

Die Eingangstüren waren verschlossen. Sollte ich den Hintereingang suchen? Dagegentrommeln? Wo war die kleine, grauhaarige Frau mit der Lesebrille an der geblümten Kette, bei der ich mich sonst immer anmelden musste? Ein beigefarbener Hörer hing neben der Sprechanlage. Als ich ihn abhob, hörte ich die Ansage, dass ich erst den Knopf, dann die Neun drücken und warten solle, bis jemand antworte. Ich drückte, ich wartete. Niemand antwortete.

„Los! Macht schon!"

Ich drückte noch mal. Wartete. Nichts.

„Jetzt kommt schon, meine Mutter liegt im *Sterben!*", schrie ich. Da hörte ich ein Klicken.

Ich quetschte mich durch die halb geöffnete Tür und rannte durch den Empfangsbereich, den ich erst vor ein paar Stunden verlassen hatte, um zu den Aufzügen zu gelangen. Nahm den erstbesten, drückte auf Etage zwei – und hatte den langsamsten Lift der Welt erwischt.

Ich sah meinen Dad von Weitem auf einem Stuhl im schwach beleuchteten Speisesaal sitzen, wo ich mit meiner Mutter gesessen und sie darüber geklagt hatte, dass ihr kalt sei. „Dann iss die Suppe", hatte ich gesagt.

Ein Sanitäter hatte meinem Dad die Hände auf die bebenden Schultern gelegt und sprach mit ihm, von Sani zu pensioniertem Polizisten. Bisher hatte ich meinen Vater nur ein einziges Mal weinen sehen, und zwar am Ende von *Der Soldat James Ryan*.

Was sollte das heißen, Herzstillstand? Also … lag es gar nicht am Shunt?

Vor nur fünf Stunden hatte ich ihr gesagt, dass wir uns morgen wiedersehen würden. Dass ich Angus mitbringen würde. Sie hatte sich auf seinen Besuch gefreut. Nun erzählte die Nachtschwester mir, dass sie ihre letzten Augenblicke gemeinsam mit Dad verbracht hatte. Sie hatten Eis gegessen und einen Film mit Fred Astaire und Ginger Rogers auf dem tragbaren DVD-Player geschaut, den meine Schwester ihr geschenkt hatte. Klang irgendwie perfekt.

Durch seine vielen Jahre bei der Polizei hatte mein Vater gelernt, auch in unübersichtlichen Situationen den Überblick zu wahren – ganz egal ob während Aufständen, Massenaufläufen oder sonstiger Tumulte. 1964 war er abgestellt worden, um die Beatles zu schützen. Aber dann war der Fahrer der Limousine statt in die abgesprochene und abgesperrte Straße nach rechts abgebogen, woraufhin im Nu Hunderte von Mädchen den Wagen umringt hatten. Mein Vater musste sie von der Motorhaube, vom Dach, vom Kofferraum ziehen. Wie viele Menschen können behaupten, dass ihr Vater die Panik in den Augen von John Lennon gesehen hat? Aber jetzt hatte es ihn unvorbereitet getroffen und das war ein Zustand, der normalerweise nicht in seinen Zuständigkeitsbereich fiel.

Ich hätte darauf gewettet, dass er vor ihr stirbt. Dass sie nicht zuerst geht. Schließlich hatte es in seinem Job vor lauter Typen mit Waffen und Rachegelüsten nur so gewimmelt. Selbst in seiner Freizeit spielten fliegende Kugeln eine tragende Rolle. Außerdem vollzog er im Alltag riskante Manöver, angefangen bei wackelnden Leitern bis hin zur Arbeit in großer Höhe, mit schweren Ästen und wütenden Wildtieren.

Wäre Dad zuerst gestorben, hätten Linda und ich uns um Mom gekümmert, was wohl für uns alle einfacher gewesen wäre. Sicher, vermutlich hätte sie viel Hilfe gebraucht, was zu Diskussionen über Pflegeheime und mobile Pflegedienste geführt hätte, aber sie war immerhin lernfähig. Dad hingegen war ein eigensinniger alter Hund, eingefahren, aus grobem Holz geschnitzt. Wie sollte es mir gelingen, seine harten Kanten zu glätten?

Ich stand im Flur, allen im Weg. Die Sanitäter erklärten mir, dass sie zehn Minuten lang versucht hätten, meine Mutter wiederzubeleben, ohne Erfolg. Sie konnten sie nur noch für tot erklären. Ich blickte in das Zimmer, ohne wirklich hineingehen zu wollen, als ich zwischen all dem Pflegepersonal meine Schwester entdeckte. Sie kam heraus und zog mich mit in den Empfangsbereich, vorbei an meinem weinenden Vater.

„Nur damit du Bescheid weißt, ich habe ihr eine Haarsträhne abgeschnitten", sagte sie. „Ich bin zu ihr, da hatte sie noch den Schlauch im Mund – oh, und ich hab ihre Zähne." Sie zog Moms Lächeln aus der Tasche. Abgesehen davon, dass ich mich fragte, wie meine Schwester, die ein Problem mit Krankenhausbesuchen hatte, offenbar problemlos ein Zimmer betreten konnte, in dem der Leichnam unserer Mutter lag, um ihre Zähne und eine Haarsträhne zu sichern, dachte ich: *Und jetzt?*

Ich musste mit der Gerichtsmedizinerin sprechen, die anrief und die Todesursache wissen wollte. War es nicht *ihre* Aufgabe, die festzustellen? Ich bat die Nachtschwester, den Pfarrer zu rufen. Ich ging davon aus, dass er verständigt werden musste, damit er meinem Vater Beistand leistete, aber Dad sagte, dafür gebe es keinen Grund.

„Sie hat das alles schon geregelt."

Sie hatte *was* alles schon geregelt?

Der Bestatter tauchte mit einer Bahre im dunklen Flur auf. Er hatte ein tiefblaues Brillenhämatom und zwei Pflaster auf der Stirn, die ein X formten. Meine Mutter hätte mir sofort zugeflüstert: „Der Bestatter hat *zwei* Veilchen!" Er wollte wissen, ob wir sie einäschern lassen wollten.

Wollten wir nicht.

Eine Gruft?

Darüber hatten wir noch gar nicht nachgedacht.

Ob es denn eine Grabstelle gebe?

Nein, gab es nicht. Vor ein paar Jahren hatte mein Vater meiner Schwester und mir eröffnet, dass wir ihn nach seinem Ableben einäschern, seine Asche in Patronen füllen und dann über einem Teich beim Hundeverein abschießen lassen sollten. Über den Verbleib von Moms sterblichen Überresten hatten wir nie gesprochen.

„Ich will nicht, dass sie unter die Erde kommt, auf die Hunde pinkeln", sagte mein Vater zwischen zwei Schluchzern.

„Dann wird es wohl doch eine Gruft", sagte ich.

Der Kopf hing meinem Vater tief auf die Brust, die Augen waren verquollen. Er brauchte dringend eine Umarmung, dabei gehörte er nicht zu den Menschen, die Umarmungen mochten. Folgerichtig fiel unsere ganze Familie nicht in diese Kategorie. Mein Vater zeigte seine Zuneigung durch einen Klopfer auf den Rücken, durch Haarewuscheln, durch eine Hand auf der

Schulter. Vor über zwanzig Jahren, als mir eine Lumpektomie an der linken Brust bevorstand, verließen wir das Haus meiner Eltern, wo ich mit Mark und den Kindern zu Abend gegessen hatte. Mein Vater trat auf die Hintertreppe hinaus und rief mir hinterher: „He, viel Glück bei … dem Dings!"

Bei aller Ungewissheit, was die Zeit nach dem Tod meiner Mutter anging, war eins gewiss: Es drohte Chaos. Chaos mochte ich nicht. Mein Vater genauso wenig. Wir hielten Ordnung in unserem Leben: die zusammengelegten Handtücher mit der „schönen" Kante nach vorn im Regal, die unterschiedlichen Lebensbereiche im Terminkalender mit unterschiedlichen Farben gekennzeichnet, das Gewürzregal alphabetisch sortiert, die Gefühle unter Kontrolle.

Ich kann nicht mehr sagen, wer der Beerdigung beiwohnte, ob oder was ich beim Leichenschmaus aß … aber ich weiß noch, dass ich danach mit einem körperlichen Gefühl der Schwere nach Hause kam, als säße mir die Traurigkeit auf den Schultern. Ich war orientierungslos. Wo war oben? Wo Norden? Mein Sohn und meine Tochter lebten ihre Leben weiter. Mein Mann ging wieder zur Arbeit. Wie ich sie beneidete! Wie angenehm, sich über andere Dinge Sorgen zu machen – bei Caitlin war es die Abschlussarbeit, bei Angus die Aufgabe, im Blick zu behalten, welche Fahrradhelme nachbestellt und dann einsortiert werden mussten.

Vor Moms Tod füllten wir alle unsere zugeschriebenen Rollen aus. Meine Mutter war die diensttaugliche Assistentin, die die Anweisungen meines Vaters ausführte. Er war das Alphatier, der Leitwolf. Ich? Der Clown. Linda? Die Durchgeknallte. Welche Rollen hatten wir nun? Konnte er weiter der Leitwolf sein, jetzt, wo seinem Rudel ein Mitglied fehlte? Konnte ich Clown und gleichzeitig diensttaugliche Assistentin sein?

Als die Beerdigung vorbei und die angereiste Verwandtschaft wieder aufgebrochen war, zog ich mich ins Bett zurück. Seamus kam zu mir getrottet, warf sich neben mir auf den Boden und wartete darauf, dass das nächste durchweichte Taschentuch fiel. Manchmal kroch ich aus dem Bett und legte mich zu ihm auf den Teppich, ließ mich von seinem Hundeatem trösten. Wenn mir nach Sprechen war, sprach ich mit ihm. Er war ein sehr guter Zuhörer.

„Das ist doch alles Scheiße." Ich lag auf der Seite und betrachtete die vielen Hundehaare auf dem Vorleger. „Hier muss jemand sauber machen. Seamus, hol den Staubsauger."

Er klopfte mit der Rute und blieb bei mir, während ich schluchzte: „Ich vermisse Mom so sehr!" Ich rollte mich auf den Rücken und Seamus legte mir seinen Kopf auf die Brust. Wieder klopfte er mit der Rute. Zweimal. Ich fing an zu weinen. Seamus manövrierte seinen Kopf näher zu meinem und leckte mir die Tränen vom Gesicht.

3

Anrufer in der Leitung

Eine Woche war vergangen, ohne dass ich ein Wort mit jemand anderem als meinem Mann und Seamus gewechselt hätte. Sollte ich meinen Vater anrufen oder warten, bis er sich meldete? Er war kein großer Telefonierer, hatte meist nur angerufen, um die ungefähre Ankunftszeit eines bevorstehenden Besuchs durchzugeben – oder Testergebnisse. Aber zum Plaudern meldete er sich nie, das war das Steckenpferd meiner Mutter. Wenn ich anrief und Dad dranging, verlief unser Gespräch für gewöhnlich so:

Er: Hallo?
Ich: Hi!
Er: Ich reich dich mal an deine Mutter weiter …

Sie war immer nur einen Anruf oder eine zehnminütige Fahrt weit entfernt gewesen.

„Mom? Kann ich statt Bleiche auch Wasserstoffperoxid in die Waschmaschine tun?"

„Ja."

„Mom? Wie viele Teelöffel ergeben einen Esslöffel?"

„Drei."

Sie war wie eine Suchmaschine, lange bevor es Suchmaschinen gab. Außerdem schrieb sie Postkarten. Sie rief immer an, um sich für das Abendessen zu bedanken, für ein Geschenk oder einfach für die gemeinsam verbrachte Zeit. Sie hat mir beigebracht, dass die schwarz-purpurne Blüte in der Mitte der Wilden Möhre Rubin genannt wird. Wie man beim Nähen das Karomuster der Einzelteile eines Rocks aneinandersteckt. Wie man sich Sorgen macht. Und genau das tat ich. Ich machte mir Sorgen. Um meinen Vater. Wie ging es ihm? Brauchte er jemanden zum Reden? Versank er in Verzweiflung? Sollte ich ihn einfach in Ruhe lassen, damit er seine Wunden lecken konnte? Aber ich konnte ja auch schlecht *nicht* anrufen. Wenn er nicht reden wollte, würde ihm schon ein Grund einfallen. Oder er würde gar nicht erst ans Telefon gehen. Und dann würde ich mir Sorgen machen darüber, dass er tot auf dem Küchenfußboden lag, mit einer selbst beigebrachten Schusswunde.

Ich wählte seine Nummer. Ein Tuten. Zwei. Drei. Fünf. Noch eins, dann würde der Anrufbeantworter anspringen und ich müsste irgendeine Nachricht hinterlassen … Er hob ab.

„Hallo?", sagte er.

„Hi, Dad. Wie … wie gehts?"

Stille, dann ein Schniefen.

„Dad?"

„Gut … mir gehts gut."

Seine Stimme klang dünn, brüchig. Sie strafte seine Worte Lügen.

„Soll ich vorbeikommen?", fragte ich und hoffte, er würde Nein sagen.

„Wozu?"

„Zum Staubwischen?"

„Ach, es wird ja eh nur wieder staubig."

„Wie siehts mit Abendessen aus?", hakte ich nach. „Brauchst du was?"

„Ich habe eine Menge Dosen mit Tomatensuppe."

Ich konnte ihn nicht fragen, ob er Hilfe brauchte, weil ich die Antwort darauf bereits kannte: ein energisches „Nein!". Er mochte es nicht, wenn jemand für ihn sorgte. *Er sorgte schließlich für uns*. Für ein Dach über unseren Köpfen. Brachte allerlei in Ordnung, wie undichte Rohre und unbezahlte Knöllchen.

„Und ... was machst du so?"

„Oh, gerade gehe ich die Trauerkarten durch. Es müssen über hundert sein. Selbst unsere Nachbarn von ganz, ganz früher haben eine geschickt. Meine ehemaligen Kollegen auch. Sogar meine Kumpel aus dem Hundeverein haben geschrieben." Er putzte sich die Nase. „Wie geht es *dir*?"

„Och, gut, würde ich sagen."

„Lügnerin."

Er hatte recht, es war gelogen. Ich hatte Schlafprobleme. Jedes Mal wenn ich wegdämmerte, riss mich das Gefühl zurück, dass etwas über mein Bein, meinen Arm, mein Gesicht krabbelte. Ich nutzte die Taschenlampenapp meines Smartphones, um nachzusehen. Natürlich nichts. Wenn ich dann wirklich einmal einschlief, träumte ich von meiner Mutter. Manchmal wirkte sie so schwach und zerbrechlich wie in ihren letzten Jahren, aus einem lebendig gewordenen Edward-Hopper-Gemälde. Ein anderes Mal war sie jung, trug ein Kleid im Stil der 1950er, weiß mit roten Zackenlitzen. Ein Traum kehrte mehrmals zurück: Meine Mutter in einem Hinterhof. Es gab Geburtstagskuchen. Sie sagte etwas zu mir, aber ich konnte sie nicht hören, ganz wie in den vielen Super-8-Filmen, die mein Vater von uns gedreht hatte, in denen sie stumm mit der Kamera sprach, winkte, den Kopf schüttelte. Wenn mich nicht das Krabbeln von nicht existenten Käfern oder bedrückende Träume weckten, dann war es das Heulen. Nicht vom Hund. Von mir.

„Ich schlafe schlecht", sagte ich.

„Ich auch. Bin von meinen eigenen Schreien wach geworden." Meine Mutter hatte sich oft darüber beklagt, dass er im Schlaf schrie und die Laken wegstrampelte. Wenn sie fragte, was er geträumt habe, erzählte er für gewöhnlich, er habe jemanden verfolgt und seine Pistole sei blockiert. Jetzt hatte er das Bett ganz für sich und konnte ungestört die Verdächtigen durch sämtliche dunklen Gassen seines Unterbewusstseins jagen, und selbst wenn seine Waffe dann klemmte und er aus dem Schlaf hochfuhr, musste er sich keine Sorgen mehr machen, Mom damit geweckt zu haben.

„Ich hab mir die DVD angeschaut, die du für deine Mom und mich gemacht hast."

Zu ihrem sechzigsten Hochzeitstag hatte ich ihnen eine DVD mit Fotos und Super-8-Filmen zusammengestellt, alles unterlegt mit der passenden Musik. Einen ganzen Sommer lang habe ich daran gesessen und bin fast verzweifelt an dem Vorhaben, die Fotos rhythmisch passend zu „I've Got a Crush on You" von Frank Sinatra erscheinen zu lassen. Mom und Dad bei einem Picknick, dann nur Mom in einem Kanu, sie beide bei ihrem Schulabschluss, ein Foto von meinem frisch verheirateten Vater, der meine Mutter auf einer Schaukel anstößt.

„Mom war wirklich hübsch." Er schnäuzte sich erneut. Auch mir stiegen Tränen in die Augen. Wo kamen die nur alle her? Eigentlich hätte ich längst zur Rosine verschrumpelt sein müssen. Seamus war im Erdgeschoss und bellte. „Ich höre den Hund", sagte Dad.

„Ja, wahrscheinlich der Postbote", sagte ich.

„Du solltest ihm beibringen, die Post zu holen."

„Es gibt eine ganze Menge, was ich ihm beibringen sollte." Das war eigentlich nur so dahergesagt, aber es brachte mich zum Nachdenken.

„Meine Kumpel vom Hundeverein wollen etwas für Mom machen."

„Dad, wie lange warst du eigentlich nicht mehr dort?"

„Keine Ahnung. Ein Jahr? Zwei?"

Seamus kam herein und legte mir seinen schweren Kopf auf den Arm – seine Art auszudrücken, dass er etwas wollte.

„Du solltest dir deinen Hund schnappen und mal wieder hinfahren", sagte ich.

Er seufzte.

„Dad?"

„Ich hab dich gehört", sagte er. „Aber Mugsy ist nicht mehr der Alte. Seine Hinterbeine spielen nicht mit. Er hat ziemlich schlimme Arthritis, genau wie ich. Kann gut sein, dass ich ihn bald erlösen muss. Vielleicht müsst ihr *mich* auch bald erlösen."

Ich lachte. Schwach. Weil ... das war ein Scherz, oder?

Wie auch immer, ich entschied mich dazu, dieser Unterhaltung eine extreme Kurskorrektur zu verpassen.

„Was hast du denn heute noch vor?", fragte ich.

„Ach, vielleicht besuche ich Mom auf dem ... Friedhof."

Die Wörter passten nicht zusammen. Mom. Friedhof.

„Und dann?"

„Keine Ahnung. Den Hund füttern, seinen Zwinger sauber machen."

Mein Vater hatte entlang der Garage einen Zwinger aus Maschendrahtzaun errichtet. Seine Hunde lebten draußen, weil sie „Arbeitstiere" waren. Aber darum ging es ihnen natürlich nicht schlechter. Sie genossen eine ganze Reihe von Annehmlichkeiten. Er hatte ihnen eine Hundehütte gezimmert, in die bequem zwei Hunde passten, um immer in Gesellschaft zu sein. Und meine Mutter hatte dazu ein passendes Bett genäht, das mit Zedernholzspänen gefüllt war. Wenn es draußen zu ungemütlich wurde – zu heiß oder zu kalt –, brachte er die Hunde ins Keller-geschoss, wo jeder seine eigene Box besaß.

Verlebte er so nun seine Tage? Indem er Hunde-Urin aus dem Zwinger spülte und dabei zusah, wie alles die Auffahrt hinun-terrann?

Er musste, genau wie ich, den Trauerprozess bewältigen – und seiner würde anders verlaufen als meiner. Würde sich an-ders äußern, anders anfühlen, anders klingen. War es ein Trost, ihre Sachen im Kleiderschrank zu sehen? Ihr Shampoo im Bad? Ihren Geruch auf dem Kopfkissen einzuatmen?

Seamus hob den Kopf, gab meinen Arm frei und trottete aus dem Zimmer.

„Weißt du, dass sie mir die Schuld gegeben hat?", fragte er plötzlich, seine Stimme zitterte.

„Schuld woran?"

„Ich war da, als sie aus dem OP kam. Da hat sie die Hand ge-hoben, auf mich gezeigt und gesagt: ‚Du hast mir das angetan!'"

„Oh, Dad! Das hat sie nicht so gemeint!" Sie hat immer ge-nau gewusst, wie sie ihn triezen konnte. Sie musste nur sagen, dass er ihre Gefühle verletzt oder dass er es mit einem Scherz übertrieben habe, und schon zog er sich mit seinem Hunde-blick zurück in eine Ecke. Das konnte sie einfach nicht ernst gemeint haben. Doch egal was ihr Motiv oder ihre Gründe gewesen waren, ich konnte nicht zulassen, dass er weiterhin glaubte, es handele sich um die Wahrheit – das würde ihn lang-sam umbringen.

„Sie stand doch unter dem Einfluss von allerlei Medikamen-ten, das darfst du dir nicht so zu Herzen nehmen."

„Vermutlich." Er klang nicht überzeugt.

„Sie hat mich damals angerufen und gefragt, wo du bist –", sagte ich.

„Wann?"

„Nach der OP. Sie rief an und erzählte, sie sei am Flughafen und warte auf dich." Ich ahmte sie nach: „Sag deinem Vater, ich bin bei der Gepäckausgabe!"

Er lachte. „Vielleicht hast du recht. Trotzdem. Ich muss immer wieder an *Der Soldat James Ryan* denken. An die Stelle ganz am Schluss, wo der alt gewordene Ryan seine Frau bittet: ‚Sag mir, dass ich ein guter Mensch bin.' Bin ich ein guter Mensch? War ich ein guter Ehemann?"

Jetzt musste ich mir die Nase putzen. Ich wollte sagen: *Dad, du warst ein guter Ehemann*, aber ich brachte kein Wort heraus.

Seamus trottete wieder zu mir herein, welch willkommene Ablenkung. Er hatte etwas im Maul.

„Seamus hat irgendwas in der Schnauze. Er will es mir nicht geben." Ich legte das Telefon beiseite und zog Seamus' Kiefer auseinander. Zum Vorschein kam ein Nagelknipser.

„Und? Was war es?", fragte mein Vater.

„Ein Nagelknipser."

„Wo hat er den denn her?"

„Gestern hat er einen Kamm ergattert. Danach ist er irgendwie an die Wertstofftonne gekommen und hat mir nacheinander alle Joghurtbecher gebracht."

„Dieser Hund braucht … eine … Aufgabe." Mein Vater wurde immer leiser, als stürze er von einer Klippe. Seine Traurigkeit machte mich fertig. Worauf konnte er sich schließlich noch freuen, abgesehen von dem Tag, an dem meine Mutter kommen würde, um ihn zu holen? *Er* war es, der eine Aufgabe brauchte. Malen? Nein. Irgendwas Handwerkliches? Nein. Es musste etwas mit seiner geliebten Welt der Hunde und Enten zu tun haben.

Seamus stupste mein Bein an, dann meine Hand. Er schaute mir unverwandt ins Gesicht. Sabberte. Plötzlich betätigte mein Hirn den Rückspulknopf und spielte mir einen Teil unserer Unterhaltung erneut vor, den Teil, als ich sagte: „Es gibt eine ganze

Menge, was ich ihm beibringen sollte." Wiederholung. „Es gibt eine *ganze* Menge, was ich ihm beibringen sollte." Wiederholung. „Es gibt eine ganze Menge, was ich ihm *beibringen* sollte."

„Dad ... sag mal ... wegen Seamus ..."

„Ja? Bisschen dumm, aber was soll man auch sonst von einem Labrador erwarten?"

Die Beleidigung ließ ich ihm durchgehen. Diese kleine Stichelei gab mir das Gefühl, dass mein Dad, der immer für einen Scherz zu haben gewesen war, noch irgendwo unter all der Trauer verborgen lag.

„Ich hab da über etwas nachgedacht ..."

„Oh, oh."

„Also ... vielleicht ... täte es Seamus gut, gezielt zu apportieren. Damit meine ich jetzt nicht meine Unterwäsche ... echte ... Hundesachen ... eben. Könntest du mir da ein paar Tipps geben?"

„Zum Beispiel?"

„Wasserapport. Apport aus hohem Gras. Alles, was ein Labrador-Retriever so machen sollte."

Er blieb still. Ich hoffte, dass er darüber nachdachte. Die Idee durchspielte. Aus seiner Trauerecke hervorkam, um Pläne zu schmieden.

„Er ist ... sieben, oder?" Er holte tief Luft.

„Dad, was sagst du: du, ich, Seamus und der Hundeverein?"

Nichts. Hatte er aufgelegt? War sein Akku alle?

„Dad?"

„Hm ... na ja ... klingt sinnvoll. Klar. Wann denn?"

Er hatte *klar* gesagt. Das war gut! Das hieß nämlich, dass wir *beide* endlich wieder aus dem Haus kämen, und mein zu erwartendes Ungeschick würde Dad sicher Stoff zum Reden und Nachdenken liefern.

Montags passte es uns beiden nicht. Dienstage waren bei ihm schlecht, bei mir die Freitage und Donnerstage.

„Mittwoch?", schlug ich also vor.

„Mittwoch? *Diesen* Mittwoch?" Er klang unsicher. Hatte er Zweifel?

„Dann sagen wir eben erst *nächsten* Mittwoch", lockte ich.

„Los, Dad. Das wird ein Spaß!"

„Von wegen Spaß. Das wird Arbeit!"

„Ist doch egal ... Spaß ... Arbeit."

„Gut, dann nächsten Mittwoch. Beim Hundeverein. Gegen neun?" Er klang einen Deut heiterer als noch zu Beginn des Telefonats.

„Passt", antwortete ich. Seamus gab zart jaulend seine Zustimmung.

Dad sagte weder Tschüss noch irgendetwas anderes, er legte einfach auf.

Ich dachte über das nach, was ich da gerade in Gang gesetzt hatte. Dad und ich, zusammen. Worüber würden wir reden? Würde er über Mom sprechen wollen? Ich konnte nicht sagen, ob ich mich diesem Thema gewachsen sah. Manchmal war es besser, nicht alles über einen anderen Menschen zu wissen – dann fing der Sockel nicht an zu bröckeln, auf den ich Dad vor meinem inneren Auge gestellt hatte.

Besaß ich überhaupt die nötige Ausrüstung? Ich hatte eine Leine. Eine Frisbeescheibe, ein paar vor getrocknetem Hundesabber steife Tennisbälle. Ich besaß Cargoshorts, die ich hasste, weil sie meine ohnehin dicken Oberschenkel noch betonten. Meine einzigen vernünftigen Schuhe waren meine Laufschuhe, wenn man denn bei neongrünem Mesh von vernünftig sprechen konnte. Mein Vater mochte vernünftiges Schuhwerk. Während unserer Kindheit trugen meine Schwester und ich nichts anderes als braune Lederschuhe mit tiefem Profil. Wie hatten wir unsere Cousins und Cousinen um ihre unpraktischen, leichten, gelben Flipflops beneidet!

Seamus hatte etwas bemerkt. Eine Veränderung. Eine neue Schwingung. Vielleicht verströmte ich plötzlich einen positiveren Geruch. In seinen Augen lag der typische Es-geht-gleich-ins-Auto-Glanz. Seine Rute war ein Metronom, das den Takt zu Rimski-Korsakows *Hummelflug* schlug.

„Pass auf", sagte ich zu ihm. „Wir fahren zum Hundeverein. Da kannst du schwimmen und rumrennen! Mit Grandpa!" Er bellte und machte einen perfekten herabschauenden Hund. „Aber das wird nicht nur Spiel und Spaß. Du musst auch was tun. Mitarbeiten. Gehorchen. Dich gut betragen. Okay?" Er stand auf und wuffte zustimmend. Dann drehte er sich zweimal um die eigene Achse, bevor er hochsprang und mir das Telefon aus der Hand schlug.

4

Schamlos

Den ersten mutterlosen Muttertag überstand ich, indem ich mit meinem Mann und Seamus die Stadt verließ. Wir packten den Chevy bis unters Dach voll mit Hundeausstattung, Angelausrüstung, Ferngläsern, Taschenlampen und mehreren Koffern voller Kleidung für jedes erdenkliche Wetter. Es war zwar Mai, aber eben in Wisconsin, das heißt, man konnte nicht sicher sein, dass der Winter wirklich vorbei war. Zudem ging es in den Wald, genauer gesagt in die Wälder Nordwisconsins.

Wir unternahmen die siebenstündige Fahrt jeden Frühling seit fast dreißig Jahren (einmal dauerte sie neun Stunden, da war Caitlin vier und Angus versuchte, sich aus meiner Gebärmutter freizustrampeln). Schon im vergangenen Mai hatten wir ein langes Wochenende für die diesjährige Zanderangelsaison gebucht. Ich dachte darüber nach, ob wir nicht doch lieber stornieren sollten, aber ich musste mal rauskommen, um nachzudenken – oder eben nicht zu denken. Und wo konnte man das besser als in einem idyllischen Feriendorf mit hundert Jahre alten Holzhütten und einem See, der von einem Fluss gespeist wurde? Vielleicht gelang es mir ja hier, endlich wieder Schlaf zu finden, eingelullt von den Schreien der Eistaucher und dem Brummen der Motorboote.

Über das Kochen brauchte ich mir keine Gedanken zu machen, denn dreimal am Tag wurde eine altmodische Glocke geläutet, die alle Gäste ins Haupthaus lockte, wo Schmorbraten mit Kartoffeln, gefüllter Truthahn, Rippchen, Schinken, Waffeln, Torten, Kuchen und unwiderstehliche Schokoladencookies bereitstanden. Seelenfutter, das hoffentlich seinen Job erledigen und mir ein wenig von meinem Frust nehmen würde.

Mein Plan für unseren viertägigen Aufenthalt umfasste ausgiebiges Lungern am Kamin und lange Spaziergänge mit Seamus. Wenn mir danach war, würde ich ihm mal den Ball in den See werfen, damit er ihn holen konnte. Mein Mann wollte angeln. Was Angeln betrifft, ist er wie ein Besessener. Er steht vor Sonnenaufgang auf, angelt, angelt, angelt, pinkelt in einen Eimer, angelt, angelt, angelt, pinkelt in einen Eimer. An Land kehrt er nur für größere Geschäfte oder zum Abendessen zurück. Er fährt ungern allein hinaus, ich hingegen habe nur dann Lust, ihn zu begleiten, wenn es sonnig und warm ist.

„Komm doch mit. Das wird ein Spaß." Er stand auf der Veranda, in seine teure Regenausrüstung gekleidet, den Ködereimer in der einen, Angelkasten und Angel in der anderen Hand. „Bitte!" Er schob die Unterlippe vor, zog ein Schnütchen und setzte seinen besten Dackelblick auf.

„Aber es regnet!"

„Nur ein bisschen."

„Aber ..."

Seine Definition von Spaß unterschied sich gänzlich von meiner. Meine umfasste nicht, zu frieren, nass zu werden, meine Hand in einem Eimer voller Weißfische zu versenken oder einen Haken aus einem zappelnden Zander zu ziehen.

„Kannst du dir nicht Gesellschaft mieten?" Meist zahlte er einem der drei Guides, die im Ferienort arbeiteten, Geld dafür, sich zu ihm ins Boot zu setzen. Als Angelhure gewissermaßen.

„Ich habs vergessen und jetzt ist es zu spät. Sie sind alle ausgebucht. Biiiitte!"

„Aber … ich bin noch im Schlafanzug … und Seamus wärmt mich gerade so schön."

„Wir könnten den Hund mitnehmen."

Hund. Mitnehmen. Impulswörter. Seamus sprang vom Sofa und drückte mit seiner Schnauze die Fliegengittertür auf.

„Seamus!", rief ich.

Er stürzte den Hügel hinunter zum See, nur noch ein haariger, schwarzer Punkt, der eine fünfköpfige Familie aus Illinois aufscheuchte. Ich rannte ihm in Schlappen, meiner karierten Pyjamahose und einem grünen Kapuzenpulli mit dem Logo unseres Feriendomizils auf der Brust hinterher und entschuldigte mich erst bei dem flachsblonden Kind, das Seamus umgerannt hatte, dann bei der dazugehörigen Mutter, die mir eine Standpauke darüber hielt, dass ich keine gute Hundemutter sei, wenn ich mein Hundekind so wild herumrennen ließe. Gerade stürmte selbiges mit voller Kraft auf den Bootsanleger zu.

„Seamus! Bei Fuß!"

Ich rechnete damit, dass er in den See springen würde, aber er legte wie im Zeichentrickfilm direkt am Rand des Stegs eine Vollbremsung hin, sprang dann in ein Boot und begann zu bellen. *Komm! Los! Angeln!*

Seamus bellte weiter. Das Echo wurde weit auf den See hinausgetragen. Ich rannte wieder in die Hütte, warf mich in eine Daunenweste, zog eine wasserdichte Jacke darüber, in deren Taschen noch die Handschuhe vom letzten Jahr steckten, und schnappte mir eine Kacktüte. Ich schaffte noch den Griff nach meiner wollenen Baskenmütze und hastete wieder hinunter zum See. Meine Schlappen boten mir keinerlei Halt, weshalb ich auf dem nassen Holzsteg ausrutschte. Seamus brauchte keine Daunen, keine Wolle. Er war durch sein dichtes, wasserbeständiges Fell bestens vor der Kälte geschützt.

Er bellte, immer noch.

„Wenn er ins richtige Boot gesprungen wäre, hätte mich sein Auftritt womöglich sogar beeindruckt", kommentierte Mark, der gelassen den Hügel heruntergetrottet und auf mich zukam. „Und? Kommst du?"

Wir stiegen in unser Boot. Ich verkeilte mich zwischen Fischernetz, Angelkasten und Ködereimer. Seamus hatte einen großen Satz aus dem fremden Boot in unseres gemacht. Dann noch einmal hinaus und wieder herein.

„Hätte es dich umgebracht, noch so lange zu warten, bis ich mir eine richtige Hose angezogen hätte?" Mein Zorn richtete sich direkt an Seamus. Er entschuldigte sich, indem er mir einmal übers Gesicht leckte.

„Es regnet nicht mehr! Siehst du?" Mark öffnete den Reißverschluss seiner Regenjacke.

„Wir Glückspilze!", erwiderte ich voller Sarkasmus und zog meine Jacke aus.

„Hast du die Leine dabei?"

„Leine? Ich kann von Glück sagen, dass ich eine Jacke anhabe."

Mark verstaute unser Regenzeug, sicherte den Angelkasten, startete den Motor und schon waren wir unterwegs. Zander, nehmt euch in Acht!

Ich hatte darauf gehofft, dass Seamus friedlich wie eine Galionsfigur im Bug sitzen und sich die frische Luft um die Nase wehen lassen würde. Stattdessen richtete er ein Chaos an wie ein Hund mit ADHS. Immer wieder trank er aus dem Ködereimer, wobei der Bestand an Köderfischen von Mal zu Mal beträchtlich sank, sprang über die Sitze und warf mit seinen Pranken den Angelkasten um. Irgendwann hatten wir den See gekreuzt und eine der windstilleren Buchten erreicht, allerdings waren drei Rehe ans Ufer gewandert, um zu trinken, und Seamus wollte unbedingt zu ihnen.

„Seamus, nein!", sagte ich und griff ihm beherzt zu beiden Seiten des Kopfes ins Fell. Als ich daran zog, sah er aus wie das Opfer eines schlechten Liftings. „Nein!"

Er hörte auf zu bellen und herumzuspringen, vermutlich weil ich ihn mit den Knien zwischen Sitz und Bug eingeklemmt hatte.

Mark warf die Angel aus. Der Köderfisch landete mit einem sanften „Plopp" im ruhigen Wasser. Das Zeichen für Seamus, wie es schien. Er befreite sich aus meiner Beinumklammerung, um einen besseren Blick auf das werfen zu können, was ein Geräusch gemacht hatte. Dazu benutzte er mich als Leiter. Seine Pfoten hinterließen schmierig-fischige Spuren auf meiner Daunenweste. Mein Göttergatte bekam von all dem nichts mit. Er holte den Köder ein, um ihn wieder in Richtung Ufer auszuwerfen, als wäre er ganz allein auf der Welt und frei von jeder Sorge.

Seamus war durcheinander. *Soll ich dieses Ding, das ihr da ins Wasser werft, apportieren?*

„Ich glaube, er denkt, er soll deinen Köder apportieren", sagte ich.

Mark lachte sein Ach-wie-niedlich-Lachen, während ich versuchte, mir Seamus wieder zwischen die Beine zu klemmen. Mit dem Rat meines Vaters im Ohr – „Mach das Beste aus dem, was du gerade zur Hand hast" – griff ich nach der Ankerleine und funktionierte sie zur Hundeleine um. Es hatte wieder zu regnen angefangen.

„Ich bin ganz nass!", klagte ich.

„Warum hast du dir keine Regenhose mitgebracht?"

Ich konterte mit meinem Machst-du-Witze-Blick.

Widerwillig gab Mark meiner Bitte nach, zur Hütte zurückzukehren, damit ich mir trockene Sachen anziehen konnte – irgendwelche Sachen, die nicht Teil meines Schlafensembles waren. Als ich mich umgezogen hatte, hatte der Regen wieder aufgehört. Mark entschied, allein vom Steg aus zu angeln, und ich wollte mit dem Hund zum Strand gehen, um Wasserapport zu üben. Dafür hatte ich mir von meinem Vater einen Trainingsdummy geliehen, den ich nun in den See werfen wollte, um zu schauen, wie Seamus darauf reagierte. Bislang beschränkte sich seine Apportiererfahrung auf eine rote Frisbeescheibe und mehrere Tennisbälle, die er mit seinem Speichel in schäumende Schwämme verwandelt hatte. Zwar besaß ich ein Mindestmaß an Kontrolle, aber jeden Wurf begleitete die Gefahr, dass etwas schieflaufen konnte. Und mit „schieflaufen" meinte ich ... keine Ahnung, was ich meinte, aber ich würde es schon merken, wenn es so weit war.

Als ich den Dummy zum ersten Mal warf, achtete ich darauf, dass Seamus auf der Strandseite der Anlegestelle blieb. Bei dem Dummy handelte es sich um ein hartes, weißes Ding, das aussah wie einer dieser Schutzkörper, die das Boot vor Schrammen an der Außenwand bewahren sollen. Seamus rannte über den Sand hinterher, stürzte sich ins Wasser und brachte den Dummy innerhalb weniger Sekunden wieder an Land, wo ich ihn einfing und ihm das gute Stück zwischen den verkeilten Kiefern hervorzerrte. Seamus bellte, also warf ich den Dummy erneut, dann ein drittes, viertes, fünftes Mal. Seamus brachte den Dummy an den Strand, ich rannte hinterher, klaubte das Ding aus seinem Maul und schon ging alles wieder von vorn los. Dann wurde es mir zu langweilig, also warf ich den Dummy mitten in den See. Anfangs sah es noch gut aus, Seamus schwamm schnurstracks darauf zu. Aber mit einem Mal verlor er sein Ziel aus den Augen oder er hatte plötzlich etwas anderes, Spannenderes entdeckt.

Ich schätze, für einen Hund gibt es keinen großen Unterschied zwischen einer Boje und einem Wasserdummy – beides ist weiß, länglich und treibt auf der Oberfläche. Trotzdem dachte ich, wenn er der Boje erst einmal so nah war, dass er sah, wie groß sie war und dass sie nicht in sein Maul passte, würde er sein kleines Abenteuer abbrechen – aber ganz im Gegenteil, er schien sie als Herausforderung zu betrachten. Doch selbst wenn er sie irgendwie zu fassen bekommen hätte, er hätte sie nicht mitbringen können, schließlich hing sie an einem ungefähr sechs Meter langen Drahtseil.

Ich rief und rief. Er zog und zerrte an der Boje, um sie aus der Verankerung zu lösen. Nach vielleicht zwanzig Minuten wandelte sich sein regelmäßiges Paddeln zu einem eher panischen Strampeln – und dann verschwand sein Kopf unter der Wasseroberfläche. *Oh nein!*

Ich rannte zum Steg, sprang in eins der Boote, band es los und hielt mich gar nicht erst mit dem Motor auf, den ich im Leben nicht anbekommen hätte, sondern fing sofort an zu rudern. Endlich machte sich der Ruderkurs des Vorjahres bezahlt. Schnell nahm das Boot Fahrt auf, ich erreichte Seamus, dessen Quadratschädel in greifbarer Nähe an der Oberfläche auftauchte. Ich hievte ihn ins Boot, wobei wir fast gekentert wären, er strampelte noch weiter. Danach behielt ich ihn immer an der Leine, wenn wir uns dem See näherten, und er warf stets einen Blick zur Boje und fing an zu knurren. Später beim Abendessen hatte sich schon herumgesprochen, dass Mark und ich „das Paar im Boot mit dem durchgeknallten Labrador" waren.

Auf unseren Spaziergängen betrug Seamus sich besser. Er blieb auf den befestigten Wegen und galoppierte immer so fünf bis sechs Meter voraus, um dann stehen zu bleiben und sich nach mir umzusehen. Weshalb? Wollte er Beifall oder einfach nur wissen, ob ich noch da war? Wenn er stehen blieb, hielt auch ich inne und lauschte in die Stille. Das einzige Geräusch kam von Seamus, der an einem Haufen frostüberzogenen alten Laubs schnüffelte. Ich atmete den Waldgeruch ein. Falls sich die innere Ruhe, die ich so ersehnte, überhaupt einmal einstellen mochte, dann wäre das der perfekte Augenblick dafür gewesen. Die Pause von all meinen unverarbeiteten Gefühlen tat gut, aber es war eben auch nicht mehr als eine Pause. Schon in wenigen Tagen würde ich mich wieder der hässlichen Fratze der Trauer gegenübersehen. Konnten wir nicht einfach hierbleiben? Bis der traurige Teil vorüber war?

Seamus und ich erreichten den Waldrand und schlenderten durch die angrenzenden Felder. Eine große Gruppe Rehe schreckte auf und sprang zwischen die Kiefern. Die Spiegel an ihren Hintern waren das letzte, was ich von ihnen sah, bevor sie im Dunkel des Waldes verschwanden.

Wir machten kehrt und liefen zurück zu unserer Hütte. Ich fand es schwer vorstellbar, dass übereifrige Holzbarone dieses gesamte Gebiet einmal komplett abgeholzt hatten. Zunächst waren nur die Stümpfe übrig geblieben, aber schon bald war alles von Moosen, Farnen und Pilzen überwuchert gewesen. Es hatte nur hundert Jahre gedauert, bis der Wald sich regeneriert hatte. Nur! Ich lief weiter, Seamus schnüffelte. Ich blieb bei einem hohlen Baumstumpf stehen, an dem Fliegenpilze wuchsen. „Dort wohnen die Feen", hätte meine Mutter jetzt gesagt, wäre sie hier und ich sechs Jahre alt gewesen. Mit sechs hätte ich es ihr sofort geglaubt – und tat es auch jetzt noch, mit sechsundfünfzig.

Wo war meine Mutter nun? War sie hier? Hörte ich da einen Specht oder war das sie? War sie Teil des Windes in den Bäumen? Stand sie neben mir, hinter einer unsichtbaren Wand, und versuchte, meine Aufmerksamkeit zu erregen, indem sie mit den Fäusten dagegentrommelte – ganz wie ich in der Nacht ihres Todes gegen die Glastüren des Rehazentrums getrommelt hatte? Während ihres letzten Krankenhausaufenthalts, noch vor Einsetzen des Shunts, hatte sie mir erzählt, dass sie ihre Mutter hören könne, die sie zum Abendessen rufe. War sie dort? Aß sie gerade in einer anderen Dimension zu Abend?

Ich hörte die Glocke, die zum Büfett rief. Es war Samstag, das hieß: Schmorbraten! „Jetzt ist aber Schluss mit der Trödelei!", sagte ich zu Seamus und musste dann heftig schlucken, weil ich plötzlich hörte, wie sehr das nach meiner Mutter klang.

Das Wochenende im Wald hatte nicht die gewünschte Linderung gebracht. Im Gegenteil, mir ging es danach sogar eher schlechter. Ich bin wie diese Leute, die nie Urlaub machen, weil sie dabei an nichts anderes denken können als an die Arbeit, die sich in ihrer Abwesenheit unaufhörlich auf ihren Tischen weiterstapelt. Was würde mich zu Hause erwarten? Ein Briefkasten voller Kummer? Berge an Trauer, für die ich erst noch ein Ablagesystem erfinden musste?

Zum ersten Mal in meinem Leben musste ich nicht sofort nach unserer Heimkehr meine Mutter anrufen, um ihr durchzugeben, dass wir gesund und munter zurück waren. Auf dem Anrufbeantworter warteten keine zehn Nachrichten, weil Mom vergessen hatte, dass wir verreist waren. Dafür hatte Dad angerufen. Dad … hatte angerufen?!

„Wie wars beim Angeln?" Er klang wieder ein wenig mehr nach sich selbst. Etwas munterer. „Steht die Verabredung am Mittwoch noch?"

Ich dachte an den Zwischenfall mit Seamus im Boot, an meine Unfähigkeit, ihn zu bändigen, an das blonde Kind, das er umgemäht hatte, was mich wie ein schlechtes Frauchen hatte dastehen lassen.

„Jupp."

„Okay. Dann habe ich ein paar Fragen." Ein paar Fragen hieß, dass er sich tatsächlich Gedanken über meinen Hund und mich gemacht hatte, statt sich mit *könnte, sollte, würde* zufriedenzugeben. „Kann dein Hund ausgeben?"

„Äh … keine Ahnung. Vielleicht?" Ich hätte ihn fragen können, was genau er damit meinte, aber ich wollte nicht zugeben, dass ich es nicht wusste.

„Hat er Standruhe?"

„So was in der Art."

„Hast du ein langes Seil?", fragte er.

„Hm, reicht meine Sisalwäscheleine?"

„Hast du noch den Trainingsdummy, den ich dir mitgegeben habe?"

„Nein. Den hat ihm einer der anderen Hunde im Feriendorf geklaut."

Ich hörte einen tiefen Seufzer.

„Hast du eine Pfeife?"

„Ähm, nein."

Ein weiterer Seufzer. „Ich habe noch eine zweite, glaube ich. Wie steht es um den Fährtenduftstoff? Habe ich dir nicht mal ein Fläschchen zu Weihnachten geschenkt?"

Er sprach keineswegs von Chanel, sondern von einer Flüssigkeit, die die Farbe von getrocknetem Blut hatte und aus irgendeiner Innerei einer toten Ente abgezapft worden war. Dad hatte mir das gute Stück vor fünf Jahren geschenkt, nachdem Seamus und ich bei der *Milwaukee Journal Sentinel Sports Show* Schande über unsere Familie gebracht hatten.

Die Show ist ein jährliches Sportevent, das in großen Zahlen ernsthafte Fans der Freiluftkultur anlockt, für die Jagen, Angeln, Segeln und Campen weit mehr als nur Hobbys sind und die auf der Suche nach Ködern, Ruten, Spulen und dergleichen durch die Regale pilgern.

Ich hatte die Anzeige in der Zeitung entdeckt:

Melden Sie Ihren Hund an! Apportierwettbewerb! Wir suchen den schnellsten Retriever! Jede Rasse willkommen! Nur Amateure! Erster Preis ... 500 US-Dollar!!!

Ich hatte einen Hund. Er war schnell. Und ich war definitiv Amateurin. Er musste nichts weiter tun, als vierzig Meter zu laufen, einen Trainingsdummy aus Gummi aufzuheben und zu mir zurückzukommen. Wie schwer konnte das sein? Das Apportieren war bei ihm schließlich genetisch vorprogrammiert. Ich zahlte den Teilnahmebetrag von zwanzig Dollar und erhielt dafür eine Startnummer und genaue Anweisungen, wo ich wann zu sein hatte. Alles ziemlich überflüssig, wie ich fand. Sie hätten uns genauso gut direkt das Preisgeld geben können.

Der Backstagebereich befand sich auf dem Parkplatz bei der Ladezone hinter der großen Ausstellungshalle. Unsere Konkurrenz bestand überwiegend aus Labradoren, die brav neben ihren Besitzern saßen, und einer Handvoll Mischlinge unbestimmbarer Abstammung. Seamus bellte und hibbelte vor nervtötender Begeisterung. Er versuchte, einem anderen Teilnehmer den Trainingsdummy aus der Tasche zu stibitzen, was den Zorn des militärisch gedrillten Typs auf uns zog, der das ganze Unterfangen leitete. „Bringen Sie Ihren Hund unter Kontrolle!", herrschte er mich an.

Ich flehte Seamus an, Sitz zu machen. Er folgte meiner Aufforderung. Für den Bruchteil einer Millisekunde. Mr Ich-verstehe-keinen-Spaß unterbrach seinen Monolog über die Regeln und Vorschriften und schaute sich mit stechendem Blick um.

Es gelang mir nicht, mich wieder zu konzentrieren. Ich war verlegen. Verwirrt. Angespannt. Machte mir Sorgen, dass ich schon versagt hatte. Es fühlte sich an, als hätte ich bereits alle Kontrolle eingebüßt, die ich über Seamus, über die Situation zu haben geglaubt hatte. Als wir an der Reihe waren, blieb Seamus wie angewurzelt vor der offenen Stahltreppe stehen. Mr Ich-verstehe-keinen-Spaß (der – oh Wunder – der Moderator der Veranstaltung war) knurrte durch zusammengebissene Zähne: „Bringen Sie Ihren Hund herauf!"

Ich versuchte, Seamus auf die erste Stufe zu hieven, weil ich dachte, dass er dann von selbst weiterlaufen würde. Aber er stemmte sich dagegen und fing an, hysterisch zu bellen.

„Bringen Sie Ihren Hund herauf!", wiederholte Mr Ich-ver-stehe-keinen-Spaß mit Nachdruck.

Ich wollte das ganze Unterfangen schon abbrechen und Sea-mus zurück zum Wagen bringen, als Mr Ich-verstehe-keinen-Spaß ihn am Nacken packte und die Treppe hochzerrte. Panische Hunde-schreie hallten über den Platz. Es klang, als würde Seamus ge-schlagen. Ich versuchte, mich und den Hund so weit wie möglich zu beruhigen, bis wir das Startsignal bekamen. Was sollte ich denn jetzt machen? Der Typ deutete erst auf mich, dann ans andere Ende der Bahn. Sollte ich den Hund etwa loslassen? Okay. Seamus war das Hundeäquivalent zu Usain Bolt. Die ungefähr zweihundert Zuschauer – irgendwo unter ihnen Mom und Dad – machten Ah und Oh, als Seamus davonschoss. Er nahm den Dummy ins Maul.

Ja!

Ich rief nach ihm und klatschte mehrfach in die Hände. Er drehte sich um und starrte mich an, ein mit Super Plus betank-ter schwarzer Labbi-Rennwagen. Das einzige andere Mal, als er so schnell gerannt war, hatte er die verwilderte schwarze Katze gejagt, die es wagte, unserem Grundstück zu nahe zu kommen. Er hasste diese Katze. Nach ein paar Runden durch den Garten sprang sie über den Zaun und blieb gerade eben außerhalb seiner Reichweite sitzen, woraufhin Seamus nichts anderes übrig blieb, als sie anzu-bellen. Die Katze hätte nicht weniger beeindruckt wirken können.

An der so begehrten Siebensekundenmarke wandte Seamus den Blick von mir ab. Ich klatschte lauter. „Komm. Hierher!", rief ich. Aber ich sah es an seinem Blick: Er hatte jegliches Interesse an mir und der von ihm erwarteten Aufgabe verloren. Stattdessen brach er zu einem Rundgang auf. Er rannte von der Bahn, vorbei an dem künstlichen Ententeich und um die Kurve, wo er sich die ausgestellten Pick-ups ansah und an einen Bootsanhänger pinkelte. Währenddessen behielt er vorbildlich den Dummy im Maul, was ich durchaus beachtlich fand. Ich klatschte, hüpfte und winkte, um Seamus zurückzulocken, und ein gefühltes Leben später kam er dann auch.

Nachdem ich Seamus im Auto verstaut hatte, stieß ich auf dem Parkplatz zu meinen Eltern.

„Gott sei Dank trägst du nicht mehr meinen Nachnamen", sagte mein Vater und rückte von mir ab, damit sich meine Niederlage nicht auf ihn und seine Fliegerjacke übertrug, die er sich aus dem Leder eines Hirschs hatte anfertigen lassen, den er eigenhändig geschossen und gehäutet hatte.

Ich war eine Enttäuschung für meine Familie. Schlimmer war für mich aber, dass ich für Seamus eine noch viel größere Enttäuschung sein musste. Er war ein durchaus begabter Labrador, dessen Fähigkeiten ich einfach verkommen ließ. Ich musste ja gar nicht unbedingt gewinnen, aber die Clownsnummer wollte ich auch nicht sein.

„Ach, Schätzchen", sagte meine Mutter und tätschelte mir tröstend die Wange. „Du hast dein Bestes gegeben."

Aber stimmte das? Hatte ich mein Bestes gegeben? Nein, ich hätte ein bisschen üben sollen.

Meine Mutter nahm meinen Kopf in beide Hände und gab mir einen Kuss auf die Stirn. „Ich fand dich super … ihr wart sehr … äh … unterhaltsam!"

5

Feldprüfungen

Bei diesem Fiasko von Showauftritt hatten Seamus und ich zum letzten Mal gemeinsam etwas unternommen, das in Ansätzen an Apportieren erinnerte. Wie würde er sich jetzt im Hundeverein anstellen? Musste ich mit noch mehr Spott rechnen, nur diesmal von meinem Apport-als-zweite-Muttersprache-Vater? Würde er als Spanielfreund schroffer mit Seamus umgehen, weil der ein Labbi war? In wenigen Stunden würde ich es herausfinden.

Mein Dad kaufte seinen ersten Springerspaniel, ein Weibchen namens Belle, als ich fünfzehn war. Er wollte sie nur zum Entenapport ausbilden, aber dann bekam er Wind von den sogenannten Feldprüfungen – einer Art Wettkampf, bei dem Teams aus Hund und Halter gegeneinander antreten. Ich wusste, dass sie im Gelände stattfanden und dass dabei geschossen wurde, mit richtigen Gewehren, aber die genauen Regeln kannte ich nicht. Laut offizieller Internetseite der *English Springer Spaniel Field Trial Association* lauteten sie wie folgt:

Sinn und Zweck einer Feldprüfung ist es, die Leistung eines korrekt ausgebildeten Spaniels vorzuführen. Die Leistung sollte sich nicht von der an einem gewöhnlichen Jagdtag unterscheiden, abgesehen

davon, dass der Hund während der Prüfung seine Aufgabe mög-
lichst perfekt auszuführen hat ... Dabei legen wir besonderes Augen-
merk auf die folgenden Merkmale: sofortiger Apport mit Ausgeben,
das Jagen und Aufstöbern von Wild, die Arbeit in Schussweite, Kon-
trolle, Schuss- und Standruhe (der Hund sollte absitzen und bleiben,
bis die Freigabe durch den Halter erfolgt) und Reaktionsfreude.

Gleich bei ihrer ersten Teilnahme machten sie den ersten Platz.
Und schon waren Dad und seine Hündin Belle Feuer und Flamme.
Ich zog meine kreischend grünen Laufschuhe an. Dann
tauschte ich Seamus' Halsband gegen ein Geschirr. Für Seamus
bedeutete das: *Autofahren! Spaß!* Er sprang auf und ab und verteilte seine klebrigen Speichelfäden an der Wand im Flur.

„Machst du gefälligst Sitz?"

Er tat etwas Sitzähnliches.

„Hör auf zu wedeln!"

In dem chaotischen Haufen voller Kleinteile, den mein Mann
im Keller ansammelte, hatte ich einen kleinen Karabiner gefunden. Den verknotete ich mit dem Ende der drei Meter langen
Wäscheleine. Seamus hielt lange genug still, damit ich sie in seinem Geschirr einhaken konnte.

„Jetzt warte."

Ich öffnete die Hintertür nicht weiter als einen Spaltbreit,
aber der reichte für Seamus. Er rannte hinaus und in die Garage.
Sein Eifer grenzte an Wahnsinn, der, gepaart mit der langen Leine, zu buchstäblichen Verwicklungen führte.

Sonst machte ich mir nicht die Mühe, die Hundebox umständ-
lich ins Auto zu quetschen, aber wenn ich heute ohne sie aufkreuz-
te, hätte ich meinem Vater gleich den ersten Kritikpunkt serviert.
„Wenn du ihn ungesichert hinten im Auto hast, bringst du ihn
in Lebensgefahr. Du musst nur einmal gezwungen sein, heftig zu
bremsen, schon verwandelt sich dein Hund in eine Kanonenkugel."

Ich stellte die Box auf den ölfleckigen Garagenboden und öffnete die Heckklappe. Seamus sprang ins Auto.

„Seamus! Noch nicht. Raus!"

Er war zu aufgedreht, um auf mich zu hören.

„Seamus. Los, raus da!"

Er leckte mir übers Gesicht.

Ich zog an der Leine. Er verstand den Hinweis und sprang heraus.

„Jetzt bleib schön da sitzen, damit ich dieses ... Ding ... da reinbekomme. Okay, jetzt kannst du rein."

Es wäre ihm gelungen, hätte ich auch daran gedacht, die Tür der Box zu öffnen. So knallte er mit dem Kopf gegen die Metallstäbe, prallte ab und blieb erst einmal perplex auf dem Boden vorm Wagen sitzen, weil er nicht wusste, was ich von ihm wollte.

„Ups, mein Fehler. So, jetzt: Ab in die Box!"

Er setzte an, stoppte aber mitten in der Bewegung.

„Box, los! Ab-in-die-Box."

Er blieb einfach sitzen. Was zur Abwechslung mal angenehm gewesen wäre, hätte ich genau das von ihm verlangt. Aber ich wollte eben, dass er in die Box sprang, damit wir nicht zu spät kamen. Ich fand einen Cracker unter dem Vordersitz und nutzte ihn als Köder. Warf ihn in die Box. Seamus sprang sofort hinterher.

Ich hatte das Fläschchen mit „Hundeparfum" dabei, Frisbee und Tennisbälle mussten hierbleiben, da sie nicht zu den von Dad geduldeten Apportiergegenständen gehörten.

Wir waren um 10:30 Uhr beim Hundeverein verabredet – ungefähr hundert Morgen hügelige Wiesen mit Frischwasserteichen und Sümpfen. Mit anderen Worten: das reinste Hundeparadies und einst gewünschte letzte Ruhestätte meines Vaters, bevor er den Plan, nach der Einäscherung in Patronenhülsen gefüllt und über dem Teich abgeschossen zu werden, ad acta gelegt hatte.

Auf die Idee war er gekommen, als er es sich noch leisten konnte, scherzhaft über den Tod nachzudenken, und meine Mutter zwischen all seinen Hundekumpeln in einem Campingstuhl saß. Nun würde sein Sarg, wenn sein Stündchen geschlagen hatte, neben ihren geschoben werden. Dabei wollte er – auf ausdrücklichen Wunsch – seine Jeans, seine roten Hosenträger, das tarnfarbene Flanellhemd und darüber seine Jagdwarnweste tragen.

Dem Hundeverein rückten allmählich aus allen Richtungen Golfplätze und Vororte auf die Pelle, was schon zu der Anbringung des Schilds „Kein Gebrauch von Schusswaffen vor 8 Uhr" geführt hatte, das an einem rostigen Nagel wackelte. Niemand konnte vorhersehen, wie lange es diese Wiesen und Tümpel überhaupt noch geben würde. Und meinen Dad. Er war dreiundachtzig. Lebte schon länger als seine Eltern, die beide Krebsarten erlegen waren, die mittlerweile seltener geworden waren oder nicht mehr zwingend zum Tod führten.

Ich bog auf den Kiesparkplatz ab, der sich neben dem Vereinshaus befand, einem schlichten und zweckdienlichen Gebäude aus Betonplatten, und rollte langsam neben Dads Pick-up. Hier kümmerte es niemanden, wenn man unter den Schuhen Dreck hereinbrachte. Hunde waren willkommen. Dad saß in seinem Wagen und ließ den Kopf hängen. Du lieber Gott ... weinte er etwa? Wenn ja, sollte ich ihm ein paar Minuten geben, damit er sich fangen konnte? Und wenn er gar nicht weinte? Dann sähe ich ganz schön bescheuert aus, wenn ich im Wagen sitzen bliebe.

„Oh, da bist du ja!", sagte er erschrocken durch halb geöffnete Fenster. „Ich habe meine Mails gelesen." Er hatte mich nicht kommen hören, weil er sich weigerte, seine Hörgeräte zu tragen. Meine Mutter hatte mich oft angerufen, um sich darüber zu beklagen: „Er hat den Fernseher so laut aufgedreht, dass der Hitler-Channel die ganze Straße auf und ab dröhnt."

„Mom, du meinst den ‚History Channel'!"

„Er guckt doch nur Sendungen über den Zweiten Weltkrieg und Hitler, also …"

Verstanden.

Er war unrasiert. Es wirkte fast ein bisschen so, als würde er seine Körperpflege vernachlässigen. So kannte ich ihn eigentlich nur, wenn er von einem seiner zweiwöchigen Gabelbockjagdausflüge in Wyoming zurückkam. Meine ersten Gedanken waren: *Scheiße, hat er aufgegeben? Muss ich mir Sorgen machen? Soll ich etwas sagen? Er hat schließlich einen Haufen geladene Waffen zu Hause.* Dann: *Vielleicht rasiert er sich auch einfach nicht mehr, weil Mom nicht mehr da ist. Ganz so, wie er wahrscheinlich den Klodeckel nicht mehr runterklappt. Muss er ja nicht mehr.*

„Hast du deinen Hund? Dann fahr mir nach!"

Es war nicht zu übersehen, weshalb mein Vater so gern herkam. Die Fahrt dauerte nur zwanzig Minuten und alles hier roch waldig-frisch, wie nach einem kurzen Schauer. Ein Goldspecht flog über die Motorhaube meines Wagens – ein Zeichen für Glück, wie ich mal irgendwo gelesen hatte. Ich folgte der Staubwolke, die Dads alter Ford aufwirbelte. Steile Hügel hinunter, um spitze Kurven, Zweige schlugen gegen die Seiten meines Wagens. Seamus fiepte voller Vorfreude.

„Hör zu", sagte ich, „du musst nichts weiter tun als den Dummy holen und mir bringen. Supereinfach. Bitte, bitte, bitte, keine Wiederholung unseres Auftritts bei der Sportshow!"

Wir parkten auf dem weichen Gras in der Nähe einiger Schwarznussbäume. Seamus konnte nicht stillhalten. Nicht einmal in der Box. Weil er sich so schnell drehte, wippte sie hin und her.

„Hol ihn aus der Box", sagte mein Vater.

Eigentlich wollte ich die Tür langsam öffnen, die Leine zu fassen kriegen und so verhindern, dass Seamus durch die Decke ging, aber er schoss aus der Box wie eine dieser Scherzartikelstoffschlangen aus der Dose.

„Bring deinen Hund unter Kontrolle!"

(Hatte ich das nicht schon mal irgendwo gehört?)

Ich griff in seinen Nacken und hielt ihn fest, wie seine Mutter es mit ihren Zähnen getan hätte, wäre sie hier gewesen. Aber wie jeder Sohn gab er nicht viel auf mütterliche Hinweise.

„Hol ihn bei Fuß!"

„Bei Fuß", sagte ich.

„Ist das eine Bitte oder ein Befehl?"

„Ähm ..."

„Du musst strenger sein! Nicht: ,Fuß?'" Er sagte es mit übertrieben affektierter, hoher Stimme. „Versuch mal, männlicher zu klingen."

Also versuchte ich, meiner Stimme Tiefe zu verleihen, indem ich aus dem Zwerchfell heraus sprach, um autoritärer zu klingen. Aber das Ergebnis erinnerte eher an eine sehr schlechte Marilyn-Monroe-Imitation.

Mein Vater nahm mir die Seilleine ab. *„Fuß!"*, sagte er in dem Ton, den er anschlug, wenn er es ernst meinte. Zum Beispiel wenn meine Schwester und ich in unseren Geschwisterkämpfen zu weit gegangen waren.

Wir hatten uns ein Zimmer teilen müssen, auch die Kommode und den Kleiderschrank. Sie war die Chaotin und ich der Ordnungsfreak. Meist brachte sie mich dazu, ihren Teil des Zimmers aufzuräumen, indem sie mir versprach, im Anschluss mit mir zu spielen oder mir zu erlauben, ihr *Meet the Beatles!*-Album anzufassen. Aber kaum hatte ich bei ihr Staub gewischt oder alle herumliegenden Klamotten gefaltet oder aufgehängt, hatte sie plötzlich keine Lust mehr zu spielen.

Außerdem kaute sie Kaugummi.

Ich leide an echter Kaugummiphobie – ich ekele mich vor Kaugummi, ich ertrage das Zeug einfach nicht. Ich hasse den Geruch, kann es nicht anfassen. Ich tue alles, um nicht damit in Kontakt zu kommen. Wenn ich auf der Straße oder unter Tischen Kaugummis kleben sehe, muss ich würgen. Das wusste meine Schwester natürlich und nutzte es aus, legte mir durchgekaute Kaugummis aufs Kopfkissen oder geöffnete Packungen auf meine Seite der Kommode. Und ich konnte nichts dagegen unternehmen, weil ich schon bei der bloßen Berührung das Gefühl bekomme, mich übergeben zu müssen. Es blieb mir nichts anderes übrig, als passiv-aggressiv zu reagieren:

„Keine Ahnung, woher das Loch in deinem Pulli kommt."

„War der Fleck nicht schon vorher auf der Bluse?"

„Woher soll *ich* wissen, wo dein *Beatles '65*-Album ist?"

Wenn unsere Streitereien eine gewisse Intensität erreichten, soll heißen, wenn sie Dad beim Fernsehen störten, brüllte er: „Hört damit auf!" Und das taten wir dann auch.

Dad begleitete das *Fuß*-Signal mit einem schnellen, bestimmten Leinenruck, der Seamus überraschte, sodass er sich überrumpelt gehorsam hechelnd neben meinen Vater setzte.

„Sei bestimmt. Du darfst nicht vergessen, dass du das Sagen hast. Nicht er. Wenn er mit diesem Geschirr unterwegs ist, muss er machen, was *du* verlangst, nicht, was *er* will – und was zur Hölle ist das denn für ein Knoten? Weißt du nicht, wie man einen Gordingstek macht?"

Er gab mir die Leine zurück und sofort tat Seamus wieder, was er wollte. „Befiehl ihm …"

„Fuß!", sagte ich.

„Mit einem Ruck!"

Ich ruckte.

„Nach unten."

Ich ruckte näherungsweise nach unten.

„Nicht ziehen!"

„Muss er denn die ganze Zeit bei Fuß bleiben?" Wenn ja, dann war es ganz schön anstrengend, das Sagen zu haben. Und nach den letzten Monaten brauchte ich wirklich nicht noch mehr Anstrengung, vielen Dank.

„Er sollte bei Fuß sitzen und abwarten, was du als Nächstes von ihm willst."

„Im Ernst? Wer sagt das?"

„Willst du nun was lernen oder nicht?"

Ich wusste nicht, was ich darauf antworten sollte.

„Hast du eine Pfeife dabei?", fragte er.

„Nein."

„Und du willst *diese* Schuhe tragen?"

Ich schaute hinunter auf meine Neonlaufschuhe.

„Ja?"

„Sind sie wasserdicht?"

„Äh …"

Mein Vater glaubt aus tiefster Überzeugung an Kleidung, die für alle Wechselfälle der Natur gewappnet ist. Genau deshalb fällt es mir bis zum heutigen Tag schwer, etwas mit Rüschen oder ähnlichem Chichi zu kaufen. Bis ein Bleistiftrock auf den Markt kommt, der gleichzeitig als Rettungsring fungiert, werde ich mit meinem Eddie-Bauer-Shirt mit eingewebtem UV-Schutz vorliebnehmen müssen.

„Hast du eine Jagdweste?"

„Eine was?"

„Eine Weste wie meine, mit Platz für tote Enten und Dummys?"

Er ging zur Ladefläche seines Pick-ups und kramte aus einer alten Munitionskiste eine khakifarbene Weste hervor, in deren Rückenpartie jeweils zwei seitlich angebrachte, versteckte Taschen eingelassen waren. Auch überall sonst prangten auf dem Ding Taschen und Taschen mit weiteren, kleineren Taschen darin. Im Prinzip war es eine einzige Tasche mit Löchern für die Arme. Sie war mir drei Nummern zu groß.

„Hier, nimm die so lange."

„Hm … mit den richtigen Accessoires könnte ich durchaus was draus machen. Vielleicht fange ich mit einem Gürtel an?" Ich warf mich in *Vogue*-Pose, aber Dad konnte mit meinem Modewitz nichts anfangen. Außerdem reichte er mir eine Pfeife, die an einer Kordel hing. „Hier."

Ich nahm sie widerwillig entgegen. „Hat die etwa schon jemand benutzt?"

„Mein Gott, jetzt nimm sie einfach! Und dann hol deinen Hund bei Fuß und geh mit ihm ans Ufer, wo du ihn absitzen und warten lässt."

Seamus lief an meiner Seite, aber nur, weil er sich in den zweieinhalb Metern Seil verheddert hatte. Meine Schuhe sogen sich am sumpfigen Ufer in null Komma nichts mit Wasser voll, was sich nachteilig auf ihre Sichtbarkeit auswirkte.

Mein Vater zog einen Segeltuchdummy aus einem dreckigen, blutverkrusteten Eimer, in dem er offenbar für gewöhnlich Trainingsdummys und tote Vögel transportierte. „Wie lange hab ich diesen Dummy schon? Vier, nein, fünf Hunde lang … bald fünfundvierzig Jahre!" Er warf den Dummy fast bis ans andere Ufer, wo er mit einem Knall auf dem Wasser landete.

„Schick deinen Hund los."

Ich tat, wie mir geheißen, nahm Seamus von der Leine und rief sein Aktionswort: „Okay!" Das sagte ich, wenn er mir die Zeitung oder die Post bringen oder seine Erzfeindin, die schwarze Wildkatze, aus meinem Garten vertreiben sollte.

Seamus sprang in die Luft wie einer der Labradore vom Cover einschlägiger Hundemagazine und landete mit einem eindrucksvollen Platscher im Wasser.

„Ziemlich cool, oder?", fragte ich.

„Ich mag es nicht, wenn sie das machen", antwortete Dad.

„Was? Warum nicht? Das sieht doch total genial aus."

„Man kann nie wissen, was sich unter Wasser verbirgt. Er könnte sich aufspießen und dann hast du Labbi-Kebab."

Labbi-Kebab?

Seamus richtete sich aus und schwamm schnurgerade auf den Dummy zu.

„Das macht er gut, richtig gut", kommentierte Dad. Wurde es wirklich wärmer oder war das meine Selbstgefälligkeit?

„Blas in die Pfeife, sobald er den Dummy im Maul hat."

Igitt. Ich wollte keine Pfeife in den Mund nehmen, in die schon wer weiß wer gesabbert hatte. Ich kramte in den Untiefen der Taschenweste nach ihr.

Seamus erreichte den Dummy und packte ihn mit dem Maul.

„Pfeif! Jetzt!"

„Wie oft?"

„Zweimal. Aber bestimmt. *Tuut! Tuut!* Laut. Sei nicht schüchtern, puste ordentlich rein." Ich musste ein bisschen würgen, als ich mir die Pfeife in den Mund steckte, blies aber hinein, fest und relativ laut. Seamus drehte sich um und setzte mit einem Minimum an Geplantsche zum Rückweg an. Doch als er wieder am Ufer angelangt war, fand er zu seiner alten Form zurück – der des schnellsten Retrievers im Herumkaspern. Er flitzte nach links, ich nach rechts.

„Ruf ihn!"

Ich pfiff, ich rief. Ich versuchte, ihm den Dummy abzunehmen, aber Seamus hatte Ausweichmanöver auf Lager, die ihm jeder Profifootballer geneidet hätte.

„Halt ihn fest!"

Ich versuchte es, rutschte mit meinen Laufschuhen aber immer wieder aus. Also griff mein Vater beherzt ein, schnappte Seamus am Nacken, zog ihn zu sich heran und bog ihm die Schnauze auf.

„Jetzt schau dir das an! Du hast Löcher reingebissen!" Mein Vater zeigte Seamus sein Werk, machte dann auf dem Absatz kehrt und ließ uns zurück. Sollten wir ihm folgen? Er setzte sich auf die Ladefläche seines Pick-ups und wirkte dabei ähnlich kaputt wie der triefnasse Dummy, den er in den Händen hielt.

„Fünf Hunde haben diesen Dummy getragen. Belle. Duke. Buddy. Trooper. Mugsy. Und du!" Seine Stimme brach.

Super. Erst war seine Frau gestorben und nun auch noch sein liebster Trainingsdummy.

Seamus wedelte mit dem Schwanz. Seine braunen Augen wanderten von Dad zu mir, von mir zu Dad. *Ich will schwimmen! Und Dinge apportieren!* Für ihn war es vollkommen bedeutungslos, dass er ein geschätztes Erinnerungsstück meines Vaters zerstört hatte. Längst vergessen.

„Bring deinen Hund in die Box", sagte Dad in einem Ton, den ich nur zu gut kannte. Darin schwang unmissverständlich mit: Ich bin sehr enttäuscht von dir. Erfahrungsgemäß folgte darauf eine knappe Standpauke, dass ich mir mehr Mühe geben und bessere Noten nach Hause bringen solle. Schon bald saßen wir uns auf den Heckteilen unserer Autos gegenüber.

„Dann habe ich wenigstens schon eine Idee, was du zu Weihnachten bekommst", sagte ich, um die Stimmung zu heben. Ich hatte ja keine Ahnung, dass ein alter Dummy so einen Wert haben konnte. Hätte ich es vorher gewusst, hätte ich natürlich vorgeschlagen, einen anderen, weniger heiligen zu nehmen.

Mein Vater schüttelte den Kopf und wischte sich die Hände an den Hosenbeinen trocken.

„Dieser … *Hund* … hat ein hartes Maul."

„Was bedeutet das?"

„Er sollte nicht auf dem Dummy herumkauen. Das ist nicht gut."

„Nicht?"

„Wenn das einer der Richter sieht, ist Seamus sofort draußen."

Er hatte doch nicht ernsthaft damit gerechnet, dass ich mit Seamus an einer Feldprüfung teilnehmen würde, oder etwa doch? Gütiger Gott.

„Dad, ich hatte nicht vor …"

„Und jetzt überleg mal, was er erst mit einer Ente anstellen würde … Die wäre hinterher Hackfleisch."

Ich hatte weder vor, Seamus bei einer Prüfung anzumelden, noch, mit ihm Enten zu jagen. Deshalb fand ich es auch nicht schlimm, dass er auf einem Dummy herumkaute. Das war für einen Hund doch normal. Oder etwa nicht?

„Und außerdem … muss er dir den Dummy ordentlich ausgeben."

„Ausgeben?"

„Er sollte direkt zu dir kommen, absitzen und den Dummy so lange im Maul behalten, bis du ‚Gib!' sagst."

Uff. Das klang nach Arbeit. *Ich sollte mit diesem Unsinn aufhören und einfach nach Hause fahren. Schließlich bin ich bis heute sehr gut mit diesem Hund zurechtgekommen.* Klar, er hatte ein paar nervige Angewohnheiten – wie zum Beispiel zum Einfahrtstor zu stürzen, sobald er hörte, wie es sich öffnete, oder mit irgendeiner unerlaubten Beute unter den Esszimmertisch zu krabbeln. Aber er brachte mir schließlich die Zeitung. Und er konnte einen Hundekuchen auf der Nase balancieren. Legte ich wirklich Wert darauf, dass er mir eine unbeschädigte Ente brachte? Nein. *Sollte* ich Wert darauf legen? Ja. Schließlich machte ich all das hier wegen Dad. Den Hund dazu zu bringen, dass er hörte, war zweitrangig.

„Nächstes Mal gehen wir das anders an."

„Auf mich wirkt der Fall ziemlich hoffnungslos", erwiderte ich.

„Hoffnungslos würde ich nicht sagen. Aber wir haben eine Menge Arbeit vor uns. Eine Menge Arbeit."

6

Der Beste aus dem Wurf

In meinem Auto roch es nach Schweiß und nassem Hund. Ich sah aus, als kehrte ich von einer sechsmonatigen Expedition im Amazonasgebiet zurück. Mein Vater und ich hatten uns darauf geeinigt, ein neuerliches Training für den folgenden Mittwoch anzusetzen. Diesmal hatte ich gewusst, worauf ich mich einließ, und war besser vorbereitet gewesen. Seamus saß still in seiner Box, völlig erschöpft davon, einen ganzen Vormittag lang nicht das getan zu haben, was er hatte tun sollen. Er war so still, dass ich, als ich unterwegs zum Tanken hielt, einen Blick in den Kofferraum warf, um nachzuschauen, ob er noch lebte.

„Ich hoffe mal, dass wenigstens ein bisschen von all dem bei dir hängen geblieben ist", sagte ich. Und bei mir? Erinnerte ich mich noch daran, was mein Vater mir alles erklärt hatte? Wie man mit der Leine umging? Wie man pfiff? Ähm …

Mir war klar gewesen, dass Seamus ungeschliffen war, aber auf das Ausmaß war ich nicht vorbereitet gewesen. Ich dachte, die Vormittage mit Dad auf den Feldern des Hundevereins würden Spaß machen, nicht Arbeit. Ich wurde so ungern nass und ich hasste das schmatzende Geräusch meiner nassen Socken in den Schuhen. Eine Mischung aus Matsch und Teichwasser triefte von meinen Beinen und bildete eine Pfütze unter dem Gaspedal. Und wie war eigentlich dieses Grasbüschel in mein Haar gekommen?

„Seamus." Ich sprach ihn in der gleichen Manier an, die ich früher im Minivan mit meinen Kindern Angus und Caitlin genutzt hatte: ein Auge auf die Straße gerichtet, eins auf den Rückspiegel, um sicher sein zu können, dass sie wirklich zuhörten. „Wenn dein Vater, seines Zeichens ein Feldprüfungs-Champion, dich heute hätte sehen können, er würde dich enterben!"

Zum Spurwechsel machte ich den Schulterblick – und sah, dass Seamus mit dem Rücken zu mir in seiner Box saß. Zeigte er mir etwa die kalte, nasse Schulter?

„Ach, jetzt ist es also meine Schuld, dass du absolut ahnungslos bist, wenn es ums Apportieren geht?"

Er bellte einen Mischling in dem Auto an, das neben uns fuhr. Ich war nicht bereit, die gesamte Schuld an seiner Unfähigkeit auf mich zu nehmen. Zu einem Großteil lag sie nämlich bei meinem Göttergatten.

Als es an der Zeit war, einen Nachfolger für Harvey zu finden, unseren zwölf Jahre alten Golden Retriever, den am Ende eine ganze Reihe von Problemen geplagt hatte – Leberprobleme, Hinterlaufprobleme, Rückenprobleme, Hörprobleme, Augenprobleme, Krampfprobleme –, wollte ich wieder einen Golden Retriever haben. Harvey hatte einer Katze geglichen, die sechsunddreißig Kilo wog – Mr Sanftmut.

„Ich will aber einen Labrador-Retriever", hatte Mark hinzugefügt. „Frag doch mal deinen Vater, ob gerade jemand einen Wurf hat."

Natürlich kannte mein Vater, der seit vierzig Jahren Hunde in Feldprüfungen führte, Labradorhalter. Aber diese Labradore waren Nachkommen von Champions. Sie brauchten Arbeit, und damit war echte Arbeit gemeint: viel Bewegung, in Seen springen, um Enten und Gänse zu apportieren, das Gleiche manchmal auch an Land. Mein Mann war Angler, kein Jäger.

„Wenn ich so einem pflegeintensiven Labbi zustimmen würde", fragte ich, „wer würde ihn denn abrichten?"

„Ich!", antwortete mein Mann.

Aha. Sicher. Er führt eine Produktionsfirma, die für Bühne, Beleuchtung und Beschallung von Betriebsfeiern, Galas und Schickimickihochzeiten zuständig ist. Er arbeitet achtzig Stunden pro Woche. Wann wollte er sich also noch um die Ausbildung eines Hundes kümmern? Mein Bauchgefühl riet mir, gegenzuhalten und mir keinen Labrador aufschwatzen zu lassen, aber dann wiederum … vielleicht war es genau das Richtige für meinen Mann. Vielleicht wäre die Arbeit mit einem Hund, das Streifen durch Felder, über Hügel, durch Dickicht genau das, was mein Mann brauchte, um dem Stress zu begegnen, den seine Selbstständigkeit mit sich brachte. Vielleicht half es, seinen Blutdruck zu senken. Seinen Cholesterinspiegel.

Das Thema Welpenbeschaffung kam während eines unserer sonntäglichen Familienessen auf, die wir regelmäßig abhielten. Meine Schwester befand sich zu diesem Zeitpunkt im Streik. Sie war sauer, weil sie beim Kochen und Austragen dieser kleinen Veranstaltung wieder einmal übergangen worden war. Sie achtete selten auf das Mindesthaltbarkeitsdatum und ihre Mahlzeiten sorgten bei einem, zwei, manchmal sogar bei allen von uns (außer ihr) für einen sehr üblen Nachgeschmack, mitunter sogar für Bauchkrämpfe.

Dad hatte einen Rinderfileteintopf mit grüner Paprika, Austernpilzen und Perlzwiebeln in Weinreduktion gemacht. In den

1950ern, als er noch ein junger Polizist und viel als Fußstreife unterwegs war, zog er sich oft in die kleinen, warmen Restaurantküchen zurück, um Milwaukees heftigen Wintern für eine kleine Weile zu entkommen und Ohren und Zehen aufzutauen. Dann saß er in einer Ecke und aß sein Essen aufs Haus, während er ganz nebenbei lernte, welche Kniffe es beim Schnippeln, Sautieren und Dünsten gab. Ich glaube kaum, dass meine Mutter protestierte, als er die Zubereitung des Abendessens übernahm. Genauso wenig Linda und ich. Wir beteten eher, dass Moms Machwerke aus Dosenspaghetti und -fleisch mit Rührei damit für immer der Vergangenheit angehörten. Ihr gastronomisches Steckenpferd war das Backen. Ihre luftigen Pasteten waren märchenhaft, ihre mehrstöckigen, üppig glasierten Schokoladentorten durften bei keinem Geburtstag fehlen. Der einzige Anlass, zu dem Dad in ihre Domäne eindrang, war Weihnachten beim Spritzgebäck, denn dazu war der Einsatz einer Plätzchenpresse vonnöten, die einer Schusswaffe glich. Und wer war besser dazu geeignet, perfekt geformte Sternchen auf ein Backblech zu schießen, als ein Präzisionsschütze?

„Wir wollen uns einen Welpen holen", sagte ich und schaufelte mir einen Berg heißen, buttrigen Eiernudelhimmel auf den Teller.

„Einen Welpen? Was denn für einen?", fragte meine Mutter über die Schulter, während sie die Brötchen aus dem Ofen holte.

„Wir dachten an einen Labrador", antwortete Mark.

„Warum denn einen Labrador?", wollte mein Vater wissen.

„Ja, Mark. Warum denn eigentlich einen Labrador? Erklär das mal meinem Vater." Das klang absichtlich ein bisschen sarkastisch, mich interessierte nämlich ebenfalls brennend, wie er zu dieser Entscheidung gekommen war. Falls er sich jemals ernst zu nehmend über Labradore informiert hatte, war mir das entgangen. Wer weiß, hatte er sich vielleicht bei der Arbeit darum gekümmert? Jemanden gefragt, der einen Labrador hatte? Ich war gespannt auf seine Antwort.

„Weil … ach, keine Ahnung. Die sind einfach so toll!"

„Und warum holt ihr euch nicht wieder einen Goldie? Harvey war so ein toller Hund. Sein Kopf war perfekt geformt zum Streicheln", sagte meine Mutter, als sie sich wieder zu uns setzte, aber gleich wieder aufsprang, weil sie vergessen hatte, dass ihr Kaffee in der Mikrowelle stand.

„Mel hat den letzten Hund ausgesucht, diesmal bin ich dran. Und ich will halt einen Labbi."

Mein Vater zog seinen Stuhl näher an den Tisch, setzte beide Ellbogen auf die karierte Tischdecke und lehnte sich vor, über sein Essen. Er hatte seine Standpaukenhaltung eingenommen, die er schon früher immer gewählt hatte, wenn er seinen Lieblingsvortrag hielt, den über die Strafe für zu spätes Nachhausekommen.

Meine ganze Hoffnung bestand darin, dass er meinen arbeitswütigen Ehegatten zur Vernunft bringen und etwas im Stil von „Wann zum Teufel willst du denn die nötige Zeit finden, um …" und so weiter und so fort sagen würde.

Stattdessen sagte er: „Ich kenn da tatsächlich jemanden …"

Oh nein. Nein, nein!

„Er ist auch im Hundeverein, hält Labradore. Vielleicht hat der gerade einen Wurf."

Ich ließ den Kopf in die Hände sinken. Die Mikrowelle piepste und meine Mutter kehrte mit ihrer dritten Tasse Kaffee an den Tisch zurück. Sie tätschelte mir den Kopf. „Sie machen sowieso, was sie wollen. Stell dich besser gleich darauf ein." Sie zuckte mit den Schultern und fügte hinzu: „Wer möchte Nachtisch?"

Aber wenn wir einen Welpen von einem Züchter holten, der meinen Vater kannte, musste dieser Welpe dann nicht gewisse Erwartungen erfüllen? Und wenn er das nicht schaffte? Ich stellte mir vor, wie sich der gesamte Hundeverein das Maul zerreißen würde.

„Wenn schon ein Labrador", sagte ich, „dann möchte ich ein Weibchen. Ein gelbes."

Mein Vater nahm Kontakt mit dem Züchter auf, der just Ende Februar, Anfang März einen Wurf erwartete. Ein paar E-Mails gingen zwischen Mark und ihm hin und her. Wir leisteten eine Anzahlung. Unsere Namen landeten auf der Warteliste. Wir – Mark – hatten zwei Monate, um uns vorzubereiten.

Ich erwartete, dass er fortan die Nase tief in Labradorratgeber stecken würde. Stattdessen las er wie gewöhnlich seine Romane von James Patterson.

Oder aber, dass er meinen Vater zum Hundeverein begleiten, Mitglied werden, sich mit dem Vereinsgelände vertraut machen würde.

Aber nein.

Hatte er meinen Vater angerufen? Mit ihm ausführlich über Hunde gesprochen? Hatte er Fragen? Sorgen?

Nein.

„Ich habe gerade so wahnsinnig viel zu tun", sagte er.

Er hatte immer wahnsinnig viel zu tun.

„Bist du dir sicher, dass du überhaupt Zeit für einen Hund hast?", fragte ich.

„Selbstverständlich!"

„Solltest du dann nicht vielleicht mal in die Ratgeber …"

„Werde ich."

„Wann?"

„Wenn ich Zeit habe."

Tick, tick, tick.

Die Welpen kamen am 17. März 2006 zur Welt, dem St. Patrick's Day. Ein sehr gutes Zeichen, wie zumindest meine irische Mutter fand.

Sechs Wochen später fuhren wir die sechs Stunden zu der idyllischen Farm, um unsere Wahl zu treffen. Es waren fünf Welpen: vier Rüden, alle schwarz, und eine gelbe Hündin, die von ihren rüpelhaften Brüdern ständig in eine Ecke der Wurfbox abgedrängt und über den Haufen getrampelt wurde. Ihr Blick flehte deutlich: „Holt mich hier raus!", und das hätte ich nur zu gern getan, wäre da nicht schon ein roter Faden um ihren Hals gewesen. Das Zeichen dafür, dass sie bereits vergeben war ...

Das war der Moment der Entscheidung. Harvey hatte ich damals nicht ausgesucht. Er war einfach übrig gewesen und ich hatte Mitleid mit ihm gehabt. Er sollte der Nachfolger unserer Labrador-Collie-Mischlingshündin werden, die wir aus dem Tierheim geholt hatten, bevor es Vorkontrollen und dergleichen gab. Sie hatte durch die Stäbe an Marks Fingern geleckt. Da hatten wir gewusst, dass sie zu uns gehörte.

Aber diese Labbiwelpen hier sahen alle gleich aus! Sie hatten alle die gleiche unerschöpfliche Energie, abgesehen von der artigen, schon vergebenen Hündin.

„Dann los, such einen aus!", forderte mein Mann mich auf.

„Ich?! Ich dachte, das wird deiner."

„Wird er ja auch, aber du weißt mehr über Hunde als ich."

„Weiß ich nicht." Vielleicht schon, aber wollte ich wirklich die Verantwortung tragen, diesen Hund auszuwählen? Was, wenn ich den falschen nahm? Wenn der Hund nicht machte, was er sollte, oder machte, was er nicht sollte, dann wollte ich diejenige sein, die mahnen konnte: „Das ist deine Schuld. Du hast ihn ausgesucht!"

Mark sagte: „Vielleicht sollten wir deinen Vater anrufen. Der kennt sich doch aus."

Ich musste aus der Scheune und bis ans Ende einer angrenzenden, eingezäunten Weide gehen, damit mein Handy ausreichend Empfang hatte. Ein Pferd gesellte sich zu mir und schnaubte laut.

„Dad, wie wählt man einen Welpen aus?"

„Wo bist du? Was ist das für ein Geräusch?"

„Das war ein Pferd. Wir sind beim Züchter. Sollen einen Welpen aussuchen. Aber wie macht man das?"

„Das ist keine große Wissenschaft. Man greift in die Kiste und zieht einen raus." Mehr nicht? Man beobachtete sie nicht? Begutachtete, wer sich zurücknahm? Wer besonders schreckhaft war? Bissig war? Ich wollte mehr wissen, aber er hatte schon wieder aufgelegt. Erbetene Information erteilt, fertig.

Ich streichelte dem Pferd über die Nüstern.

Steckte mein Telefon zurück in die Tasche.

Ging wieder zur Scheune.

Steckte meine Hand in das Gewusel aus Tatzen, Zungen und Ruten, machte genau das, was mein Vater gesagt hatte, und zog einen Seamus heraus.

7

Sitz. Bleib. Fuß.

Auch unser nächstes Treffen fand an einem Mittwoch statt. Ein Monat war seit der Beerdigung vergangen. Ich hatte damit gerechnet, zu diesem Zeitpunkt wieder normal schlafen zu können, aber ich warf mich nachts immer noch hin und her, stand auf, legte mich wieder hin und starrte die Decke an. Ich hatte außerdem damit gerechnet, dass ich mich wieder abwechslungsreicher ernähren würde, aber mein Speiseplan bestand noch immer nur aus Brot mit Butter, Crackern mit Butter, Nudeln mit Butter und manchmal auch einfach nur Butter. Es fühlte sich an, als tauchte ich nur sehr langsam aus einer Narkose auf. Ich war noch immer erschöpft, fand nicht recht in den Alltag zurück.

Im kreativen Teil meines Hirns war es merklich still geworden. Normalerweise glich mein Kopf einer sechsspurigen Autobahn – Ideen, Entwürfe, Plots, Absätze, Figuren, Geschichten, alles war dort mit 120 km/h unterwegs. Aber abgesehen von der Sache mit dem Hundetraining: Fehlanzeige. Mein Kopf war zur einsamen Landstraße geworden – ohne Autos, ohne Lkw, ohne alles. Fehlten nur noch Cary Grant, ein Maisfeld und ein tieffliegendes Flugzeug.

Als ich auf den Parkplatz des Hundevereins bog, hob mein Vater nur kurz die Hand und ließ mich dann im Staub zurück, den sein Ford aufwirbelte. Ich folgte ihm. Na ja, ich versuchte es zumindest. Er hatte Allradantrieb, ich nicht. Ein paarmal setzte der Unterboden meines Wagens auf. Die Box rutschte hin und her. „Festhalten, Seamus!"

Dieses Feld lag etwas versteckter als das erste, auf dem wir gewesen waren. Das Gras stand viel höher. Wir waren viel weiter von der zweispurigen Landstraße entfernt und die nächste Trainingsparzelle lag hinter einem Hügel verborgen. Dad parkte seinen Wagen neben einem Picknicktisch, der bereits den ein oder anderen Schuss abbekommen hatte. Als er ausgestiegen war, stellte ich fest, dass er noch gebückter wirkte als sonst. Sein Hemd war zerknittert, der Kragen ausgefranst. Außerdem prangte ein Fleck auf der Vorderseite. Nicht dass wir schick essen gehen wollten, aber selbst für seine Ausflüge mit den Hunden gab sich Dad für gewöhnlich etwas Mühe – zwar mit ausgeblichenen T-Shirts und sehr, sehr ausgebeulten Hosen, aber immerhin war alles sauber. Heute erinnerte er eher an einen Landstreicher. Er zuckte kurz zusammen, als er die Ladeklappe seines Pick-ups öffnete und ein Paar Gummistiefel herunternahm. Er setzte sich an den Picknicktisch und zog sich grunzend die Schuhe aus.

War das alles zu viel für ihn? Dieses permanente Gehen, die Hügel hinauf und hinunter? All das Bücken? Das Werfen? Lag es an seinem Rücken? Seinen Knien? Sollte ich ihn fragen? Ich spielte die Szene kurz im Kopf durch:

Ich: Dad? Bist du sicher, dass dir das nicht zu viel wird?
Dad (abweisend): Jupp.
Ich (nicht überzeugt): Weil, wenn es dir zu viel …
Dad (mit Nachdruck): Ich sage doch, es ist mir nicht zu viel.

Ich (noch immer nicht überzeugt): Ja, schon klar, aber …
Dad (knapp): Ich sagte, es ist mir nicht zu viel.

Also verkniff ich mir die Frage.
„Es kam noch eine Beileidskarte", sagte er.
Oh nein. Wenn ich schon wieder eine dieser Dankeskarten schreiben musste, auf denen zwei Fotos zu sehen waren, eins von meinen frisch verheirateten Eltern, eins von den beiden kurz vor Moms Tod, katapultierte mich das nur wieder in die Untiefen der Traurigkeit. Wann würde das endlich aufhören? Ich musste an das Mädchen in meiner Highschool denken, dessen Mutter starb, als wir in der Zehnten waren. Wie glücklich sie sich schätzen konnte, weil sie das alles schon lange hinter sich hatte. Ihr Schmerz war längst vernarbt, meiner noch eine klaffende Wunde. Wäre ich nicht mit diesem Hundetraining beschäftigt, ich hätte nicht einmal sagen können, welcher Wochentag heute war. Und einen Grund zum Aufstehen hätte ich auch nicht gehabt. Ich hätte einfach am Rand meiner verlassenen Landstraße gesessen und vergeblich darauf gewartet, dass eine Busladung Fröhlichkeit vorbeikommen würde.

„Oh, das erinnert mich an etwas", sagte mein Vater und schwankte ein bisschen, bevor er wieder ins Gleichgewicht kam. Ich hätte wetten können, dass er eigentlich einen Gehstock brauchte, sich aber nicht überwinden konnte, einen zu benutzen. Er hatte den meiner Mutter aufbewahrt – den sie selbst nicht benutzt hatte. Seitdem lehnte er an seinem Waffenschrank. Aber auch ich war noch nicht bereit, ihn mit einem Gehstock zu sehen. Älter. Schwächer. Weniger wie mein Dad.

„Könntest du vielleicht irgendwas mit der Todesanzeige deiner Mutter machen?"

„Was denn zum Beispiel?"

„Sie einrahmen oder so etwas in der Art? Ich habe sie ausgeschnitten."

Ich hatte nie verstanden, warum die Leute Todesanzeigen ausschnitten. Bis vor ein paar Wochen, als ich mich nach dem Tod meiner Mutter zum ersten Mal selbst mit dem Danach konfrontiert sah. Der Zeit zwischen dem Anruf mit der schlimmsten aller Botschaften und der Beerdigung. Den Tod kannte ich bisher nur im Zusammenhang mit Tanten, Onkeln, Großeltern. Und da hatte sich stets jemand anderes um die Einzelheiten gekümmert. Der Tod war immer woanders eingetreten. Jetzt, nach achtundfünfzig Jahren, nicht mehr. Jetzt gehörte auch ich zum Club.

Wurde mein Vater jetzt zu einem dieser Menschen, die Todesanzeigen aufbewahrten? Ich hatte mich immer darüber lustig gemacht. Das tut mir leid. Inzwischen kann ich es verstehen – auch wenn ich mich nicht bei Leuten entschuldigen kann, die ihre Hinterbliebenen im offenen Sarg fotografieren. Und damit meine ich dich, fiese polnische Großmutter.

War ich bereit, für meinen Vater eine Todesanzeige rahmen zu lassen? Natürlich.

Er stützte sich auf die Ecke des Picknicktisches, um auf die Beine zu kommen. Dann holte er ein Seil und ein Paar Lederhandschuhe von der Ladefläche seines Pick-ups. „Die sind für dich, damit du dir nicht die Hände aufschürfst."

Wenigstens er hatte noch die Kapazität zu planen. Damit er meinem Hund (und mir) beibringen konnte, was immer wir lernen sollten.

„Warte … Dad." Ich zögerte. Ich hätte den Satz einfach verklingen lassen können – oder etwas zum Hund fragen können. Aber was mir über die Lippen kam, war etwas anderes.

„Sag mal … wie geht es dir eigentlich?"

Er rieb sich übers stoppelige Kinn. Fuhr sich mit einer geröteten Hand über die Augen. Was, wenn er jetzt antwortete, dass er keinen Grund mehr zum Leben hatte? Dass er das Haus verkaufen und nach Florida ziehen wollte? Zu seiner Schwester? Dass er genug vom Hundetraining hatte, weil mein Hund ein Idiot war – oder ich –, und dass er den Tag bereute, an dem er diesem Unfug zugestimmt hatte?

Er holte tief Luft und atmete dann mit einem Stoß aus, der ihm die Wangen aufblies. „Beschissen."

Ich legte ihm einen Arm um die Schultern.

Er klopfte mir gegen den Oberarm. „Schon gut. Wir haben noch was vor. Lass uns loslegen." Er sagte das sehr liebevoll, den Ton kannte ich noch gut. So hatte er mit mir gesprochen, wenn ich mal hingefallen war und mir das Knie aufgeschürft hatte – oder wenn sich eins meiner Kinder irgendeine Verletzung zugezogen hatte, eine kleine Beule oder einen gequetschten Finger, oder wenn sie eine dieser gewaltigen Enttäuschungen verkraften mussten, wie sie nur Kleinkinder empfinden. Das hatte damals funktioniert und es funktionierte auch jetzt noch.

Ich ließ den Hund aus der Box und gab ihm ein Leckerli, damit er still sitzen blieb, während ich das Seil an sein Geschirr hakte. Um Seamus zu überzeugen, mir die Zeitung zu bringen oder schnell sein Geschäft zu erledigen, wenn es regnete, bestach ich ihn für gewöhnlich mit kalten Pommes, Käse, Hühnchen oder Resten aus Schachteln, die im Kühlschrank weit nach hinten gelangt und vergessen worden waren. Ein Fehler, wie sich herausstellte. Ein fürchterlicher Fehler.

„Was hast du da gerade gemacht?"

„Äh, ich habe das Seil an sein …"

„Nein, davor."

„Ihm ein kleines Leckerli gegeben?"

„Man belohnt seinen Hund nicht für etwas, das er noch tun soll. Man belohnt ihn, *nachdem* er getan hat, was man von ihm will."

„Ja, aber wie soll ich dann … Moment, wie bitte?"

„Wenn er zu dir kommt, weil er riecht, dass du Hühnchen in der Hand hast, kommt er nicht, weil er soll, sondern weil er Hühnchen bekommt. Verstanden?"

Verstanden. Bloß nicht, was falsch daran ist.

„Lass ihn absitzen."

„Seamus, sitz." Er setzte sich auf meinen Fuß.

„Warte da und mach, dass er bleibt."

Seamus ließ meinen Vater nicht aus den Augen, der von uns fortging, ein Stück zerfurchte, holprige Straße entlang, dabei den Blick auf den Boden gesenkt – ganz allein. Er blieb an einer Stelle stehen, wo sich das Schilf lichtete, das das Ufer des angrenzenden Sees säumte, nahm seine Baseballmütze ab und wischte sich mit seinem roten Stofftaschentuch die Stirn ab. Seamus hatte ihn immer noch im Visier, als er das Tuch zurück in seine Jagdweste steckte. Das Einzige, was sich an Seamus bewegte, waren seine schwarzen Nasenflügel und seine Augenbrauen. Mein Vater ging ein wenig in die Hocke, so tief er mit seinem schmerzenden Rücken kam, und klatschte in die Hände: „Seamus! Fuß!"

Ich ließ das Seil los und Seamus rannte los. Dreißig Kilo massiver Labrador mit einem langen Seil, das hinter ihm schlug wie eine Peitsche. Wäre mein Vater nicht genau im richtigen Moment zur Seite gegangen, hätte Seamus ihn umgerannt. „Fuß!" Seamus hatte so viel Schwung, dass er an meinem Vater vorbeiraste. Dad griff nach dem Seil und zog Seamus an seine Seite. „Sitz!" Als er genau das tat, nahm mein Vater den großen Hundekopf in beide Hände. „Gut gemacht! Gut gemacht!" Seamus reagierte, indem er hochsprang, doch mein Vater fing ihn sanft, aber bestimmt ab, indem er ihm sein Knie gegen die Brust drückte. „So geht das. Hast du das gesehen? Du lobst nur mit den Händen, da braucht man keine Leckerli."

„O-kay", sagte ich und vergaß dabei völlig, dass das ja Seamus' Aktionswort war. Seamus tänzelte herum, weil er nicht wusste, ob er losrennen und irgendetwas holen sollte.

„Du machst das ab jetzt ganz genauso!"

„Gut, gut. Mach ich."

„Wenn nicht …"

„Was? Dann bekomme ich Stubenarrest?"

Wir wiederholten das Ganze fünfmal, Dad am einen Ende der Straße, ich am anderen und Seamus als schwarzer Volleyball, den wir uns gegenseitig zuspielten. Dann wollte Dad einen weiteren Kniff einbauen. „Versuchen wir es diesmal mit einem anderen Dummy."

Auch der hier sah aus wie eine Schutzboje fürs Boot, so wie der, den Seamus im See versenkt hatte: weiß, hart und voller kleiner Noppen. Am einen Ende war ein kurzes, schwarzes Seil befestigt.

„Wozu sind die Noppen?", fragte ich.

„Die sollen verhindern, dass er darauf herumkaut."

Solche kleinen Noppen? Wen wollten die Dummydesigner denn damit veräppeln? Die Liste der Dinge, die Seamus im Lauf seines Lebens zerkaut hatte, war lang. Das meiste waren Haushaltsgegenstände – Geschirrhandtücher, Zeitschriften, Haarbürsten. Alles entschuldbar, weil er nichts dafür konnte, schließlich hatte ein Mensch die Sachen in seiner Reichweite liegen lassen. Ich war davon überzeugt gewesen, die Weihnachtskrippe an einem sicheren Ort aufgestellt zu haben, aber da hatte ich mich getäuscht. Selbst auf der Anrichte im Esszimmer waren die Figuren vor Seamus nicht sicher. Wir verfügen jetzt über eine sehr individuell gestaltete Krippe – ein dreibeiniges Kamel, zwei angenagte Schafe und ein König, der nicht länger mit Gabe erscheinen kann, da er keine Arme mehr hat.

„Wirf den Dummy nur ein kleines Stück vor dich."

Ich warf, aber das Ding flog einfach nur senkrecht nach oben und landete gerade mal einen halben Meter vor mir. „Hoppla", sagte ich.

„Noch mal."

Diesmal flog es in einem schönen Bogen und fiel vielleicht fünf Meter entfernt auf den Boden.

„Schick ihn los. Und sobald er den Dummy im Maul hat, ruckst du an der Leine."

„Okay." Eigentlich meinte ich: *Okay, ich rucke an der Leine.* Nicht: *Okay, Seamus, gehs holen.* Aber das konnte Seamus ja nicht wissen, der sofort losstürzte. Er nahm den Dummy auf und kam zu uns zurück, ohne dass ein Ruck nötig gewesen wäre. Aber er machte einen großen Bogen.

„Zieh ihn ran!"

Ich zog erst am Seil, ruckte dann daran.

„Nein, nein! Eine Hand nach der anderen. Hol ihn bei Fuß."

Gleichzeitig zu ziehen und zu sprechen überstieg meine Koordinationsfähigkeit. Seamus wirkte ähnlich verwirrt wie ich.

Mein Vater nahm die Zügel in die Hand. „Hier, so." Er warf den Dummy. Dann schickte er den Hund mit einem lauten, freudigen „Okay!" los, und kaum hatte Seamus das Ding im Maul, rief mein Vater: „Fuß!", und angelte den Hund geschmeidig und eine Hand nach der anderen in gerader Linie zu uns. „Gar nicht schlecht. Gar nicht schlecht", sagte mein Vater und wuschelte Seamus durchs Nackenfell. „Das reicht für heute."

„Im Ernst?"

„Ja. Man trainiert kurz und hört mit einem Erfolg auf."

Mein Vater gab mir Hausaufgaben auf, vielmehr nannte er es „Gartenarbeit". Erster Punkt: korrektes Bei-Fuß-Gehen. Will sagen: nicht so, wie ich es bislang gemacht hatte.

Wenn ich mit Seamus in der Natur spazieren ging, stellte ich es ihm frei, direkt neben mir zu laufen oder auch nicht. An Tagen, an denen ich mich ansonsten ein wenig überflüssig fühlte, markierte ich das Alphaweibchen; an anderen Tagen ließ ich ihn einfach herumstöbern, wie er wollte. Dann kreuzte er vor mir hin und her, ohne dass es mir etwas ausmachte. Ich wusste, dass er an meiner Seite bleiben sollte, aber wir waren schließlich in der Natur unterwegs und er war ein Labrador. War es bei ihm nicht genetisch veranlagt, dass er durch hohes Gras tollen und springen musste? Er bekam eine ordentliche Dufttherapie und ich renkte mir ausnahmsweise mal nicht die Schulter aus. Davon hatten wir beide was.

Die „Gartenarbeit" begann damit, dass ich sein Geschirr hervorholte, worauf er mit ziemlicher Aufregung reagierte. *Fahren wir zum Hundeverein? Darf ich schwimmen gehen? Gibt es ein Boot?* Ich beschloss, sein Rumgehüpfe zu ignorieren. Irgendwo hatte ich gelesen, dass Hunde das machen, damit sie einem in die Augen gucken können. Wenn man will, dass sie dieses Verhalten einstellen, soll man sich abwenden. Aber mein abgewendeter Blick verleitete ihn nur dazu, noch höher zu springen. Als er zum fünften Mal hochsprang, hob ich das Knie, um ihn abzuwehren, aber die Wirkung war nicht im Geringsten vergleichbar mit der, die mein Vater erzielt hatte. Vielleicht lag es an seiner Polizeiausbildung. Er war an der FBI-Akademie in Quantico gewesen. Seine Kniescheiben hatten die Lizenz zum Töten.

Schlussendlich trug Seamus sein Geschirr und ging an der kurzen Leine, damit er nicht herumsprang. So wanderten wir Mal um Mal ums Haus. Ich bemühte mich um einen tiefen Ton und lieferte ein sehr gebieterisches „Fuß!". Und zu meiner großen Überraschung ging er tatsächlich bei Fuß, jedenfalls in etwa. Er wurde langsamer und schaute zu mir hoch – war das nicht ein Anfang? Er lief besser, wenn wir auf dem schmalen Gehweg waren oder er zwischen mir und dem Zaun zum Nachbarn eingekeilt war, denn dann blieb ihm nichts anderes übrig, als bei Fuß zu laufen.

Vermutlich hätte ich in diesem Moment besser aufgehört, schließlich war das ja gewissermaßen ein Erfolg, aber wir sollten ja auch am „Halt" und „Sitz" arbeiten. Um die Sache zu beschleunigen, holte ich eine Handvoll Trockenfutter und steckte es mir in die Hosentasche. Ich wusste, dass das falsch war, aber mein Vater war schließlich nicht da. Es kam auf das Ergebnis an. Nicht auf den Weg dorthin. Hunde können Angst riechen, genauso Krebs und Spuren von Sprengstoff. Wieso ich also annahm, dass eine dünne Baumwollschicht den Geruch von gemahlenem Lamm mit Reis verbergen würde, weiß der Himmel.

Das Trockenfutter befand sich in meiner rechten vorderen Hosentasche. Seamus vergaß alles, was mit Fußlaufen zu tun hatte. Er rannte erst hinter, dann vor mich und versuchte, an – nein – *in* die Tasche zu kommen. Er kratzte an meiner Hose. Sabberte mir aufs Bein. „Nein!", rief ich und ruckte an der Leine, obwohl ich mich eigentlich bei ihm hätte entschuldigen müssen, schließlich hatte ich sein Scheitern vorprogrammiert.

„Also gut", sagte ich. „Hier!" Ich holte das Futter aus der Tasche und warf es auf die Wiese. Ich belohnte ihn dafür, eine Plage zu sein, und löschte das Bei-Fuß-Gehen damit vermutlich für alle Zeiten von seiner Festplatte.

Ich sollte mit einem Erfolg abschließen, aber das hier war ein Rekordtief. Seamus leckte die restlichen Krümel von der Wiese. „Fuß!", sagte ich und ruckte an der Leine. Seamus folgte und wir nahmen die Route wieder auf. Bei der ersten Runde schien tatsächlich alles wieder verloren. Aber schon die zweite lief besser. Bei der dritten musste ich nur einmal an der Leine rucken und beim vierten Mal gar nicht mehr.

„Erzählen wir Grandpa mal lieber nichts von … du weißt schon." Ich wollte das F-Wort (Futter) nicht aussprechen, weil der Teil in Seamus' Gehirn, der fürs Fußlaufen abgestellt war, sicher sofort von dem viel dominanteren Teil für alles, was mit

Fressen zu tun hatte, verdrängt worden wäre: *Futter? Wo? Jetzt? Hier? Wie viel? Wann bekomme ich es?*

Also drehte ich weiter mit ihm meine Runden, blieb stehen und befahl ihm, Sitz zu machen. Als er es tat, kraulte ich ihn hinter den Ohren und sagte: „Wer ist ein guter Hund?" Kein Leckerli. Nur Lob. Wir liefen noch eine Runde, er bei Fuß. Ich blieb stehen, er machte Sitz. „Guter Junge!", sagte ich. Dad hatte recht behalten mit dem Belohnen. Als ich das nächste Mal stehen blieb, machte Seamus wieder Sitz und stupste meine Hand an. Zweifellos dachte er: *Und jetzt? Ich bin stehen geblieben. Ich hab mich hingesetzt. Wo bleibt mein Futter? Was soll dieser „Guter Hund"-Mist?* Ich wollte ihm erklären, was die Leckerlis angehe, drohe ihm ein kalter Entzug, aber dazu kannte ich ihn zu gut. Nach dem Wort „Leckerli" hätte er aufgehört zuzuhören.

8

Moms Gedenkfeier

Es war Sonntag, der 30. Mai. Meine Mutter wäre heute vierundachtzig geworden. Mein Vater hatte darum gebeten, den Gottesdienst zu ihren Ehren zu halten. Anwesenheit der engsten Familie selbstverständlich obligatorisch.

Caitlin und Angus waren am Vorabend mit dem Bus aus Madison eingetroffen. Wir betraten die Kirche alle zusammen. Dad saß ganz, ganz vorn. Ich hasse es, so weit vorn zu sitzen, halte mich lieber ganz weit hinten im Kirchenraum auf. Da habe ich das Gefühl, weniger kritisch beäugt zu werden. Dad trug ein blaues Hemd, darüber eine karamellfarbene Cordjacke, mit der meine Mutter ihn niemals aus dem Haus gelassen hätte, schließlich war Mai. Keine Krawatte, er kann die Dinger nicht ausstehen. Er trägt sie nur unter extremsten Bedingungen: zu meiner Hochzeit, zu den Hochzeiten meiner Schwester, zu Moms Beerdigung. Er wirkte so verloren wie ein linker Schuh ohne sein rechtes Pendant. Wie ein Strumpf, dessen Kumpel während eines Waschgangs verloren gegangen war. Wir brachten den langen, langen Weg hinter uns und dann folgte der gute alte Eiertanz aus „Nach dir", „Nein, nach dir", „Wirklich, geh du zuerst" zwischen Mark, den Kindern und mir, bevor ich mich neben meinen Vater auf die Bank sinken ließ.

Er hielt ein Stofftaschentuch bereit. Hätte meine Mutter nicht hier sein sollen? An seiner Seite? In ihrem Trenchcoat? In diesen Kirchenbänken hatte sie meine behandschuhte Hand gehalten, seitdem ich drei war. Wenn es mir zu langweilig wurde, durfte ich mich auf das Kniebrett setzen und mit ihrer Handtasche spielen. Unsere Familie bevölkerte diese Bankreihen seit 1955. Weihnachten. Ostern. Zur Erstkommunion. Damals kamen wir in Zweierreihen von der Schule her, angeführt von den Nonnen in ihren langen, schwarzen Trachten mit diesen Hauben, die die Gesichter eng umschlossen.

Seit der Beerdigung hatte ich nicht wieder in einer dieser Bänke gesessen. Der Geruch von Weihrauch ließ die Erinnerungen an diesen Tag wieder in mir aufsteigen – ich sah den Sarg vor meinem geistigen Auge, ein Stückchen versetzt beim Taufbecken. Ich ging absichtlich nicht zu nah heran, ich kam nicht gut mit Toten klar. Sie sahen immer so … tot aus. Aber – und ich weiß, das klingt jetzt wie das absolute Klischee – Mom sah gut aus. Viel besser als im Rehazentrum, wo sie wachsbleich und eingefallen gewirkt hatte. Der Bestatter mit den Veilchen hatte ganze Arbeit geleistet. Ihr Haar war voll gewesen, ihr Gesicht schön und rund. Sie trug das richtige Outfit für einen angenehmen Tag im Jenseits – ihren weißen Lieblingsrolli, dazu die weinrote Strickjacke und die marineblaue Fleecehose mit Gummizug, die sie so geliebt hatte. „Die ist sooo weich und hält sooo schön warm!"

Ich erinnerte mich daran, dass meine Schwester Moms steife Arme angehoben und den Rosenkranz durch einen Blumenstrauß ersetzt hatte. Daran, wie mein Vater „Oh, Marian! Verlass mich nicht!" schluchzte, als die Sargträger sie den Gang entlangschoben.

Meine Nichte Amanda kam und setzte sich zu ihrem Cousin. Ihre zahlreichen Tätowierungen waren unter einer langärmeligen Jacke und einem langen Schal verborgen. Meine Mutter konnte diese ganze Tätowiererei nicht verstehen. „Wer will denn freiwillig aussehen wie jemand aus dem Kuriositätenkabinett?" Mein Neffe Adam war extra aus New York angereist. Er war von Anfang an ihr Goldjunge gewesen – der erste und deshalb eindeutige Lieblingsenkel meiner Mutter, auch wenn sie es abstritt. Er bekam die besten Lego-Sets, so viele Matchbox-Autos, dass er einen Koffer brauchte, um sie transportierten zu können, und als er einmal, viel später, *so* kurz davorstand, wegen einiger (vieler!) unbezahlter Strafzettel in den Knast zu wandern, wer bezahlte sie? Die Oma.

Die Orgelspielerin kündigte das Einzugslied an und begann auch schon zu spielen. Mein Vater lehnte sich zu mir herüber und flüsterte: „Wo zur Hölle steckt deine Schwester?"

Ich zuckte mit den Schultern.

Der Priester und seine Messdiener schritten bis zum Altar. Gerade als die Heilige Schrift auf das Pult gelegt und das heutige Evangelium aufgeschlagen wurde, tauchte meine Schwester auf. Sie versucht sich als Schauspielerin und hat bislang in ein paar sehr, sehr billigen Billigproduktionen sowie in ein paar sehr, sehr extremen Indiefilmen, in Kurzfilmen und im Internetfernsehen mitgespielt. Und offenbar hielt sie es für eine gute Idee, heute in der Aufmachung einer Dame aus dem Film-noir-Genre der 1940er aufzukreuzen. Sie trug ein der Epoche entsprechendes altmodisches Kleid, einen Filzhut und zehenfreie Plateaupumps. „Noch bin ich nicht in Flammen aufgegangen", sagte sie so laut, dass jeder der Anwesenden sie verstehen konnte, bevor sie sich zu uns setzte.

Mein Vater schüttelte den Kopf. „Immerhin ist sie gekommen."

Die Messe an sich folgte dem gleichen Schema wie jeden Sonntag, abgesehen von dem Teil des Gottesdienstes, in dem für die kürzlich Verstorbenen gebetet werden sollte, die diese, unsere Welt verlassen hatten und sich nun in der Obhut des himmlischen Vaters befanden. Als der Priester den Namen meiner Mutter sagte, hatte ich das gleiche Gefühl wie damals, als ich zum ersten Mal mit dem Nachnamen meines Mannes angesprochen oder „Mama" genannt wurde.

Mein Vater putzte sich mit seinem Stofftaschentuch die Nase, während wir anderen schnöde Papiertücher aus den Taschen zogen und uns damit die Tränen trockneten. Außer Linda. Ihr Gesicht blieb so unberührt wie das von Jackie Kennedy. „Brauchst du kein Taschentuch?", fragte ich während der Kollekte flüsternd.

„Nein", sagte sie. „Ich habe damit abgeschlossen."

Wie das? Ich verbrachte den Rest der Messe damit zu grübeln, ob sie sich stur vor der Wahrheit verschloss …

Zum Brunch zogen wir uns in ein Restaurant zurück, das Dad ausgewählt hatte. Es bot ein All-you-can-eat-Büfett mit Pancakes, die groß waren wie Radkappen, und Waffeln, so groß wie Tennisschläger. Wer hier ein Omelett aus nur drei Eiern bestellte, musste auf bis zum Haaransatz hochgezogene Brauen gefasst sein.

Schon bald kamen wir auf das Thema, was mein Vater wohl am besten mit dem Geld anstellen sollte, das den Beileidsbekundungen beigelegt worden war.

„Wie wäre es mit einem Jahresvorrat an frischen Blumen für Moms Grab?", schlug ich vor.

Mein Vater schüttelte den Kopf. „Geht nicht. Der Friedhof erlaubt das nicht."

„Wie bitte?", fragten wir alle wie aus einem Mund.

Er erklärte, so seien eben die Regeln. Keine Gebinde aus Frischblumen, keine Kuscheltiere, keine Karten. „Was ist das denn? Ein Friedhof oder Nazideutschland?" Linda war bei ihrer dritten Bloody Mary angelangt.

„Wenn ich Blumen auf dem Grab möchte, muss ich sie beim Friedhof kaufen, und die sind nicht echt. Es sind Kunstblumen, und auch noch welche, die sofort verblassen."

„Und aus diesem Grund", Linda wandte sich an ihre Kinder, „möchte ich auf so eine Farm gebracht werden, wo man einfach verwesen kann. Und dann kommen irgendwann Leute und beurteilen anhand der Maden, wie lange man schon dort liegt. Für die Wissenschaft."

Typische Tischgesprächsthemen eben.

„Ich hätte einen Vorschlag", warf meine Tochter Caitlin ein. „Grandma hat doch immer gern den Kindern in der Grundschule vorgelesen."

Synchronnicken an unserem Tisch.

„Warum kaufen wir von dem Geld nicht ein paar neue Bücher für die Bibliothek?"

Vielleicht auch gleich noch ein passendes Regal dazu? Perfekt!

Die verhungernden Studenten und der eine Ehemann holten sich zum ersten Mal nach, die betrunkene Schwester zum zweiten Mal. Ich bekam kaum meine erste Portion auf. Der Goldjunge und ich blieben bei meinem Vater am Tisch zurück.

„Und, Grandpa?", fragte er. „Was hast du in letzter Zeit so gemacht?"

Die Antwort interessierte mich auch brennend, vielleicht gab sie mir Aufschluss über sein Trauerstadium. Seinen Enkel würde er nicht anlügen. Er würde alles beichten, und wenn Adam mit der Antwort nicht zufrieden wäre, würde dieser nachhaken. Er würde seinem Großvater sagen, was er tun und was er lassen solle, und Großvater würde auf ihn hören, schließlich handelte es sich um den Goldjungen.

„Ach, du weißt schon", sagte er und goss Sirup auf seinen Pancakeberg. „Ich versuche, einem alten Hund ein paar neue Tricks beizubringen. Ihrem." Mein Vater verdrehte die Augen und deutete mit dem Daumen auf mich.

„Und wie läuft es so?"

„Ach, so gut eben wie vermutet."

„Was soll das denn heißen?", fragte ich leicht gekränkt.

„Nichts. Aber komm schon. Dieser Hund. Und du erst!"

Adam wollte Einzelheiten hören. Laut Dads Version war ich ziemlich und Seamus ganz schön unfähig. Ob wir komplett hoffnungslose Fälle waren, hatte er noch nicht final entschieden.

„He! Warte mal ab, bis wir uns wiedersehen. Wir haben am Bei-Fuß-Gehen gearbeitet", sagte ich.

„Aha. Sicher."

Entweder zweifelte er wirklich daran, dass Seamus und ich geübt hatten, oder aber er wollte, dass ich den Gegenpart im Gespräch übernahm, den sonst immer meine Mutter innegehabt hatte.

„Was? Glaubst du mir nicht?"

„Doch, ich glaube dir. Ich glaube nur nicht, dass es etwas bringen wird."

Adam lachte.

„Ach ja? Die Wette gilt, mein Herr!"

9

Wie man „Gib!" sagt

Der Wonnemonat lag hinter uns. Der Juni war angebrochen. Vielleicht war der Juni leichter zu bewältigen. Es gab keine Geburts- oder Jahrestage, die etwas mit Mom zu tun hatten. Nur den Vatertag.

Als ich auf den Parkplatz des Hundevereins bog, war ich zuversichtlich. Vorbereitet. Gewappnet für alles, womit Dad uns konfrontieren würde. Sein Pick-up stand, wo er immer stand: unter dem Baum direkt beim Öltank. Er trug seine Lieblingsbaseballmütze, die grellorange leuchtete. Er war frisch rasiert. Er lächelte und winkte, ich solle ihm folgen.

Wir nahmen eine mir unbekannte Straße, die vom Parkplatz wegführte, einen Hügel hinunter, und gelangten an einen viel größeren Teich als beim letzten Mal. Wir parkten im Schatten, mein Kofferraum zeigte zum Wald, statt zum Platz, wo die Sonne knallte.

„Du hast die ‚Gartenarbeit' erledigt?", fragte mein Vater, während er in die Gummistiefel wechselte.

„Haben wir!"

„Jeden Tag?"

„Äh, na ja. *Fast* jeden Tag."

Mein Vater schüttelte den Kopf. „Hol ihn raus und bring ihn rüber zum Teich."

Ich öffnete die Box und Seamus schoss heraus, bevor ich überhaupt nach Seil oder Geschirr, bevor ich überhaupt nach irgend*etwas* greifen konnte.

„Bei Fuß!", rief ich ihm hinterher.

„Ruf weiter", kam der mir zu bekannte Refrain, dicht gefolgt von: „Meintest du nicht, du hättest mit ihm gearbeitet?"

Seamus stürzte in vollem Galopp zum Ufer. Kurz bevor er das Wasser erreichte, fiel mir wieder ein, dass ja ein fünf Meter langes Seil an ihm hing. Ich hielt es fest und stemmte mich mit all meiner Kraft dagegen. „Lass ihn absitzen und warten."

Ich befahl, Seamus gehorchte. Allein dafür hätte ich ein Lob von Dad verdient. Aber ich – wir – bekamen keins. Mein Vater nahm einen der vielen Dummys aus seinem Eimer und warf das harte, weiße Plastikding in den Teich. Gerade weit genug, dass Seamus es an seinem Seil erreichen konnte.

„Machs genau, wie ich es dir gezeigt habe. Eine Hand über die andere. Klar?"

„Klar."

Ich schickte den Hund. Er stieg ins Wasser, schwamm das kurze Stück, nahm den Dummy ins Maul, und als er umkehrte, fing ich an mit dem Ziehen. Kaum kam er an Land, versuchte er seine Ausweichmanöver.

„Weiterziehen!", rief mein Vater.

„Mach ich doch!", rief ich zurück.

„Jetzt greif nach dem Dummy und sag: ‚Gib!'"

„Gib", sagte ich.

„Nein! ‚Gi-ihb!'"

„Gieb!", sagte ich.

„Nein, nicht ‚Gieb'. Zieh es in die Länge: ‚Gi-ihb!'" Er sprach es aus, als hätte es zwei Silben.

Dabei war es ganz egal, wie ich es aussprach, denn weder so noch so hatte das Wort einen Effekt. Seamus schüttelte den Kopf hin und her, den Dummy fest im Maul. Dann ließ er ihn einfach ans matschige Ufer fallen.

„Vielleicht macht er es das nächste Mal besser. Oder ich …", sagte ich.

„Gib mir den Hund!"

Mein Vater brachte Seamus bis zur Wasserkante, ließ ihn absitzen und warf den Dummy. Seamus wartete.

„Okay!", sagte mein Vater und machte ein paar Schritte vom Ufer weg.

Seamus sprang ins Wasser, schwamm, erreichte den Dummy, schwamm damit zurück. Kaum hatten seine Pfoten wieder festen Boden unter den Füßen, angelte mein Vater ihn zu sich.

„Gi-ihb!", sagte er laut.

Auch an dem kurzen Seilstück, das mein Vater ihm ließ, machte Seamus weiter seine Ausweichmanöver. *Siehst du? Es liegt nicht nur an mir!* Wie gut, dass mein Vater seine kniehohen Gummistiefel trug, denn Hund und Mann standen beide im Wasser.

„Nein!", grollte mein Vater. Seamus spuckte den Dummy aus. War das als Fortschritt zu verbuchen?

Er wiederholte das Ganze. Warf den Dummy, schickte den Hund, der Hund apportierte, schwamm zurück, kam an Land, mein Vater sagte „Gib", und wieder tänzelte Seamus davon, ohne von dem Dummy abzulassen. Doch diesmal war mein Vater schnell. Er packte den Hund mit einer Hand im Nacken und rief „Nein!", dazu ruckte er kurz am Seil. Für einen Dreiundachtzigjährigen war mein Vater außerordentlich agil.

Der nächste Versuch war nicht perfekt, kam gutem Ausgeben aber schon recht nah. Das Maul war weniger hart, und als mein Vater „Gib" sagte, folgte Seamus.

„Siehst du, so dumm bist du gar nicht!" Er kraulte Seamus hinterm Ohr und drehte sich dann zu mir. „Zeig deinem Hund Zuneigung, dafür muss man sich nicht schämen."

Und das ausgerechnet von dem Mann, der keine Umarmungen mochte.

„Gut, dann bring ihn mal wieder in seine Box. Belassen wir es bei dem Erfolg."

Als ich Seamus wegbrachte, hatte ich das Gefühl, mich auf einen Test zwar vorbereitet, aber die falschen Kapitel gelesen und mir nur unzureichende Stichpunkte gemacht zu haben. Dad setzte sich auf den umgedrehten, lehm- und blutverkrusteten Eimer.

„Ich kapier das nicht, Dad. Ich habe mit ihm gearbeitet. Genau so, wie du es mir aufgegeben hast."

Alle seine früheren Champions hatte er vom Welpenalter an trainiert. Sitz. Platz. Fuß. Mal um Mal um Mal um Mal. Schlechtes Betragen wurde sofort mit einem bestimmten, lauten Höhlenmenschbrummen unterbunden.

„Aber Dad, du glaubst nicht, dass Seamus wie Duke ist, oder?" Der arme Duke. Er hatte dort weitermachen sollen, wo Belle aufgehört hatte, Dads erste Hündin und sein erster Champion. Aber wir wissen: Niemand will der Nachfolger einer Legende sein, jeder der des Ersatzmanns. Vielleicht hatte Duke also von Anfang an schlechte Karten gehabt.

Duke hatte einen großen Kopf und ein kleines Hirn. Seinen harten Schädel nutzte er dazu, Zäune zu durchstoßen und gegen Gesteinsbrocken oder Baumstümpfe zu rennen, um zu einem toten Fasan zu gelangen. Er apportierte die Lockvögel anstatt der Enten. Er gewann nie einen Pokal. Seine Vorliebe für falsche Vögel brachte meinem Dad zahlreiche Disqualifizierungen ein. Jeder andere hätte den Hund längst weggeben oder – schlimmer noch – „erlöst", aber mein Vater tat weder noch. Denn Duke hatte etwas durchaus Liebenswertes. Hätte es eine Kategorie fürs

Bemühen gegeben, Duke hätte jedes Mal eine satte Eins bekommen.

Irgendwann fuhren meine Mutter und mein Vater in den Urlaub und übertrugen alle Hundepflichten – füttern, Zwinger reinigen – meiner Schwester. Einmal schaute sie bei Duke vorbei und bemerkte, dass der Boden des Zwingers voller Blut war. Dukes Blutungen waren stark … aber was war die Ursache? Der Hund war erst fünf! Er lebte noch, aber nur so gerade eben. Linda wickelte ihn in eine Decke, brachte ihn ins Auto und sauste nicht zum Tierarzt meines Vaters, sondern zu ihrem Tierarzt, einem Typ, der früher in einem Zoo gearbeitet hatte.

Er könne Duke retten … aber das würde teuer werden. „Hör zu", sagte sie zu dem ehemaligen Zootierarzt, „mein Vater hat immer gesagt, wenn er mit meiner Mutter und dem Hund in einem Boot säße und einer über Bord gehen müsste, wäre das nicht der Hund."

Duke hatte sich mit Parvovirose infiziert, obwohl mein Vater ihn hatte impfen lassen. Offenbar war das Mittel nicht gut gewesen oder die Auffrischung kam zu spät, es ließ sich nicht rekonstruieren. Jedenfalls wurde Dukes Leben gerettet. Mein Vater ging künftig zu einem anderen Tierarzt. Und meine Mutter saß noch immer im Boot.

„Ach, der gute Duke", sagte Dad und schüttelte den Kopf. „Er hat sich wirklich Mühe gegeben."

„Seamus gibt sich auch Mühe …"

„Ja, mich umzubringen", beendete Dad den Satz für mich.

Dad riss einen Witz. Und ich lachte. Da war etwas in seiner Stimme … Leichtigkeit? War er froh darüber, dass Seamus so schwierig war? Vielleicht gefiel ihm ja die Aufgabe, aus meinem Hund einen … richtigen Hund zu machen.

„Dieser Hund", sagte er und zog sich die Gummistiefel aus, „ist kein Duke, da kannst du sicher sein."

10

Schussscheue

Meine Schwester und ich waren Schlüsselkinder. Von unserem Vater sahen wir nicht viel, weil er von 16 Uhr bis Mitternacht arbeitete. Nahm er jemanden fest, musste er zum Gericht und kam manchmal erst um drei in der Früh nach Hause. Wenn wir zur Schule gingen, schlief er, wenn wir zurückkamen, war er schon weg. Für gewöhnlich hatte er ein schmackhaftes Abendessen vorgekocht, das wir nur aufwärmen mussten. Wir waren anderthalb Stunden allein zu Haus, in denen wir erst unsere Hausaufgaben und dann unsere Haushaltspflichten zu erledigen hatten. Linda musste Kaffee kochen und ich die Kartoffeln schälen, damit eine schöne, warme Mahlzeit bereit war, wenn meine Mutter um Viertel vor fünf (oder fünf, wenn ihr Bus Verspätung hatte) durch die Hintertür trat.

Als wir in der Grundschule waren, bekamen wir die Sondererlaubnis von Schwester Augusta, an jedem dritten Donnerstag des Monats zur Mittagszeit das Schulgelände zu verlassen. Dann holte mein Vater uns mit seinem blauen Chevy Impala Kombi ab und fuhr mit uns zu McDonald's. Wir aßen Burger und Pommes, während er seine Witze erzählte. Wir sprachen über Schule und anderes. Schöne Dadstunden.

Inzwischen hatte ich seit Jahren kein Fast Food mehr gegessen, aber nach dem Training mit Seamus fragte Dad mich tatsächlich, ob ich Hunger hätte und einen Burger mit ihm essen wolle, auf seine Rechnung. Also fuhren wir in dasselbe Fast-Food-Restaurant, in das er mit meiner Mutter gegangen war, wenn sie ihn zum Hundeverein begleitet hatte.

„Deine Mutter hat immer einen Cheeseburger mit Pommes bestellt."

„Oh. Aha."

„Und einen Kaffee."

„Äh … ich bin ja eher Teetrinkerin."

„Oh." Er klang enttäuscht. Hätte ich bestellen sollen, was Mom für gewöhnlich genommen hatte?

Wir saßen an dem Tisch, an dem sie immer gesessen hatten, was irgendwie niedlich, aber gleichzeitig traurig war. Während er bestellte, schaltete mein Hirn auf Filmmodus um und spielte mir Szenen aus den ersten Jahren nach ihrer Pensionierung vor, in denen sie hier fröhlich zusammen aßen, quatschten und lachten. Schnitt zu einem späteren Zeitpunkt: sehr ähnliche Situation, nur die Haare etwas grauer, dann wurde meine Mutter immer langsamer, aß immer weniger, sprach immer weniger, lachte immer weniger. Dann Dad allein am Tisch, langsames Ausblenden, schwarz.

Ich musste aufhören, mich mit diesen düsteren Vorstellungen zu plagen, in denen mein Vater Hauptperson irgendwelcher deprimierender Dokufilme war, hoffnungslos, allein und todunglücklich. Sie brachten mich nicht weiter. In welcher Trauerphase war ich eigentlich? Nicht mehr im Stadium der Verleugnung. Der Wut auch nicht. Der der Verhandlung? Was gab es denn noch zu verhandeln?

Zu gewissen Dingen musste ich mich immer noch zwingen. Angefangen beim Essen, aber auch zum Wäschewaschen oder dazu, mich auf eine Wiese zu stellen, um mich von meinem Vater anbrüllen zu lassen, dass ich gefälligst aufpassen solle, was der Hund mache oder auch nicht mache. Insofern … Phase der Depression? Ja, das klang zutreffend.

Ich litt schon jahrelang an chronischen Depressionen und Angststörungen, die medikamentös behandelt wurden. Ich hatte angenommen, dass mein liebes Bupropion die Glasur aus Trauer abtragen würde, mit der der tendenziell eher düstere Kuchen meines Alltags seit Moms Tod überzogen war, aber nichts dergleichen. *Und du nennst dich Antidepressivum? Du solltest dich was schämen!*

Mein Dad machte sich über seine Pommes her, das frittierte Hühnchen musste noch warten. Ich aß mein Fischsandwich – nicht das, was Mom bestellt hätte. Niemand von uns sagte etwas. Dachte er an sie? War es überhaupt eine gute Idee gewesen herzukommen? Ich hätte ein anderes Restaurant wählen sollen. Obwohl, er hatte es ja selbst vorgeschlagen.

„Dad?"

„Ja?"

„Nächste Woche ist Vatertag." Das wusste ich nur, weil meine Tochter mir eine SMS mit der Frage geschickt hatte, ob mir etwas einfalle, was sie und ihr Bruder ihrem Vater schenken könnten.

„Ach so?"

„Ja."

Letztes Jahr, bevor es mit Mom so bergab gegangen war, hatte er eine E-Mail geschickt, in der Betreffzeile: *Was ihr mir zum Vatertag schenken könnt.* In dem Jahr war es eine kurze Liste gewesen. Ein Zielfernrohr, eine Angelrute oder ein Sweatshirt – „ohne alberne Aufschrift".

Für gewöhnlich bastelte ich ihm eine Karte mit einem alten Familienfoto und schrieb etwas Geistreiches hinein. Und in diesem Jahr? Vielleicht ein Foto von ihm mit Hund? Ein kleiner Witz über einen missglückten Apport? Würde ein Scherz gut ankommen? Oder sollte die Karte lieber ausdrücken, wie sehr ich ihn liebte? Oder wäre das zu ... untypisch für uns? Wäre eine ernste Karte nicht gleich *zu* ernst?

„Wünschst du dir irgendwas Spezielles?"

„Eigentlich nicht." Er knüllte die Serviette zusammen und legte sie auf den Tisch.

„Wirklich, Dad? Nichts?"

Er nahm noch einen Bissen von seinem Hühnchen, kaute und sagte dann: „Abgesehen davon, dass ich mir deine Mutter zurückwünsche? Nein, da fällt mir wirklich nichts ein."

Ich wusste nicht, was ich darauf erwidern sollte. Seine Worte hingen in der Luft und kreisten über unseren Köpfen wie Geier über einer Mülldeponie. Hätte ich sie zurückholen und mir ein Alter aussuchen können, hätte ich die siebzigjährige Mom genommen. Da war sie noch fast in Bestform. Lustig. Selbstironisch. Konnte sich noch selbst von A nach B fahren. War ehrenamtlich unterwegs. Nähte, strickte.

In einem der Fernseher, die in den Ecken des Restaurants hingen, lief ein Beitrag über einen Spaniel, der ein Waschbärenjunges angenommen hatte. Sie lagen eng aneinandergekuschelt auf einem Sofa.

„Sag mal, Dad ...", setzte ich an.

„Ja?"

„Warum hast du dir eigentlich einen Springerspaniel geholt und keinen Labrador?"

„Ich wollte eigentlich einen Labrador. Erinnerst du dich noch an Shadow?"

Shadow war das Haustier, das wir am längsten hatten. Ich war fünf, als sie in unsere Welt trat. Sie war ein Spaniel-Labrador-Mischling, gezeugt nach kurzer Umwerbung auf morastigem Boden. Jäger A schickte seine läufige Labradorhündin aus dem Unterstand, um eine Ente zu apportieren. Zur gleichen Zeit schickte Jäger B seinen Spanielrüden aus seinem Unterstand. Die beiden trafen sich in der Mitte an einem schlammigen Ufer. Es war eine kurze Romanze.

Shadow trat die Nachfolge einer Reihe von missglückten Haustierhaltungsversuchen an. Da war beispielsweise der Sittich gewesen, den meine Mutter wegen seines Gekreisches und permanenten Herumgekrümels nicht ausstehen konnte. Eines Tages, als sie den Käfig säuberte, ließ sie *zufällig* die Tür offen stehen – Problem gelöst. Außerdem gab es mal ein Meerschweinchen, das ich angeblich im zarten Alter von zwei Jahren getötet haben soll. Ich habe daran keinerlei Erinnerung, meine Schwester allerdings kommt nach dem ein oder anderen Gin Tonic (light) noch immer gern darauf zu sprechen.

Es folgten mehrere Schildkröten und Fische, mit den besten Absichten gekauft, untergebracht in einer quadratischen Plastikwanne, die meine Mutter unter der Spüle aufbewahrte, um darin die Handwäsche zu erledigen. Wenn ich mir vorstelle, für den Rest meines Lebens nichts als vier rote Plastikwände und eine kitschige Meerjungfrau zum Anstarren zu haben, ich wäre vermutlich auch gestorben.

Shadow schlief in einer Hundehütte in der Garage. Sie verließ das Grundstück nur, um mit meinem Vater jagen zu gehen – und das eine Mal, als sie für drei Tage verschwand und in anderen Umständen zurückkam. An dem Wochenende, an dem mein Vater zum Angeln in Kanada war, warf sie vier Welpen, was meine Mutter in die Rolle der Hundehebamme zwang.

Shadow war die Konstante in unseren tonlosen Super-8-Filmen, zuckelte durch Abschlussfeiern, lungerte unter Picknicktischen, während unsere Lippen „Happy Birthday to You" formten, lag am Vatertag ermattet neben einem Gartenstuhl. Ich war es, die den eigroßen Knoten in ihrer Leiste entdeckte. Ein paar Tage später kam ich von der Schule nach Hause und fand eine durchhängende Leine, eine leere Hundehütte und eine Notiz auf dem Küchentisch vor, die auf den Punkt formuliert war: *Shadow hatte Krebs. Dad.*

„Und warum hast du dir nun einen Spaniel geholt?"

Reiner Zufall. Er hatte einen reinrassigen Labrador haben wollen. All seine Polizei- und Hundekumpel hatten Labradore. Aber es war einfach so gekommen, dass jemand jemanden mit einem Wurf Springerspaniel gekannt hatte.

„Ich bin hingefahren, hab sie mir angesehen und du weißt ja, wie das ist – man fährt nicht einfach Welpen anschauen, ohne sich einen zu kaufen."

Oh ja, das wusste ich nur zu gut. Ich war mal zu jemandem gefahren, um mir einen Pool anzugucken, weil wir darüber nachdachten, uns vielleicht selbst einen zuzulegen. Die Leute hatten gerade Golden-Retriever-Welpen und ich dachte: *Wo ich gerade hier bin, kann ich ja mal einen Blick drauf werfen.* 350 Dollar später hatten wir einen Hund namens Harvey und den Pool vergessen.

„Weißt du eigentlich", sagte Dad und trank einen großen Schluck Cola, „dass wir vor Shadow schon einen Hund hatten?"

„Hatten wir?" Das war mir neu.

„Vielleicht warst du noch zu jung. Ich hab ihn für deine Mutter gekauft. Ein sehr hübsches Tier. Wir haben ihn Cinnamon genannt."

„Und wie lange hatten wir diesen Cinnamon?"

„Ach, darüber rede ich nicht so gern …" Er unterbrach sich selbst. Trank noch einen Schluck Cola. Er hatte einen Hund gewollt, mit dem er jagen gehen konnte, dachte, ein Cockerspaniel eigne sich bestens. „Und damals … ich gebe es ungern zu, aber damals dachte ich, man holt sich einen Hund und der weiß dann einfach, wie man jagt und apportiert."

„Nicht dein Ernst!", sagte ich, als hätte er mir gerade eröffnet, dass er ab jetzt vegan leben wolle oder eine viel jüngere Frau liebe. Ich war aus zwei Gründen so überrascht. Erstens, weil sich mein Vater, der sonst immer alles wusste, dermaßen geirrt hatte. Und zweitens, weil er diesen Fehler zugab.

„Doch. Ich dachte, das können die einfach instinktiv. Und im Prinzip ist das auch so, aber ausbilden muss man sie natürlich trotzdem."

Ich wusste nicht, was ich sagen sollte. Also saß ich einfach da und lauschte der Legende von Cinnamon.

„Ich nahm ihn also zum Jagen mit, und als ich schoss ..." Er schüttelte den Kopf, stand dann auf und brachte seinen Müll weg. War das das Zeichen zum Aufbruch? Sollte ich ihm nachgehen? Ich hatte noch Pommes übrig. Er auch. Und seine Cola.

Er kam zurück und wischte die Krümel vom Tisch, bevor er sich mit den Ellbogen aufstützte, wie er es so oft an unserem Küchentisch getan hatte. Normalerweise war diese Geste Vorbote schlechter Nachrichten. Ich machte mich auf eine unangenehme Enthüllung gefasst.

„Hast du den Hund etwa ... erschossen?"

Er holte tief Luft. Atmete aus. „Nein – also, das glaube ich zumindest nicht. Er ist einfach losgerannt. Peng! Schussscheue."

„Und du hast ihn nicht wiedergefunden?"

„Nein. Nie. Ich habe bis zum Einbruch der Dunkelheit gesucht. Und dann musste ich nach Hause fahren und deiner Mutter und deiner Schwester sagen, dass ich den Hund verloren hatte", sagte er.

Er hatte Tränen in den Augen. Ich lehnte mich zurück, erleichtert. Nicht meinet-, sondern seinetwegen. Weil er es sich niemals hätte verzeihen können, wenn er den Hund erschossen hätte. Er öffnete sich mir gegenüber sonst nie. Mir fiel es nicht ganz leicht, das zu begreifen, aber es fühlte sich so an, als erreiche unsere Beziehung eine neue Ebene. Eine bessere, tiefere. Und paradoxerweise hob mich diese Tiefe langsam, aber stetig, aus meinem depressiven Loch. So saßen wir uns gegenüber und aßen unsere kalten Pommes. Eigentlich schade, dass Umarmungen nicht so unser Ding waren.

11

Zeichen

Mir ist schon klar, dass es nicht in Ordnung war, meinen Vater darüber anzuflunkern, warum ich unseren nächsten Vater-Tochter-Trainingsmittwoch absagte. Ich erklärte, ich müsse zum Arzt, was im weitesten Sinn ja auch stimmte. Und ich wusste, dass er nicht weiter nachfragen würde, wenn ich *Arzt* sagte, denn alles Medizinische könnte ja mit meinen Geschlechtsorganen zu tun haben und dafür war er nicht zuständig. Weitere Verwicklungen verhindert.

Ich musste mit jemandem sprechen. Jemand Kundigem. Und es war für uns beide am besten, wenn er nicht wusste, dass ich zu einer Hellseherin ging.

Seit Moms Tod wartete ich darauf, dass sie mir ein Zeichen schickte. Warum hatte ich noch nicht geträumt, dass sie bei mir am Bett saß und mir sagte, dass es ihr gut ging, wie meine Mom es nach dem Tod ihrer Mutter 1957 erlebt hatte? Als die älteste Schwester meiner Mutter starb – meine Lieblingstante Ellen –, kam ein beeindruckend hübscher, leuchtend gelber Stärling an meine Vogeltränke. Bis zu diesem Tag hatten der Tränke nur die üblichen Verdächtigen einen Besuch abgestattet. Als meine lebensfrohe Tante Jane starb, die am besten im Showgeschäft aufgehoben gewesen wäre, kam ein Zedernseidenschwanz mit seiner dramatischen Federhaube und seinem gelbgrünen Bauch. Den kannte ich bis dahin nur aus Vogelbestimmungsbüchern. Mom war im April gestorben und noch immer hatte sich niemand blicken lassen. Wo blieb sie? Musste sie noch eingewiesen werden? Warum war sie nicht längst erschienen?

Ich brauchte eine Bestätigung, dass es ihr gut ging, denn unsere letzte Begegnung im Rehazentrum spielte sich wieder und wieder und wieder und wieder vor meinem geistigen Auge ab. Sie hatte mir Mal um Mal gesagt, dass sie fror, und ich hatte ihr versprochen, dass ich ihr am Folgetag eine Daunendecke mitbringen würde.

„Sterbe ich?", hatte sie gefragt.

„Doch nicht heute!", hatte ich erwidert und dazu eine wegwerfende Geste gemacht, um meine Aussage zu unterstreichen.

„Bist du sicher?"

„Ganz sicher."

Ich verabschiedete mich, drückte ihr einen Kuss auf den Kopf und verließ das Zimmer. Auf dem Weg zu den Aufzügen kam ich am Speisesaal vorbei. Moms Zimmernachbarin Helen saß in ihrem Rollstuhl vor der Tür. Sie wollte mir etwas sagen, ich musste mich tief zu ihr hinunterbeugen, um sie zu verstehen.

„Mach ihr keine falschen Hoffnungen", flüsterte Helen mir ins Ohr.

Was meinte sie damit? Vielleicht wusste Helen mehr über den Zustand meiner Mutter als alle anderen – oder mehr, als sie zugeben wollten. Ich betrat den Aufzug und drückte das E für Erdgeschoss. Vier Stunden später, nachdem sich Fred und Ginger auf der Tanzfläche gedreht hatten, war Mom, noch immer den Geschmack von Eis auf der Zunge, tot.

Ich wusste, dass die Grenze zwischen Diesseits und Jenseits überwindbar war. Und zwar durch mein früheres Laster – ich schaute regelmäßig die *Montel Williams Show* mit der Hellseherin Sylvia Browne. Ich bekam einfach nicht genug von dem, was manche ihre „Masche" nannten. Leute traten aus dem Publikum ans Mikro, stellten ihr Fragen über verstorbene Angehörige und Sylvia antwortete mit ihrer verrauchten Stimme: „Oh, er/sie steht doch direkt hinter Ihnen." Oder: „Ach, Schätzchen, der Unfall war nicht die Todesursache. Er hatte einen Herzinfarkt; dann erst rammte er den Baum."

Sie wusste immer, wie der Verstorbene Kontakt zu den noch Lebenden aufnahm. „Jedes Mal wenn Sie eine Zigarre riechen, ist er das." Oder: „Sie verlegt Ihre Sachen, zum Beispiel die Autoschlüssel." Oder ganz simpel: „Federn." Sie alle wirkten danach immer so erleichtert. Ich glaube kaum, dass Sylvia damit irgendwelchen Schaden angerichtet hat. Sie verhalf den Menschen doch nur zu innerem Frieden. Was soll daran falsch sein? Ich wollte auch inneren Frieden. Ich wollte Federn.

Wie findet man eine Hellseherin? Ich startete eine Internetsuche und klickte auf „Verzeichnis der besten Hellseherinnen". Was genau wollte ich? Eine, die in der Nähe praktiziert, die nicht zu teuer ist und nicht aussieht wie Morticia Addams. Ich hatte kein Interesse an Tarotkarten, Beziehungs- oder Berufsberatung. Ich war nicht beeindruckt von Lebensläufen, in denen die Fähigkeit auftauchte, den Erzengel Metatron zu channeln, der als Enoch über die Erde gewandelt war. Oder von dem Typen, der behauptete, sein Seelenführer sei der Geist eines Ureinwohners. Oder von der Frau, die eine langwierige Ausbildung zum spirituellen Medium abgeschlossen hatte.

Je mehr ich über das Geisterreich und metaphysische Geisterretter herausfand, desto mehr Sorgen machte ich mir um meine Seele – und das alles nur wegen meiner Lehrerin in der vierten Klasse, Schwester Mary Marcelline. Sie hatte herausgefunden, dass Gail, LuAnn und ich auf einer Übernachtungsparty bei Lu-

Ann mit einem Ouija-Brett gespielt hatten (woher sie das wusste, habe ich nie erfahren). In der Pause mussten wir uns um ihren Tisch versammeln. „Ihr haltet das nur für ein Spiel ... aber das könnt ihr gleich dem Teufel erklären." Nun, ich war nicht mehr in der vierten Klasse. Ich war achtundfünfzig und auf der Suche nach Antworten. Zur Hölle mit Schwester Marcelline. Zur Hölle mit dem Teufel. Ich knöpfte mir noch einmal die Trefferliste vor. Scrollte und scrollte und scrollte. Unter dem Verzeichnis fand ich einen Eintrag, der mich staunen ließ. Erstens hieß die Hellseherin wie meine Mutter – Marian – und zweitens praktizierte sie in einem Büro mit der Nummer 178. Wann ist mein Geburtstag? Am 17. August! Ich rief sofort an und hinterließ eine Nachricht. Ich achtete darauf, dieser Marian nichts weiter über mich zu verraten als meinen Namen, meine Handynummer und meinen Wunsch nach einem Termin am Mittwoch. Sie schickte mir einen Vorschlag für 9:30 Uhr.

Ich war etwas zu früh und musste im Flur warten. Aber sie erschien nicht lange nach mir. Sie sah so aus, wie ich gehofft hatte – ein bisschen wie Judi Dench mit einem Schuss Helena Bonham Carter. Genau der Mensch also, von dem ich mich darüber aufklären lassen wollte, wie der Stand der Dinge im Jenseits war.

„Geben Sie mir noch eine Minute", sagte sie.

Während ich draußen wartete, bekam ich mit, wie sie den Anrufbeantworter abhörte.

>Piep< Hi, Sharon hier. Ich wollte nur mal nachhorchen wegen der Seelenverträge. Rufen Sie mich zurück. Tschüss!

>Piep< Hi, hier spricht Anthony. Ich habe vergessen, was Sie über mein Sternenbild gesagt haben. Bitte, bitte, rufen Sie mich an.

>Piep< Hi, Sharon noch mal. Der Hund frisst nicht. Kann es sein, dass er meine Essprobleme spiegelt?

Die Tür wurde geöffnet. „Jetzt können Sie hereinkommen."

Ihr Büro war eine Mischung aus *Mad Men* und *Der Zauberer von Oz*. Der Patschuligeruch versetzte mich unmittelbar ins Jahr … 1974? Allerhand astrologischer Klimbim – Halbmonde, Sterne, Ouija-Bretter – verteilte sich auf einer schmalen, postmodernen Kredenz. Der Farn in der Ecke musste dringend umgetopft werden.

Marian gab mir mit einer Geste zu verstehen, dass ich doch an dem runden Tisch Platz nehmen möge, während sie ein paar graue Strähnen einfing, die ihrem wilden Dutt entkommen waren. Ich schob die Fünfzigdollarnote über die Tischdecke mit Pentagramm und spürte plötzlich Wärme in meinem Hosenbein aufsteigen. Eine Hitzewelle? Oder Höllenfeuer? Marian entzündete die obligatorische Kerze.

„Also, wie kann ich Ihnen helfen?"

„Na ja, wissen Sie … meine Mutter … sie ist gestorben. Und ich – ich wüsste gern, ob es ihr gut geht."

„Wann ist sie gestorben?"

„Im April."

„Oh, das ist ja noch nicht lange her!" Marian nahm einen Laptop von ihrem überladenen Tisch.

Einen *Laptop*?

„Um welche Zeit ist sie gestorben?"

„Gegen neun Uhr abends. Glaube ich. Vielleicht auch etwas früher. So gegen acht?"

Sie tippte mit.

„Wann wurde sie geboren?"

„Im Mai. 1929", sagte ich. Sie tippte weiter.

„Hm. Also war sie dreiundachtzig, fast vierundachtzig? Das ist ein langes Leben."

Das stimmte. Meiner Ansicht nach aber nicht lang genug.

„Haben Sie etwas von ihr mitgebracht? Einen Ring oder so etwas?"

Verdammt. Hätte ich das wissen müssen? Eigentlich besaß ich sogar den Verlobungsring meiner Mutter. Mein Vater hatte ihn mir nach der Beerdigung in einem kleinen Samtbeutel überreicht. Aber im Augenblick war er beim Juwelier. In den siebzig Jahren, in denen Mom allen hinterhergewischt hatte, war er etwas dünn geworden.

Ich erzählte Marian, der Hellseherin, wann ich meine Mutter zum letzten Mal gesehen hatte. Von meinen Gedanken an diesem Tag. Von der Sache mit der „falschen Hoffnung". Und davon, dass ich vielleicht an ihrem Tod schuld war. „Ich saß in meinem Wagen und sagte laut, dass ich mir wünschte, sie würde zum Essen nach Hause gehen oder Schuhe mit ihrer Schwester Ellen kaufen."

„Das verstehe ich nicht."

„Mom hatte mir erzählt, sie würde ihre Mutter rufen hören, dass das Essen fertig sei."

„Oh, ach so."

„Und dass ihre Schwester Ellen zu Besuch gewesen sei, aber Ellen ist vor einem Jahr gestorben."

„Aha."

Marian sagte nichts mehr. Sie tippte nichts. Sie schaute einfach vor sich. Sah sie mich an? Die Wand? Meine Mom?

„Ihre Mutter ... sie war ... verwirrt."

„Ja, als es auf ihr Ende zuging, kam es vor, dass sie mich mitten in der Nacht anrief, um zu fragen, wo mein Vater blieb, weil sie doch am Flughafen stehen und warten würde, dass er sie abholt."

„Nein, nein. Ich meine, sie dachte, sie träumt."

„Oh, als sie ..."

„Ja, als sie auf die andere Seite übergetreten ist."

„War sie allein?"

„Nein, da waren zwei andere Frauen."

Tante Jane? Tante Ellen?

„Sie kamen zusammen, um sie abzuholen. Eine von ihnen sah –
oh, wie sage ich das am besten – ein bisschen gewöhnlich aus."

Die frühere Putzfrau meiner Mutter, Tante Anastasia aus
Philly?

„Und die andere ... war ziemlich hübsch. Mit einem großen
tiefroten Hut – wie dunkler Rotwein."

Hei-li-ge Scheiße.

Über der Nähmaschine meiner Mutter hing ein Schwarz-
Weiß-Foto von ihren Eltern, das an deren Hochzeitstag 1922
entstanden war. Darauf trug meine Großmutter ein dunk-
les Kostüm und einen Hut mit breiter Krempe, zu dem meine
Mutter immer erklärend gesagt hatte, er sei tiefrot gewesen „wie
dunkler Rotwein".

Beim Hut mochte Marian ja einfach nur richtig geraten haben – aber bei der Farbe? „Wieso sehe ich denn keine Zeichen?
Wieso spüre ich sie nicht?"

„Sie müssen ihr etwas Zeit geben", sagte sie.

„Aber es sind doch schon vier Monate ..."

„Manchmal brauchen sie ein bisschen. Zeit ist nicht mehr re-
levant für sie. Es gibt keine Uhren. Keinen Kalender. Und ganz
sicher keine Fristen."

„Das heißt, sie gewöhnt sich noch daran ... Sie wissen schon.
Ans Totsein?"

„Ich würde nicht von ‚tot' sprechen, ihre Energie ist ja noch da."

„Ist sie das?"

„Selbstverständlich! Seien Sie nicht so ungeduldig. Sie wird
schon Kontakt aufnehmen. Wenn Sie es am meisten brauchen."

Als ob ich in jenen ersten Wochen, als ich verzweifelt versuchte,
mich neu zu ordnen, nicht ganz dringend ein Zeichen gebraucht
hätte – eine beruhigende Hand an der Wange, eine Bestärkung,
einen Trost aus dem Jenseits, wenn ich im Schlaf weinte.

„Vielleicht schadet es nicht, ein wenig aufmerksamer zu sein. Gut möglich, dass sie Sie bereits kontaktiert hat, aber eben auf eine Art, mit der Sie nicht rechnen."

„Zum Beispiel?"

Sie antwortete nicht, zuckte nur mit den Schultern. „Tut mir leid, aber Ihre Zeit ist um." Sie bedankte sich dafür, dass ich zu ihr gekommen war, und versicherte mir, dass ich mich jederzeit wegen eines neuen Termins melden könne, wenn ich weitere Fragen hätte.

Ich fühlte mich ein bisschen betrogen. Ich hatte damit gerechnet, dass sie etwas sagen würde wie: „Oh, sie lässt ausrichten, dass Sie sich keine Sorgen machen müssen. Sie ist bei ihren Schwestern." Oder: „Ihre Mutter möchte sich noch einmal für das Eis bedanken, das Sie ihr ins Krankenhaus gebracht haben." Oder: „Die Idee, Ihren Vater mit dem Hund arbeiten zu lassen, war eigentlich die Ihrer Mutter."

Wenn sie irgendetwas davon gesagt hätte, dann hätte sich bei mir endlich der ersehnte innere Frieden eingestellt, den ich mir so sehr wünschte. Stattdessen fühlte ich mich ganz schön bescheuert. Aber ... da war die Sache mit dem Hut und den zwei Frauen. Das musste ich ihr lassen.

Als ich zu Hause war, rief ich meinen Vater an, um ein weiteres Treffen auszumachen.

„Ich habe bei dir angerufen", sagte er, „aber da kam nur immer wieder die Nachricht, dass dein Anrufbeantworter voll ist. Treffen wir uns nächsten Mittwoch?"

Ja, taten wir.

Es war eine Weile her, dass ich meine Nachrichten abgehört hatte. Nicht nur eine Weile – Monate! Also ließ ich das Band durchlaufen und hörte automatische Werbeanrufe, abruptes Auflegen, Tuten, die Fragen besorgter Verwandter nach dem Gesundheitszustand meiner Mutter, meinen Vater, der wegen

irgendwelcher Krankenhausgeschichten angespannt klang –
löschen, löschen, löschen. Und dann kam die letzte Nachricht.
Samstag, 14. April, 09:33 Uhr.

„Hi, hier spricht deine Mutter. Mir geht es schon viel besser. Ich
bin aufgestanden, habe gefrühstückt und ... also, mir geht es besser, du musst dir keine Sorgen um mich machen ... für den Fall,
dass du dir Sorgen gemacht hast ... du kannst damit aufhören.
Tschüss."

War es das? Mein ersehntes Zeichen? Die Hellseherin hatte
gesagt, meine Mom würde Kontakt aufnehmen – und gab es
einen besseren Weg als über meinen Anrufbeantworter?

12

Na, hoffentlich bist du jetzt zufrieden

Der Tag versprach brüllend heiß zu werden. Alle Wettermenschen im Fernsehen hatten ihren überzeugendsten Weltuntergangston angeschlagen, sie überschlugen sich mit Ozonwarnungen, Hitzeindexen und Ermahnungen, ja genug zu trinken. Ich mag die Hitze nicht, ebenso wenig hohe Luftfeuchtigkeit. Für den Sommer habe ich wenig übrig, ich toleriere ihn nur. Gebt mir Kälte und tristes Wetter. Gebt mir Regen, Graupel oder Schnee. Ich liebe Pulliwetter. Es gibt nichts Besseres als einen dicken, unförmigen Strickpullover, um körperliche Mängel zu verbergen.

Am Himmel zeigte sich der bei solchen Temperaturen übliche Schleier. Es war windstill. Dad hatte unsere Trainingszeit um zwei Stunden vorverlegt, auf acht Uhr dreißig.

Die Felder des Hundevereins strahlten etwas Tropisches aus. Der Morgentau hing noch an den hohen Gräsern und triefte von den Blättern. Die Heuschrecken klangen wie eine Horde von Dudelsackspielern, die extrem lange den gleichen Ton hielten. Mein Vater ließ das Fenster seines staubigen Pick-ups herunter, ich beeilte mich, es ihm gleichzutun, um ihn verstehen zu können.

„Lass uns heute im Wasser arbeiten. Dann hat der Hund Abkühlung. Wir fahren zum größten Teich. Seamus hat sich außerdem schon zu sehr an den kleinen gewöhnt. Er braucht eine Herausforderung. Fahr mir nach."

Die Sonne hatte es noch nicht mal über die Baumkronen geschafft und trotzdem klebten mir schon die Shorts an den Beinen. Dad trug ein Footballshirt und seine übliche weite Hose, die heute von roten Hosenträgern gehalten wurde. Er machte den Eindruck, als nehme er endlich wieder etwas zu. Zugegeben, die Hose sah ein wenig abgenutzt aus, aber rein körperlich wirkte er wieder besser. Vielleicht ging mein Plan ja doch auf und all das Stehen und Schwitzen und Fluchen über den Hund hob seine Laune. Und bei mir?

Meinem Mann war eine Veränderung aufgefallen. „Man merkt es dir an, wenn du mit deinem Vater und dem Hund unterwegs warst."

„Weil ich stinke?"

„Nein, weil du weniger – du weißt schon ... du bist dann wieder mehr die Alte."

Der große Teich befand sich am Fuß eines langen, flachen Hügels. Er lag offener da als der kleine Teich.

„Also, was hast du vor?", fragte ich.

„Ach, das wirst du schon sehen", sagte er und zwinkerte mir zu. Ein Zwinkern? Wow.

Er ging zum hinteren Teil seines Wagens und holte den üblichen Eimer voller Dummys heraus, einen in Orange mit Noppen, einen weißen sechskantigen, einen schwarz-weißen sechskantigen und einen, der tatsächlich aussah wie eine tote Ente.

„Warum ist der eine schwarz-weiß?", fragte ich.

„Weil Hunde den im bewegten Wasser besser erkennen können. Sie können Kontraste viel deutlicher unterscheiden als Farben."

„Und wieso dann einer in Orange?"

„Den kann der Mensch besser erkennen."

Die falsche Ente war selbsterklärend.

„Sag ihm, er soll warten, bevor du die Box öffnest." Machte ich das nicht schon seit ungefähr vier Monaten? Warum erklärte Dad mir etwas, von dem er wusste, dass ich es ohnehin tun würde? Ich schob meine Reizbarkeit auf die Hitze. „Und dabei soll er sitzen." Also warf ich einen Blick in die Box, um zu prüfen, ob Seamus' Hinterteil Bodenkontakt hatte. Für gewöhnlich hockte er nur halbherzig da, bereit zum Absprung, um sofort herauszuschießen. „Sitz!", sagte ich. Seamus setzte sich.

„Sag ihm, er soll warten, während du die Tür öffnest."

„Warum?"

„Mach einfach, was ich sage."

Den Satz hatte ich ewig nicht gehört. Seit Jahren. Jahrzehnten! Einmal, ich war neun und Linda dreizehn, hatten wir uns gerade zum Abendessen an den Tisch gesetzt. Dad war zu Hause, weil er theoretisch frei hatte – praktisch hatte er das nie, schließlich ruhte die Verbrechensbekämpfung, ganz wie das Verbrechen, nie. Er sagte, Linda solle ihm ein Glas Milch bringen. Sie fragte: „Warum?", und seine Antwort war: „Mach einfach, was ich sage." Woraufhin Linda auf unsere Mutter zeigte und fragte: „Warum kann *sie* es nicht holen?" Dad schlug auf den Tisch und stand mit solcher Wucht auf, dass der Stuhl hinter ihm ins Fenster flog und es zerbrach. Dann stürmte er hinaus, stieg in seinen Chevy und fuhr mit quietschenden Reifen davon. Ich saß auf meinem Platz und heulte. Linda hatte die Arme trotzig vor der Brust verschränkt. Meine Mutter setzte sich einfach zu uns und sagte: „Na, hoffentlich bist du jetzt zufrieden."

Ich holte tief Luft und öffnete die Box. „Warte!", sagte ich und zuckte ein bisschen zusammen, weil ich wusste, dass Seamus jeden Moment an mir vorbeistürzen würde.

„Jetzt lass die Tür offen stehen."

„Springt er dann nicht raus?"

„Wenn er rausspringt, schickst du ihn wieder rein."

„Und warum machen wir das?"

„Um an seiner Standruhe zu arbeiten. Er muss lernen, dass er nicht einfach losstürzen darf. Und du musst dich daran erinnern, dass du hier das Ruder in der Hand hast."

„Ja, genau. Das Ruder in der Hand."

„Na, etwa nicht?"

„Nicht immer."

„Solltest du aber."

Ich muss zugeben, dass ich überrascht war, als Seamus tatsächlich sitzen blieb, als ich die Tür öffnete. Allerdings hechelte er heftig, seine Nase sog alle Gerüche auf, die der Hundeverein zu bieten hatte. Sein Blick wanderte von mir zu meinem Vater und zurück zu mir.

Mein Vater sprach langsam, bewusst gelassen. Als erklärte er mir, wie ich eine Bombe zu entschärfen habe. „Nimm die Leine und hake sie an sein Geschirr. Dabei soll er sitzen bleiben. Und dann, wenn ihr beide bereit seid, sag: bei Fuß."

Ich hakte die Leine ein. Seamus blieb weiter sitzen.

„Wenn du bereit bist, sag …"

„Bei Fuß!" Seamus sprang aus der Box und setzte sich neben mich. Kein Ziehen. Kein Bellen. Kein Fehlstart. „Wer ist dieser Hund? Und wo ist Seamus?"

Wieso hatte ich das nicht längst so gemacht? Wieso war Dad nicht schon vor Wochen, vor Monaten auf diese Idee gekommen? Das hätte meinem Schultergelenk eine Menge Leid erspart. Vielleicht weil mein Vater sich noch nicht ganz sicher gewesen war, wie viel Arbeit er in dieses Vater-Tochter-Ding investieren sollte? Vielleicht war er aber auch gedanklich ganz woanders gewesen? Vielleicht schrumpfte ja allmählich der Anteil seines Hirns, der um Marian trauerte, und ließ ein bisschen mehr Raum für anderes?

Dad schnappte sich den Eimer mit den Dummys und machte sich an den langen Weg auf die andere Seite des Teichs. Seamus saß neben mir. Er wirkte ruhiger. Ich fühlte mich ruhiger. Oder lag es an der Hitze? Seamus ließ meinen Vater nicht aus den Augen, der erst durch das hohe, feuchte Gras stapfte, dann ein Stück die Straße hinab und weiter über einen Steg und das Ufer entlang, das eine Kurve machte. Schließlich stand Dad uns gegenüber auf der anderen Seite des Teichs.

„Bist du ein braver Hund! Sitzt einfach da und bist aufmerksam", sagte ich zu Seamus. Er hielt den Blick auf meinen Vater gerichtet, selbst als er sich kurz kratzte.

„Bereit?", rief mein Vater von der kleinen Erhöhung, die von Schilf und sicherlich auch von haufenweise Mücken umgeben war, die mitunter das West-Nil-Fieber übertrugen. Mein Vater benutzt keine Insektenschutzmittel. Braucht er nicht. Mücken stechen ihn nicht. Ich vermute, sie sind schlicht von ihm eingeschüchtert. Und was Sonnencreme betrifft, lautet sein Credo: „Das ist doch Weiberkram." Ich hob die Hand, unser „Bereit"-Zeichen.

Dad warf den weißen Dummy, der flach auf dem Wasser landete. Den schwarz-weißen warf er ein Stück weiter und nach links. Platsch. Dann warf er den orangen hinter sich ins hohe Schilf. Er legte die Hände an den Mund und rief: „Schick ihn zum ersten!"

Ich richtete Seamus' Kopf auf den Dummy aus, der als Erstes geworfen worden war, und hakte die Leine aus. „Okay!", sagte ich. Seamus donnerte ins Wasser und schwamm geradewegs darauf zu – guter Hund! –, aber auf dem Rückweg erblickte er Dummy Nummer zwei, spuckte Dummy Nummer eins aus und schwamm zu seiner neu erkorenen Beute. Als er damit zu mir kam, wusste ich nicht, was ich machen sollte. Ihn zurechtweisen? Ihn loben? Was nur?

„Nimm den Dummy", sagte mein Vater, etwas außer Atem von dem langen Rückweg um den Teich.

„Ja, aber das ist doch nicht der …"

„Schick ihn los, um den anderen zu holen."

„Woher weiß er, welchen ich meine?"

„Mach einfach, was ich sage."

Seamus schwamm los und holte den Dummy, den er als Erstes hätte holen sollen, kam zurück, brachte das Ding zu mir, saß ab und gab es aus. Er schüttelte sich, bevor ich ihn dafür kraulen konnte. Die kleine Dusche war mir geradezu willkommen.

„Schick ihn noch mal los. Einen Dummy muss er noch finden."

Seamus hechelte. War er zu müde, um noch eine Runde zu schaffen? „Den im Schilf? Wie soll er den denn …"

„Er wird ihn schon finden."

Mein Vater schien sich sehr sicher zu sein. Bei mir sah das ein bisschen anders aus. Seamus musste den gesamten Teich durchqueren, der eher ein kleiner See war, samt Steg, Boot und Schild mit Hinweisen zum Angeln und Aussetzen von Fischen. Danach musste er über einen kleinen Hügel, durch eine schmale Rinne, dann den versteckten Schatz finden und wieder zurückkommen.

„Okay!", sagte ich und schon stürzte sich Seamus in den Teich.

Er schwamm hinüber, trottete aus dem Wasser und wuselte über das gegenüberliegende Ufer. Er lief nach links, die Nase am Boden.

„Er findet ihn nicht", sagte ich.

„Er findet ihn."

„Und wenn er es nicht schafft?"

„Er *findet* ihn."

Seamus lief an den Ort zurück, an dem er aus dem Wasser gekommen war, von dort schnüffelte er nun die rechte Seite ab. Dann lief er wieder nach links.

„Er sieht verwirrt aus. Soll ich pfeifen?"

„Manchmal muss man seinem Hund einfach vertrauen."

Wir verloren Seamus aus dem Blick. Ich schätzte aber, dass er das Schilf erreicht hatte, denn es schwankte nun wild wie eines dieser aufblasbaren Winkmännchen, die manchmal vor frisch eröffneten Autohäusern und dergleichen stehen.

„Dad?"

„Ja?"

„Hat je einer deiner Hunde einen Dummy da dringelassen?"

„Nie."

„Nie?"

„Nie."

Seamus tauchte kurz auf, verschwand aber sofort wieder im Schilf.

„Ich hab sie sogar manchmal losgeschickt, um Dummys zu finden, die andere Hunde nicht zurückgebracht haben."

Seamus war gerade der einzige Hund auf weiter Flur. Wenn er den Dummy nicht fand, würde also ein anderer Hund ranmüssen. Das Schilf teilte sich. Seamus erschien – mit dem orangen Ding im Maul.

„Ha! Er hat es geschafft! Hol ihn her."

Ich blies in die Pfeife und beobachtete für ein paar Augenblicke meinen Hund beim Schwimmen. Dann schaute ich zu meinem Vater hinüber.

Er strahlte. „Ich hab dir doch gesagt, dass er ihn finden wird."

Seamus kam zu uns ans Ufer, lief kurz hinter mich, bevor ich ihn bei Fuß lockte, dann spuckte er den Dummy samt dem halben Seeinhalt aus und schüttelte sich, dass es nur so spritzte.

„Gönnen wir ihm eine Pause. Bring ihn zurück in die Box", sagte Dad.

„Soll ich ihm etwas zu trinken geben?"

„Nicht nötig, der hat genug Wasser geschluckt."

Nachdem Seamus sehr lange und ausgiebig gepinkelt hatte, brachte ich ihn zurück ins Auto. Dad und ich setzten uns auf zwei umgedrehte Eimer von seiner Ladefläche. Wie der Vater, so die Tochter. Da herrschte keine unangenehme Stille zwischen uns. Zum ersten Mal seit einer gefühlten Ewigkeit drehten sich meine Gedanken nicht um irgendwelche rührseligen Dinge. Stattdessen war mein Kopf voller Fragen zu Hunden.

„Dad?"

„Ja?"

„Was hältst du von Hundespielwiesen?"

Er schnaubte. „Dümmste Idee aller Zeiten."

„Würdest du je einen Hund in einer Hundetagesstätte abgeben?"

„Im Leben nicht."

„Warum apportiert Seamus manchmal drei-, viermal einigermaßen zufriedenstellend und verfällt dann wieder in sein altes Verhalten?"

„Entweder, weil er selbstzufrieden geworden ist, oder aber, weil du aufgegeben hast, und dann gibt er auch auf."

„Aufgeben? Wie meinst du das?"

„Ach, ich weiß auch nicht. Vielleicht langweilst du dich oder willst nach Hause und das spürt der Hund. Der sagt sich dann: ‚Wieso sollte ich mich bemühen, wenn es meinem Frauchen eigentlich egal ist?'"

„Das stimmt so aber nicht." Na gut. Irgendwie schon. Am heutigen Tag wollte ich wirklich nicht hier sein und schwitzend um halb zehn auf einem Plastikeimer kleben.

„Oder aber du lässt ihm etwas durchgehen und dann wird er nachlässig."

Da hatte er recht. Ich war wieder zu meiner Larifarihundeführung zurückgekehrt, weil mir das ewige Tadeln auf die Nerven ging. Interessanterweise hatte ich aber kein Problem damit, konsequent meine Kinder anzuschreien, wenn sie etwas falsch gemacht hatten.

„Vergiss nicht, dass er manches umlernen muss. Genau wie du. Manchmal ist das Üben mit dem Hund sekundär. In erster Linie geht es darum, dem Besitzer etwas beizubringen."

„Meine Therapeutin hat das Gleiche gesagt."

„Deine was?"

„Therapeutin."

Ich wartete darauf, dass mein Vater die Neuigkeit, dass ich in Therapie war, irgendwie kommentierte, beispielsweise mit: „Ein Seelenklempner? Wie bitte?" Aber da kam nichts. Er trank nur lange aus seiner Wasserflasche und hielt sie mir dann hin. „Willst du auch was?"

Ich wischte mit meinem T-Shirt das Mundstück ab und trank dann selbst etwas. Das Wasser schmeckte nach Plastik.

Am Montag war ich bei einer Therapeutin gewesen, weil … weil es mir immer noch so schwerfiel, morgens aus dem Bett zu kommen. Ich brauchte ein paar Hinweise, wie ich besser mit meiner Trauer umgehen konnte. Die Praxis der Therapeutin sah dem Büro der Hellseherin erstaunlich ähnlich, allerdings ohne die okkulten Akzente. Sie stellte mir sogar die gleiche erste Frage: „Wie kann ich Ihnen helfen?"

Ich erzählte vom Tod meiner Mutter und dass ich, hätte ich nicht die regelmäßigen Verabredungen mit meinem Vater gehabt, vermutlich gar nicht mehr unter der Bettdecke hervorgekommen wäre.

„Und wo ich gerade von meinem Vater spreche", sagte ich und nahm mir eins der bereitstehenden Taschentücher, „er ist so … traurig. Das ist wirklich schrecklich für mich." Dann schnäuzte ich mich. Laut.

„Natürlich ist er traurig", erwiderte meine Therapeutin. Nicht in einem „Sie Dummerchen"-Ton, sondern eher, als wolle sie eine Tatsache unterstreichen.

„Aber es macht mich fertig, ihn so zu sehen." Ich brauchte mehr Taschentücher.

„Betrachten Sie die Sache doch mal aus einem anderen Blickwinkel – seine Traurigkeit ist ein Zeichen dafür, wie groß seine Liebe zu Ihrer Mutter war."

Ich hielt mitten im Naseputzen inne. *Seine Traurigkeit ist ein Zeichen dafür, wie groß seine Liebe zu Ihrer Mutter war.*

„Wie würde es Ihnen gefallen, wenn ihr Tod ihn gar nicht getroffen hätte?", fragte sie, überkreuzte die Beine und lehnte sich ein wenig vor.

„Das wäre sehr sonderbar …"

Ich musste an eine Freundin von mir denken, deren Vater bereits zwei Monate nach dem Tod der Mutter wieder mit Frauen ausgegangen war. Meine Freundin wollte zwar, dass ihr Vater glücklich war, aber doch nicht gleich *so* glücklich!

„Sie können ihm seine Traurigkeit nicht absprechen."

„Also sollte es mir nichts ausmachen, dass er traurig ist?"

„Ich finde, Sie sollten seine Traurigkeit aus einer anderen Perspektive betrachten."

Einer anderen Perspektive.

Ich erzählte ihr auch vom Hundetraining und meinen eigens in meinem Hirn fabrizierten, traurigen Schwarz-Weiß-Dokus über meinen Vater.

„Und hören Sie auf, sich diese deprimierenden Szenarien auszumalen."

„Ich gebe mir Mühe."

„Sie sollten sich auf die Wirklichkeit konzentrieren. Auf die Momente, die Sie mit Ihrem Vater und Ihrem Hund verbringen. Sie sind alle gemeinsam unterwegs, das ist großartig."

Sie hatte recht. Das war in der Tat großartig. Zwar nicht unbedingt die Momente, in denen Dad und ich schweißtriefend darauf warteten, dass der Hund zurückkehrte, aber … hinterher ging es mir immer gut. Meist auf dem Nachhauseweg. Allerdings hatte ich das warme Gefühl immer meinen trocknenden Klamotten zugeschrieben.

„Und, bereit für die nächste Runde Arbeit?", fragte Dad und riss mich damit aus meinem Tagtraum.

Nee, nicht so wirklich. Die steigende Luftfeuchtigkeit ging mit meiner sinkenden Begeisterung einher.

„Ich hab einen Vorschlag", sagte mein Vater. „Versuchen wir mal, ob Seamus nicht auf direkterem Weg zu dir zurückkommen kann. Hol ihn aus der Box und komm mit."

Ich sagte Seamus, er solle warten, während ich die Box öffnete. Er wartete. Ich hakte wieder die Leine an sein Geschirr. Wir folgten meinem Vater die zerfurchte, überwucherte Straße entlang. „Bleib du hier stehen, ich gehe noch ein Stück weiter hinunter. Ich schätze, weil der Weg so schmal ist, rennt der Hund vielleicht nicht ganz so wild herum."

Seamus saß hechelnd neben mir und sabberte mein Bein an. Mein Vater lief weiter, blieb dann irgendwann stehen und drehte sich zu uns um. Er warf den Dummy hoch in die Luft, aber nicht weit. Er landete mit einem dumpfen Schlag im Staub.

Langsam löste ich die Leine und befahl Seamus dabei: „Warte." Nach wenigen Sekunden gab ich ihm das Okay und schon schoss er los wie ein Pfeil, geradewegs zum Dummy. Aber auf dem Rückweg verfiel er in sein altes Muster und schlug einen Bogen um mich herum. Ohne Leine war ich völlig ratlos, was ich nun anstellen sollte. Seamus hörte weder auf die Pfeife noch auf mein wüstes Schimpfen.

In der Zwischenzeit war mein Vater zu uns zurückgekommen, schnappte sich Seamus, indem er ihn bestimmt am Nacken packte, und rief: „Nein! Nein! Nein!" Seamus ließ den Dummy fallen, setzte sich hin und schaute mich einfach nur an.

„Na, hoffentlich bist du jetzt zufrieden!", sagte ich zu ihm.

Mein Vater hob den Dummy auf und warf ihn ein paar Meter vor uns. Dann gab er Seamus das Okay, und statt wie sonst üblich davonzurauschen, näherte Seamus sich dem Dummy diesmal mit Bedacht, hob ihn auf, kam auf direktem Weg zurück und ließ seine Beute vor Dad auf den Boden fallen.

„Super, genau so! Das wars für heute."

„Das wars für heute?"

„Weißt du nicht mehr? Man beendet das Training immer mit einem Erfolg."

„Findest du nicht auch, dass Seamus sich ganz schön weiterentwickelt hat?"

„Doch, doch, langsam macht er sich. Er läuft zwar immer noch viel zu weite Wege, aber er ist schon viel besser geworden, ja."

Oh ja, und wie er sich langsam machte. Und *ich* machte mich auch so langsam – und zwar machte ich mich auf in Richtung von etwas, das ansatzweise an einen Normalzustand erinnerte, wenn auch an einen anderen als früher.

„Weißt du was?", fragte Dad und wischte sich mit einem Taschentuch den Schweiß von der Stirn. „Ich habe letztens alte Fotos von deiner Mutter angeschaut. Ein paar davon sind einige Jahre nach unserem fünfzigsten Hochzeitstag entstanden. Darauf war ihr Lächeln nicht mehr wirklich ihr Lächeln. So als wäre es eher ein Reflex, wenn das denn das richtige Wort ist. Wenn ich nur ein bisschen aufmerksamer gewesen wäre …"

„Dad … woher hättest du denn wissen sollen, was mit ihr los war? Du hast sie jeden Tag gesehen und es ist so schwer, solche Veränderungen zu bemerken …"

„Du hast ja recht. Es hat keinen Sinn, sich mit Selbstvorwürfen zu quälen."

Mir war erstmals aufgefallen, dass Mom sich verändert hatte, als meine Schwester, meine Nichte und ich sie auf die Reise ihres Lebens begleiteten: nach Irland. Seit sie in den 1950ern mit meinem Vater den Film *Der Sieger* im Kino gesehen hatte, war es ihr großer Traum gewesen, dem torfreichen Boden ihrer Vormütter einen Besuch abzustatten. Sie wollte das kleine Dorf sehen, das ihr Großvater irgendwann in den 1880ern zurückgelassen hatte. Leider war mein Vater aber eher vom Schlag Mit-dem-Chevy-durch-die-USA. Seine

Reiseziele mussten mit dem Auto zu erreichen sein. Seine einzige Auslandsreise war der jährliche Angelausflug nach Kanada, wo er sich stets mit dem dort viel günstigeren Codein eindeckte.

Ich schob Moms Unvermögen, die irischen Toilettenspülungen und die irischen Türklinken zu betätigen, auf den Jetlag. Genauso ihre ewige Angst davor, alleingelassen zu werden, uns zu verlieren oder aber von uns ins Armenhaus gebracht zu werden. Doch dann, nach der Führung durch das *Trinity College*, wo wir uns das legendäre *Book of Kells* ansahen, fragte ich sie, wie es für sie gewesen war, die verzierten Seiten nun mit eigenen Augen gesehen zu haben, und sie drehte sich zu mir um und sagte: „Mir fehlt mein Herd."

Ich hatte es bemerkt, aber ich wollte es nicht wahrhaben.

„Ach, übrigens … ich brauche deine Hilfe, um die Sachen deiner Mutter auszusortieren." An dem Punkt war er also schon. Bereit, sich von ihren Sachen zu trennen, nur eben nicht allein. Selbstverständlich würde ich zu ihm fahren und ihn dabei unterstützen. Nicht weil ich irgendetwas Bestimmtes haben wollte. Ich hatte schließlich schon ihren Verlobungsring, den ich jeden Tag trug. Es hätte nur noch einen anderen Gegenstand gegeben, der mir ähnlich viel wert gewesen wäre: eine Clutch im Stil von Jackie O – seidig glänzend, schwarz und mit einer quadratischen Schnalle aus Chrom. Sie hatte bei allen Anlässen zur Grundausstattung meiner Mutter gehört, egal ob bei Hochzeiten, Brunchs oder den seltenen Abendausflügen mit meinem Vater. Zuletzt wurde die Tasche gesehen, als meine Nichte Amanda damit zum Abschlussball ging. Vermutlich hat sie sie gemeinsam mit ihrer Jungfräulichkeit auf irgendeinem Rücksitz verloren.

„Deine Schwester kommt morgen so gegen zwei vorbei …"
Alles klar. Er wollte mich als Gegenpol dabeihaben.
Ich sagte ihm zu.

13

Die Schlacht um die Clutch

Es versprach ein weiterer klebrig-heißer Tag zu werden. Seamus wirkte gar nicht mal unglücklich, im klimatisierten Haus bleiben zu dürfen. Dort lag er auf dem kalten Fliesenboden, den Rücken an der Tür – die Labradorversion eines Zugluftstoppers.

„Ich fahre zu Grandpa, um Omas Sachen auszusortieren. Tante Linda wird auch da sein. Wünsch mir Glück", sagte ich.

Er hob den Kopf und pustete Luft durch die Lefzen.

Ich war um Punkt zwei da. Plastikkisten blockierten den Zugang zu den Küchenschränken. Mehrere Kartons mit großen Mülltüten lagen auf dem Boden, Moms Schuhe auf dem Tisch. In dem Gewirr aus Kleiderbügeln bemerkte ich eine halb leere Gin- und eine Tonic-light-Flasche.

„Deine Schwester ist da", sagte mein Vater. Er wirkte beschwingt. Vielleicht hatte ihn der Anblick der Sachen meiner Mutter in den Schränken und ihrer Bastelecke im Keller ausgebremst?

Linda kam in die Küche. Ihr gerade erst wieder mit Henna gefärbtes Haar war zu einem unordentlichen Knoten zusammengefasst, der auf den Kopf einer Zwanzigjährigen gepasst hätte.

Einer über Sechzigjährigen verlieh er statt einer sexy Lässigkeit eher das Flair einer verrückten Katzenlady. Sie trug ein übergroßes Hawaiihemd über schwarzen Leggings und dazu schwarze Keilsandaletten. Sie goss sich Gin nach und rührte mit dem Mittelfinger um, weil sie keinen Zeigefinger mehr hatte. Der war ihr vor rund zwanzig Jahren von einem Bonobo abgebissen worden.

Geplant war, alle Dinge von Mom auf drei Haufen zu sortieren: einen für meine Schwester, einen für mich und einen für die Altkleidersammlung. Linda schob die Tür des Kleiderschranks auf und zum Vorschein kam eine karierte Jacke, die Mom bei der Feier ihres fünfzigsten Hochzeitstags getragen hatte. Ein Foto dieser Feier hatten wir mit der Traueranzeige veröffentlicht. Es folgten ihre Hosen mit elastischem Bund. Die Rollkragenpullover, in die mein Vater Reißverschlüsse hatte einnähen lassen, damit er sie Mom leichter anziehen konnte. Der Mantel, den sie an dem Abend anhatte, als die Sanitäter kamen, um sie ins Krankenhaus zu bringen. Ihre Schlafsachen, leblos und schlaff. Ich hatte damit gerechnet, dass mir die Tränen kommen würden, aber da war nichts. Das waren nur noch Kleidungsstücke. Nur noch Schuhe.

Dad schaute kurz rein und bot seine Vermittlungshilfe an, sofern meine Schwester und ich uns uneinig wären oder es zu Ausschreitungen kommen sollte. Ausschreitungen? Zwischen uns? Wir bevorzugten doch beide seit jeher den passiv-aggressiven Ansatz, der keine sichtbaren Narben hinterließ! In diesem Fall nutzten wir die schnelle Ja/Nein-Methode, die wir aus den Fernsehsendungen über Messies kannten.

Schon bald konnten wir uns den anderen Schrank vorknöpfen, in dem wir mehrere faltenfreie Blusen und einen Behälter voller bedruckter Seidenschals von circa 1974 fanden, die Mom immer getragen hatte, als sie noch in einem Büro in Downtown Milwaukee gearbeitet hatte. Sie fing dort an, weil mein Vater seinen Job mit Schwarzarbeit als Maler, Blumenlieferant und

Ladehelfer aufs Spiel setzte – alles polizeiliche Tabus. Mom wollte eigentlich nur so lange arbeiten, bis wir finanziell über den Berg waren. Schlussendlich arbeitete sie vierzig Jahre lang. Ein ziemlicher Berg.

Der Haufen meiner Schwester wuchs und wuchs, bis er Everest-Format hatte – Socken, Handschuhe, genäht aus Hirschleder von Tieren, die mein Vater geschossen hatte, Stiefel, Schuhe, ein Trenchcoat, Hausanzüge, Schlafanzughosen, Portemonnaies, nicht nur eine, nein zwei doppelreihige Kapitänsjacken, ein Samtblazer, ein Mantelkleid aus Wolle, an dem noch ein paar einsame silberne Haare meiner Mutter hingen, die uns ein kollektives „Ohhh" entlockten.

So ungern ich es zugebe, aber wir hatten Spaß. Wir waren uns sogar – Wunder, oh Wunder – einig: Moms Wintersachen inklusive Stiefel sollten an ein Obdachlosenheim gehen. Alle anderen Sachen – inklusive Unterwäsche – würden in die Altkleidersammlung wandern. „Sollen die sich damit befassen", sagten wir. Und dann kamen wir der Sonne zu nah.

Wir fingen an, darüber nachzudenken, wie wir beim nächsten Mal vorgehen würden. Nach Dad.

„Ich will die Werkzeugtruhe", sagte Linda. Mein Dad hatte eine große Holzkiste im Keller, selbst gezimmert von meinem Großvater. Darin waren alle seine Werkzeuge. Sie hatte Geschichte. Ich hatte oft darüber nachgedacht, ihr ein zweites Leben als Couchtisch zu verschaffen.

„Dann bekomme *ich* seinen ganzen Polizeikram", sagte ich. Ein paar seiner alten Uniformen mit den Messingknöpfen, auf denen das Stadtwappen von Milwaukee abgebildet war, hingen noch auf dem Dachboden, das wusste ich.

„Gut, dann bekomme ich die Lock-Enten", verhandelte sie.

Verdammt. „Was willst du denn damit? Sie verkaufen? Ich bin schließlich die mit Hund!"

„Wie läuft es bei euch?", rief mein Vater aus der Küche.

„Super!", säuselten wir ohne eine Spur von Gehässigkeit.

„Dann nehme ich die alte Campingausrüstung", sagte ich. Und zwar nur, weil Linda mir letztes Thanksgiving gesagt hatte, dass *sie* sie gern hätte.

„Aber die Kuckucksuhr gehört mir!" Sie kam aus Deutschland und hatte zu ziemlichem Krach innerhalb der Familie geführt. Mein Onkel hatte sie bei seiner Rückkehr aus dem Zweiten Weltkrieg mitgebracht und meiner Großmutter geschenkt. Nach deren Tod war meine Tante der Meinung, die Uhr stehe nun *ihr* zu, schließlich hatte ihr Mann sie damals mitgebracht. Stattdessen ging das Ding aber an meine Mutter, und so zeigte meine Tante unserer Familie erst mal vierzig Jahre lang die kalte Schulter. Zu Moms Beerdigung war sie allerdings wieder aufgetaucht. Also entweder war die Streitaxt begraben oder aber meine Tante leistete bewusst Vorarbeit für die Kuckucksuhr.

„Du kannst die Cowboytasse haben, wenn ich die Kuckucksuhr bekomme", sagte ich. Die Cowboytasse mit passender Untertasse war in einem Souvenirladen erstanden worden, als wir 1963 den Mount Rushmore besichtigt hatten. Ein Familienurlaub biblischen Gehalts: Wir gerieten in eine Heuschreckenplage, mitten in der Prärie überkam uns ein Hagelsturm, der alle Autofenster zertrümmerte, und dann ging meine Schwester in der Wüste verloren. Ihre Wanderung dauerte keine vierzig Tage, sondern nur vierzig Minuten – aber immerhin konnte ich mich diese vierzig Minuten lang der herrlichen Aussicht hingeben, endlich ein Zimmer für mich allein zu haben.

„Gut", räumte Linda ein. „Aber dann kriege ich Dads Jagdzeug."

„Seine Gewehre bekommst du auf gar keinen Fall!", protestierte ich und warf ein Paar Socken auf den Altkleiderhaufen.

„*Du* bekommst die Gewehre auf gar keinen Fall!", gab Linda zurück und drohte mir mit einem von Moms Pantoffeln.

„Was willst du denn damit?", fragte ich.

„Ich ..." Sie war gerade dabei, alles Mögliche aus Moms Kommode zu zerren – Taschentücher, Handschuhe, lange Unterwäsche –, als sie abrupt innehielt. In ihrer Hand hielt sie die Jackie-O-Clutch!

Ich gehöre eher nicht zu den Menschen, die vor Erstaunen keuchen, aber beim Anblick dieser Tasche, von der ich geglaubt hatte, sie sei einem vor Teenagerhormonen nur so triefenden Lebensereignis zum Opfer gefallen, tat ich es dann doch.

„Jetzt haben wir ein Problem", sagte Linda. Ihre Augen wurden schmal. „Oder auch nicht, du hast schließlich den Ring."

„Der würde doch gar nicht an deinen Wurstfinger passen!"

Die vielen Auseinandersetzungen, zu denen mein Vater als Polizist gerufen worden war, hatten ihn sehr gut darin werden lassen, Situationen einzuschätzen und zu schlichten. Er hatte sich erst in der Küche beschäftigt, dann in der Garage, dann war er im Keller, um weiß Gott was zu tun, aber wir müssen laut genug gewesen sein, dass er selbst ohne Hörgerät mitbekam, was vor sich ging. Es schien ihn regelrecht zu freuen, dass er in unserer Wer-bekommt-was-Debatte als Mediator gebraucht wurde.

„Die Frage ist ja", sagte er mit vor der Brust verschränkten Armen, ganz der Cop, „was die Handtasche wert ist. Und dann müssen wir etwas von ähnlichem Wert finden ..."

So etwas gab es durchaus beziehungsweise hatte es gegeben, denn auch dieses gute Stück war verschollen: eine Modelleisenbahn von Lionel, die Dad 1955 gekauft hatte. Sie bestand aus einer großen, schwarzen, schweren Metalllock, die echten Rauch ausstieß, einem Schlepptender, ein paar Güterwagen, einem Getreidewagen, einem Flachwagen und einem Begleitwagen. Sie fuhr auf einer ovalen Strecke, die mein Vater auf eine zentimeterdicke Sperrholzplatte geschraubt hatte, die er jedes Jahr unter den Weihnachtsbaum schleppte, bis wir Teenager waren und uns nicht mehr für die Bahn und ihren Verbleib interessierten. Doch dann, Anfang der 1980er, als ihre Ehe auf der Kippe stand, war meine Schwester plötzlich wie besessen von der Bahn gewesen. Jedes Jahr Weihnachten fragte sie danach: Wo war sie? Wer hatte sie? War sie verkauft worden? Hatte Dad sie weggeworfen, genau wie ihre Beatles-Sammelkarten, von denen sie bis zum heutigen Tag behauptete, sie hätten die Collegeausbildung ihrer Kinder finanzieren können?

„Gibs zu! Du", Linda deutete mit ihrem verbliebenen Zeigefinger auf Dad, „hast sie weggeworfen."

„Was hab ich weggeworfen?", fragte er in bewusst provozierendem Tonfall.

„Die Modelleisenbahn. Und meine Sechzigerjahrebarbie. Und das T-Shirt mit Spiro T. Agnew drauf. Ich habe letztens eins für fünfundsechzig Dollar bei eBay gesehen. All mein Zeug. All meine Erinnerungen. Weggeworfen. Völlig rücksichtsl…"

„Ich weiß, wo sie ist", sagte Dad ruhig. Linda sah aus, als hätte er ihr einen Eimer kaltes Wasser übergekippt. „Auf dem Dachboden." Ich rechnete mit einer Warum-hast-du-mir-das-nicht-längst-gesagt-Tirade, aber was kam, war viel besser: Wer kennt nicht Taz, den Tasmanischen Teufel aus der Zeichentrickserie *Looney Tunes*, wenn er sich wie ein Tornado dreht? Genauso war es. Linda flitzte hinaus in die Garage, holte die grüne Leiter, kam wieder herein, schleppte die Leiter durch den schmalen Flur, kletterte hinauf, schob die Deckenplatte beiseite, hinter der sich der Dachboden verbarg, und brachte irgendwie die Kraft auf, ihren eher massigen Körper durch die Öffnung zu hieven.

Ich ließ sie machen. Zum einen hätte ich sie sowieso nicht aufhalten können, zum anderen wollte ich die Eisenbahn gar nicht haben. Ich wollte die Clutch. Dad und ich standen einfach da und lauschten, wie sie dort oben herumkrabbelte. „Bleib auf den Verstrebungen! Ich will hier keinen Fuß durch die Decke kommen sehen!", rief Dad.

Dann hörten wir ein dumpfes „Aha!". Es folgte ein Kratzen, Ziehen, dann ein „Scheiße!", bevor ein oranger Karton mit der blauen Aufschrift LIONEL in der Luke erschien. Linda reichte meinem Vater nacheinander die Kartons. Ich nahm die Clutch in meine Obhut.

Dad und ich verstauten alles in Lindas Mini, bis er aussah, als hätten alle Airbags ausgelöst. Es blieb gerade noch genug Platz für sie hinterm Steuer.

Dad und ich sahen ihr nach, als sie um die Ecke bog.

„Ach, übrigens", sagte er, „deine Signale kommen immer ungefähr eine halbe Sekunde zu spät."

Ach, jetzt geht es plötzlich um Hunde? „Oh, okay."

„Und du darfst nicht vergessen, dass der Hund zu dir kommen muss. Nicht du zu ihm."

„Okay, der Hund muss zu mir kommen. Nicht ich zu ihm."

„Mehr als zwei Schritte sind zu viel."

„Ich werd dran denken … Sag mal, Dad? Warum hast du denn all die Jahre nicht gesagt, dass die Eisenbahn auf dem Dachboden ist? All die vielen Weihnachtsfeste. Ihre ganzen Wutausbrüche … die hättest du uns ersparen können."

Er betrachtete erst die Ritzen in der Auffahrt. Dann den Himmel.

„Aber wo wäre denn da der ganze Spaß geblieben?"

Dann begab auch ich mich mit meiner mageren Ausbeute – einer Clutch, ein paar Pullis – ins Auto. Ich winkte meinem Vater zu. Er wirkte erleichtert. Ich schätze, das waren wir alle. Meine Schwester hatte ihre Eisenbahn. Ich die Clutch. Und Dad wieder Platz im Schrank.

14

Eine fixe Idee

Manchmal verpasste ich die Einfahrt zum Hundeverein, was bedeutete, dass ich erst nach einem Kilometer wenden konnte – auf dem Parkplatz einer heruntergekommenen Tierpension. Ich drohte Seamus oft damit, ihn dort zwischen den alten, leeren Baracken auszusetzen, wenn er nicht endlich seine Starrköpfigkeit ablege und weicher im Maul werde.

Heute allerdings war die Einfahrt des Hundevereins nicht zu übersehen, da sie mit Wimpeln und Flaggen geschmückt war. Auf einem handgeschriebenen Schild stand:

Alljährliche Jagdprüfung! Jeder Hund kann teilnehmen!

Mittlerweile gab es so etwas wie eine Routine, wenn ich beim Verein ankam. Ich bog auf den Parkplatz, Dad winkte, startete dann seinen Wagen und fuhr los. Manchmal nahm er die bessere Straße, manchmal den von Schlaglöchern übersäten Weg. Ich wusste nie, was er mit uns vorhatte. Vielleicht wusste er es selbst nicht. Vielleicht dachte er erst darüber nach, wenn er auf der zweispurigen Landstraße westlich aus Milwaukee hinausfuhr. Das Training mit ihm war jedes Mal wie ein unangekündigter Test in Dingen, die ich für irrelevant hielt und auf die ich mich deshalb nicht vorbereitet hatte. Und worauf sollten Seamus und ich uns eigentlich vorbereiten? Ich bin eine, die ein Ziel braucht, eine Möhre, auf die sie sich konzentrieren kann. Deshalb bin ich auch ziemlich gut darin abzunehmen. Aber halten kann ich mein neues Gewicht nicht, denn sobald ich die magische Zahl erreiche, lautet die Devise: Kuchen!

Es wurde langsam Herbst. Dad hatte mehr Elan. Er riss viel häufiger Witze. Seine Sticheleien kamen häufiger und schneller. Er machte das aus Liebe. Und er erzählte mir immer mehr Geschichten. Wenn wir nebeneinanderstanden und warteten, bis Seamus einen ausgelegten Dummy gefunden hatte, setzte Dad an: „Hab ich dir eigentlich schon erzählt, wie deine Mutter …" Und dann folgte eine Geschichte, die ich mitunter bereits kannte, ihn aber trotzdem erzählen ließ. Unsere Mittwoche im Hundeverein waren ein regelmäßiger Termin geworden und für mich war das sehr tröstlich.

Wenn wir nicht im Hundeverein waren, *sprachen* wir über ihn – welche Teiche von Algen befallen waren, welche Mitglieder sich beklagt hatten, dass das Gras auf dem und dem Platz viel zu hoch stehen gelassen worden war, oder mit wem ich sprechen sollte, wenn es Zeit für einen neuen Hund werden würde. *Moment. Wie bitte?* Plötzlich verwendete ich Wörter wie „hartes Maul", „ausgeben", „Freiverlorensuche" als Pointe in Witzen, die nur Dad und ich verstanden.

Wir wechselten in unsere Gummistiefel, zogen die Westen an und stopften uns Dummys in die Taschen. „Alljährliche Jagdprüfung?", fragte ich.

„Ja, die ist in drei Wochen", sagte er. „Es gibt Vorführungen – Freiverlorensuche, Quersuche, Schießdemonstrationen –, außerdem Essen, eine Tombola, all so was." Das klang interessant, aber nicht interessant genug, um meine übliche Samstagsroutine dafür dranzugeben, die beinhaltete, dass ich bis mittags im Schlafanzug blieb und die Beiträge meiner Facebook-Freunde las.

„Hast du die Dummys geruchlich markiert?", fragte mein Vater.

Selbstverständlich hatte ich das.

„Ach, und ..." Er machte eine Pause. Dann fuhr er fort: „Es gibt einen Apportierwettbewerb, bei dem der schnellste Hund gekürt wird."

„Wie bitte?"

Er wiederholte: „Ein Apportierwettbewerb."

„Ach ja? Ein Apportierwettbewerb? So, so ..."

Mein Vater kannte mich. Er konnte förmlich hören, wie die Rädchen in meinem Kopf anfingen, sich zu drehen. Hatte er Angst gehabt, mir davon zu erzählen, weil er wusste, dass ich Seamus wild entschlossen anmelden würde, auch wenn er noch gar nicht bereit war, nur um dann seine unvermeidliche Niederlage erleben zu müssen, das Wort *VERSAGER* auf ewig in großen Buchstaben in unseren Akten? Oder deutete ich seinen Ton vielleicht völlig falsch? *Wollte* er womöglich, dass ich mich anmeldete, und sein grummeliges Desinteresse war nur gespielt? Wie beeindruckt wären seine Hundekumpel von meinem Hund – das reinste Katastrophenviech, bis mein Vater sich seiner angenommen und ein Wunder bewirkt hatte. Ich spitzte die Ohren. Legte den Kopf schief. „Dad ... das könnten wir doch auf jeden Fall schaffen!"

„Nein, nein, nein. Ich sage dir ... ich glaube nicht – er wird nicht richtig ausgeben ... er hat ein hartes Maul. Gut möglich, dass sie mit echten Vögeln arbeiten, das haben wir noch nie geübt. Weiß der Himmel, was er mit denen anstellen würde."

„Aber, Dad, denk doch mal nach! Ich könnte endlich dieses schreckliche Erlebnis bei der Sportshow abhaken."

Er zuckte zusammen. Verdrehte die Augen. Das war sein typischer Ich-will-deine-Seifenblase-ja-nicht-zum-Platzen-bringen-Blick. So einen hatte ich bekommen, als ich mit sieben Jahren Stepptanzstunden nehmen wollte. Ich hatte mir Rhondas Steppschuhe ausgeliehen und klapperte auf dem Linoleum im Keller herum, studierte eine Choreografie ein, die ihn – da war ich sicher – so nachhaltig von meinem Talent überzeugen würde, dass er sich sofort eigenhändig einen Weg zur Tanzschule bahnen und mich zu einem Kurs anmelden würde. Dass er mich am Ende weder ermuntert noch entmutigt hatte, entpuppte sich als gesunde Taktik, wie ich Jahre später begriff, als ich für ein Musical an der Highschool vorsprach und nicht einmal in die engere Auswahl für die Rolle als Dorfbewohner fünf kam.

„Warten wir mal ab", sagte er. „Warten wir einfach ab."

Ich konnte nicht aufhören, darüber nachzudenken. Es waren die perfekten Voraussetzungen. Kein Druck. Keine Zuschauerränge, vermutlich nur ein paar Menschen in mitgebrachten Campingstühlen. Die Veranstaltung würde genau da stattfinden, wo wir seit Monaten übten. *Und was, wenn Seamus schlecht abschneidet? Was, wenn er wieder abhaut und herumrennt wie ein Idiot? Tja, dann ist es so. Wir machen doch nur zum Spaß mit!*

Das sagte ich mir selbst und versuchte so, alle Gedanken an eine Rehabilitation nach meiner Sportshowniederlage aus meinem Kopf zu vertreiben. *Spaß? Von wegen!*

In den folgenden Wochen waren unsere Stunden auf dem Feld nicht länger ein Spiel. Ich wurde zur Projektleiterin. Zur Drillmeisterin. Was ich dem Hund sonst hatte durchgehen lassen – auf dem Hintern herumrutschen, wenn er bleiben sollte, ein schlampig, zu seitlich ausgeführtes Bei-Fuß, aufgeregtes Herumspringen –, wurde nicht länger geduldet. Ich ruckte, er hörte. Ich knurrte, er zog den Kopf ein. Oft legte er die Ohren an und sah mich aus seinen großen, braunen Augen mit einem ganz neuen Blick an. *Wo ist mein Frauchen hin?* Wir arbeiteten zweimal am Tag fünfzehn Minuten im Garten.

Bei Fuß.

Bleib.

Okay!

Gib.

Und wieder von vorn, von vorn, von vorn.

Beim nächsten Training mit Dad waren Fortschritte zu erkennen. Seamus rannte nicht mehr *so* extrem durch die Gegend. Er kaute nicht mehr *so* extrem auf dem Dummy herum und – tada! – er gab den Dummy aus, wenn ich „Gib!" sagte. Und noch etwas hatte sich verändert – allerdings etwas, das mir deutlich weniger gefiel. Mir war aufgefallen, dass er nicht länger ins Wohnzimmer kam, sondern lieber in seiner Box unter dem Küchentisch blieb. „Seamus, komm! Im Fernsehen läuft eine Hundesendung." Ich schob den Haufen Hundezeitschriften beiseite, die sich auf dem Sofa angesammelt hatten, um ihm Platz zu machen. Vielleicht war er ja einfach nur müde?

„Wo ist mein Fernsehkumpel?" Ich hörte, dass er aufstand und vom hinteren Teil des Hauses in den vorderen tapste. Normalerweise wäre er nicht langsamer geworden, sondern sofort aufs Sofa gesprungen, um sich neben mir auszustrecken. Aber das war, bevor ich mich mit meinen zwei Trainingseinheiten am Tag in eine unerbittliche Militärausbilderin verwandelt hatte.

„Komm, spring schon rauf!" Ich klopfte neben mich. Er zuckte nicht mal. Blieb einfach sitzen. Seine Miene war ein einziges Fragezeichen. *Was bin ich denn nun? Ein Arbeitshund oder dein Freund? Beides geht nicht.* Er wandte sich ab und ging. Ich hörte, dass er wieder in seine Box kroch und sich mit einem schweren Seufzer hinfallen ließ.

Herrje, was war aus mir geworden?

Zwei Wochen vor dem vermeintlichen *Spaß*wettkampf waren wir wie gewohnt im Hundeverein. „Dad, irgendwie bin ich mir nicht mehr sicher, ob das mit der Teilnahme so eine gute Idee ist", sagte ich, während wir unsere Ausrüstung an einem der Teiche ausluden.

„Warum?"

„Nimmt dieses Konkurrenzdenken nicht den ganzen Spaß? Ich meine, ich will ja nicht gewinnen", das war gelogen, „aber …"

„Du willst, dass dein Hund gut abschneidet", sagte er. „Das Gefühl kenne ich. Habe ich dir eigentlich schon mal die Geschichte erzählt, wie ich von einem Wettkampf ausgeschlossen wurde?"

Mein Vater? Ausgeschlossen? Niemals. Er gehörte schließlich zu denen, die uns Zivilpersonen etwas von Recht und Ordnung predigten.

„Wie bitte? Du wurdest ausgeschlossen?", fragte ich. Seamus demonstrierte seine Meinung zum Thema, indem er gegen eins der Schilder des Hundevereins pinkelte.

„Nun, mein Hund war im Finale und hatte einen Vogel aufgescheucht. Also schickte ich ihn los, und da zögerte er. Vielleicht eine Sekunde, maximal zwei. Keine große Sache, dachte ich, aber", hier folgte sein klassisches Augenverdrehen, „eine von den Schiedsrichterinnen, so ein albernes Weibsstück …"

„Albernes Weibsstück" ist Dads Bezeichnung für eine Frau, die aus seiner Sicht nicht verstanden hat, wo ihr Platz ist, und damit seine gute alte Männerwelt durcheinanderbringt. Meine Schwester und ich haben versucht, ihm diese sexistische Bezeichnung abzugewöhnen, aber entweder hat er uns nie gehört, weil er sein Hörgerät nicht trug, oder aber er hat uns sehr wohl gehört, aber es interessierte ihn einfach nicht.

„Sie sagt also, ich soll meinen Hund einsammeln, dass er disqualifiziert ist, und dann sind mir so ein paar Wörter rausgerutscht … äh … so was in der Art wie: Sie würde nur Du-weißt-schon-was reden. Gut möglich, dass ich außerdem das F-Wort gebraucht habe. Und ein paar andere Ausdrücke sind wohl auch gefallen."

Mein Vater hat vor uns Kindern nie geflucht, als wir klein waren. Nie. Einmal habe ich gehört, dass er „verdammt" sagte, als er die Lichterketten am Weihnachtsbaum nicht zum Leuchten bringen konnte.

„Du lieber Himmel, Dad. War Mom damals dabei?"

„Aber ja. Hat alles gehört und gesehen …"

So wie ich meine Mutter einschätzte, wird sie sich aufgerichtet und ihrem Mann beigestanden haben.

„Dann bekam ich eine Strafe. Ich durfte sechs Monate lang nicht in den Hundeverein. Mich nicht zu den Feldprüfungen anmelden. Und ich musste vor ein Schiedsgericht. Ich musste mir einen Anwalt nehmen … ein Bußgeld zahlen … dreihundert Dollar."

„Gute Güte!" Auf einmal verstand ich, warum ich damals ein Jahr lang von Mom immer das Zeichen mit dem Reißverschluss vor den Lippen bekommen hatte, wenn ich Dad nach dem Hund und dem Hundeverein gefragt hatte.

„Ich wollte das nicht zahlen!"

„Aber … warum hast du es dann doch getan?"

„Wegen deiner Mutter. Sie fragte mich: ‚Gefällt dir die Arbeit mit den Hunden? Machst du das gern? Dann zahl diese verdammte Strafe und halt die Klappe.'"

Unfassbar. Erstens, dass meine Mutter ihm gesagt hatte, er solle die Klappe halten. Zweitens, dass er auf sie gehört hatte. Ich konnte mir durchaus vorstellen, dass mir mit Seamus vielleicht eines Tages etwas Ähnliches passieren würde wie meinem Vater. Dass ich irgendwann die Beherrschung verlieren und den Hund am Schlafittchen packen oder ihm einen Eimer Wasser über den Schädel gießen würde.

„Okay. Ich machs nicht. Ich melde den Hund nicht an. Du hast recht. Er ist noch nicht so weit. *Ich* bin noch nicht so weit." Ich entschied aber, trotzdem hinzufahren, ohne Hund. So konnte ich mir die Sache genauer ansehen und mir ein Bild von der Konkurrenz machen.

Das Gelände des Hundevereins war vollgeparkt mit testosteron-geladenen Pick-ups und Macho-SUVs mit Wunschkennzeichen wie LABMAN, SPRINGR, BRING und der verwirrenden Buch-stabenkombination STZPLTZFSS (Sitz, Platz, Fuß – es dauerte etwas, bis der Groschen bei mir fiel). Offen stehende Hecktüren und -klappen gaben den Blick auf maßgefertigte Einbauhunde-boxen aus ergonomisch geformtem Polyirgendwas frei, inklusive Heizung, Klimaanlage, bequemer Polsterung und Edelstahlblen-den. Einige Wagen waren mit zwei separaten Hundeboxen aus-gestattet, andere nur mit einer.

Bei Transport und Ausstaffierung der Hunde hatte man keine Kosten und Mühen gescheut, aber überzogenen Schnickschnack gab es nicht zu sehen. Keine Strasshalsbänder, keine Karocapes im Partnerlook mit dem Frauchen – na gut, das muss ich rela-tivieren. Hundebekleidung gab es nämlich durchaus zu sehen, aber in Form von Brustprotektoren, Westen und passenden Stie-feln, die die Tiere schützen sollten, wenn sie durch dichtes Un-terholz, Kletten und Dornen rannten. Alles strapazierfähig und praktisch, weit entfernt von Schoßhunden im Tutu.

Es dauerte etwas, bis ich zwischen all den ähnlich geklei-deten, ergrauenden Herren mit ihren knallorangen Signalwes-ten, Gummistiefeln und doppelläufigen Schrotflinten, die ihnen lässig über der Schulter baumelten, meinen Vater entdeckte. Er stand neben einer Verkaufsbude für Retrieverausstattung und wurde von einer Gruppe „jüngerer" Typen bequatscht, also de-nen, die erst seit Kurzem in Rente waren und sich jetzt endlich in Vollzeit ihren Hunden widmen konnten. Vor vierzig Jahren war er hier der Jungspund gewesen und von einem der alten Vereins-hasen unter dessen Fittiche genommen worden, Wally, der ihm alles beigebracht hatte, was er über Hunde und Training wuss-te. Jetzt war er selbst der alte Vereinshase, der sein gesammeltes Wissen weitergab, und zwar an … mich?

Er wirkte glücklich. Er war ganz in seinem Element. Er stellte mich seiner Springerspanielgang vor als seine „Tochter, die zur dunklen Seite der Macht gewechselt und sich einen Labrador zugelegt hat" und unterhielt sie mit Anekdoten über Seamus' Eskapaden und meine Unfähigkeit, und obwohl seine Interpretation meiner Pfeifenbedienung nicht gerade schmeichelhaft für mich ausfiel, lächelte ich, ganz der Familienclown.

„Der Apportierwettbewerb findet am Teich statt. Nicht an dem, wo wir sonst trainieren, sondern am großen", sagte er zu mir. „Immer den Schildern nach."

Wir hatten am großen Teich seit einigen Wochen nicht mehr trainiert, weil das Unkraut im Wasser überhandgenommen hatte. Aber seitdem hatte es viel geregnet und der Wasserspiegel stand hoch. Die Organisatoren hatten den Teich für ausreichend geeignet befunden, um dort den ungezwungenen Unterhaltungsteil der Veranstaltung stattfinden zu lassen.

Die anderen Labradore (größtenteils schwarz, aber es war auch ein schokoladenfarbener mit Nuss dabei) hatten lange Beine, die Köpfe waren nicht so bullig und ein wenig langgezogener als der von Seamus. Als gerade das Feld für den Apportierwettbewerb abgesteckt wurde, gesellte sich mein Vater endlich wieder zu mir. Er war damit beschäftigt gewesen, den Teilnehmerstrom in die richtige Richtung zu lenken. Nun stellte er sich neben mich, ganz dicht. „Siehst du den Hund da drüben?", murmelte er, ohne die Lippen zu bewegen, um keine Aufmerksamkeit zu erregen.

Ich folgte seinem Blick, aber möglichst unauffällig, so als würde mich überhaupt nicht interessieren, was da drüben vor sich ging. Aber was ging denn überhaupt vor sich? Zwei verwirrt dreinblickende Männer versuchten, einen ebenso verwirrt dreinblickenden Hund dazu zu bewegen, einen toten Fasan aufzunehmen, aber der Hund weigerte sich standhaft.

„Herrje", sagte Dad, „der Hund ist ja noch dämlicher als deiner!"

„Ähhm … danke?"

Endlich war das Feld bereit. In jede Richtung maß es rund vierzig Meter. Der Hund musste einfach nur losrennen, den Apportierdummy holen, zurückrennen und die Ziellinie überqueren. Ganz einfach. Kein lebendiger Vogel, und die Beute musste nicht ausgegeben werden. War es zu spät, um nach Hause zu fahren und Seamus zu holen? *Verdammt!*

Als Erstes war ein siebenjähriger schwarzer Labrador an der Reihe, der lieber gemessen vor sich hin trottete, als Vollgas zu geben. Danach folgte ein weiterer schwarzer Labrador, der laut Besitzer sechs war, mit seinem Übergewicht, seiner grau gefleckten Schnauze und seinem potenziellen Hüftschaden aber eher wirkte wie sechzehn. Neben ihm kam Teilnehmer Nummer eins wie die hundgewordene Geschwindigkeit daher. Dann folgte ein Vizsla, der zwar ein beeindruckendes Tempo vorlegte, aber übers Ziel hinausschoss, und ein Boykinspaniel, der den Dummy aufnahm, ihn aber auf halber Strecke fallen ließ und wieder zurücklaufen musste, um ihn zu holen, und zwar zweimal.

Der schokoladen-nuss-farbene Labrador und sein Besitzer nahmen ihre Startposition ein. Mein Vater lehnte sich zu mir herüber. „Wer in Gottes Namen trägt denn bitte ein weißes Herrenhemd mit Crocs?", fragte er. Ich war verwundert, dass Dad überhaupt wusste, was Crocs waren.

„Offenbar der Typ da", erwiderte ich.

Seine frisch gestärkten weißen Hemdsärmel waren gerade so weit hochgekrempelt, dass man die TAG-Heuer-Uhr an seinem ebenmäßig gebräunten Handgelenk erkennen konnte. Mr Crocs hielt seinen Hund ruhig, dann schickte er ihn los. Die Szene erinnerte an die Beschleunigungsphase bei einem Dragsterrennen.

„Das nenn ich mal einen verdammt schnellen Hund", murmelte mein Vater ehrfurchtsvoll.

Ich war gerade dabei, so richtig neidisch zu werden, da raste der Hund an dem Dummy vorbei und immer weiter. Mr Crocs sprang herum, brüllte und rannte dem Hund in seinen völlig ungeeigneten Plastiklatschen hinterher, über das Feld und vorbei am ersten Parkplatz, bis wir seine strahlend weißen Hemdschöße aus dem Blick verloren. „Der Hund hat vermutlich schon die nächste Landesgrenze überquert", kommentierte mein Vater.

„Vielleicht solltest du ihm deine Hilfe anbieten. Dem Kerl da, meine ich, beim Hundetraining."

„Unsinn, ich habe mit deinem Hund schon genug zu tun."

„Jetzt hör schon auf! Du musst zugeben, dass Seamus besser wird!"

„Wenn du meinst ..."

„Was soll das denn bitte heißen? Dass er ein hoffnungsloser Fall ist?"

„Nein, hoffnungslos nicht. Es gibt immer Hoffnung. Schließlich ist er nicht dumm, schon vergessen?"

Seamus und ich wurden besser. Zumindest meiner Meinung nach. Sogar meinem Mann war aufgefallen, dass der Hund sich besser benahm. Er kam jetzt, wenn man ihn rief. Er machte Sitz und wartete, einen langen Sabberfaden am Maul, bei seiner Futterschüssel, bis wir ihm das Okay zum Losschlingen gaben.

Warum hatte ich Seamus nicht für den Apportierwettbewerb angemeldet? Weil ich auf meinen Vater gehört hatte. Er war es gewesen, der gesagt hatte, der Hund sei noch nicht so weit. Aber da hatten wir auch noch nicht gewusst, dass keine echten Vögel im Spiel sein würden. War ich sauer auf ihn? Ein bisschen. Ein kleines bisschen. Ein *klitze*kleines bisschen. Diese Hunde hier waren so unfähig und der neue, trainierte Seamus wirkte im Vergleich so ... fähig.

Als Dad und ich uns am Mittwoch wieder an die Arbeit machten, folgte Seamus aufs Wort. Kein hartes Maul. Kein Herumkaspern. Wir beendeten das Training so wie immer – mit einem Erfolg.

„Junge, Junge", sagte mein Vater. „Keine Ahnung, wie du das angestellt hast, aber … man könnte meinen, er sei über Nacht ein anderer Hund geworden."

„Schätze, er hat die Kurve gekriegt, Dad."

War Seamus, der Labrador, so etwas wie die Eliza Doolittle unter den Hunden? Und falls ja, war ich dann Henry Higgins … oder war mein Vater der Professor und ich sein Freund Oberst Pickering?

„Vielleicht bist ja auch *du* diejenige, die die Kurve gekriegt hat. Schließlich geht es in erster Linie darum, dem Besitzer etwas beizubringen, schon vergessen?"

Zumindest *eine* Kurve hatte ich tatsächlich gekriegt: Seit mir meine Therapeutin die „Erlaubnis" erteilt hatte, meinen Vater seine Trauer durchleben zu lassen und auch meine eigene zuzulassen, fühlte ich mich leichter. Ich konnte wieder an andere Dinge denken, beispielsweise dass ich gern die Fenster umdekorieren würde und dass die Küchenschränke mal wieder eine gründliche Oberflächenbehandlung brauchen konnten. Ich hatte angefangen, mit meiner Mutter zu reden, als würden wir ein Telefonat führen, bei dem nur ich redete. Ich erzählte ihr, was Dad und ich für Pläne schmiedeten und welche Faxen Seamus trieb.

Mein Vater setzte sich und streifte erst seine Stiefel, dann seine Socken ab. Er zog ein frisches weißes Paar an, dann seine sauberen Schuhe, in deren stollenbesetztem Profil weder Teichschlamm noch Matsch oder Hundekacke klebten. Ein paar Vereinsmitglieder kamen vorbei und fragten, wie es ihm gehe. „Oh, gut, ziemlich gut sogar."

Sie bekundeten ihr Beileid wegen Mom und er bedankte sich. Er war freundlich, riss keine Witze, erklärte niemandem, dass er sich sein Mitleid sonst wohin stecken könne.

„Der Kerl da", sagte er, während er seine Stiefel in einer Munitionskiste verstaute, „hat gerade seine Frau verloren. Krebs."

Früher hatte ich nie gewusst, wie ich auf solche Geschichten reagieren sollte, aber das war gewesen, ehe meine Mutter gestorben war. „Muss hart für ihn sein", sagte ich.

„Und siehst du den Kerl da, der gerade in den großen roten Pick-up steigt?"

Ich blickte hinüber zu dem zum Parkplatz umfunktionierten Feld. Es war leer bis auf einen einzelnen roten Truck, der im Leerlauf vor sich hin tuckerte. Auf dem Fahrersitz saß ein hochgewachsener Mann mit weißem Bart und beschäftigte sich mit seinem Handy. „Er musste seine Frau gerade in einem Pflegeheim unterbringen." Mein Vater schüttelte den Kopf und zuckte in Tjada-kann-man-halt-nichts-machen-Manier mit den Achseln.

„Zumindest … hat Mom nicht … du weißt schon. Zumindest musste sie – mussten *wir* all das nicht mit ihr durchmachen." Ich redete, ohne eine Ahnung zu haben, wie mein Vater darauf reagieren würde, aber ich spürte, dass ich es sagen musste. Dass ich ansprechen musste, dass Mom es nicht hinausgezögert hatte. Dass sie nicht im Hospiz gelandet war. Dass sie uns all das erspart hatte.

„Weißt du", meinte er, „ich sage das ja nur ungern …"

Oh nein. Hatte ich etwas über Mom gesagt, das ich besser unausgesprochen gelassen hätte? Hatte ich eine Grenze überschritten? Hatte ich ihm die gute Laune verdorben?

„Na los, Dad, nun sag schon." Ich hielt die Luft an und wartete ab, was er mir mitzuteilen hatte. Hoffentlich nichts, was zu langfristigen Selbstvorwürfen meinerseits führen würde. Er kletterte in seinen Truck, holte seine Schlüssel hervor und startete den Motor.

„Hm … also, weißt du, ich glaub, dein Hund hätte den Wettbewerb gewinnen können."

15

Der heilige Rochus

D ad sah mich durch das Tor zum Hundeverein fahren und zog ohne ein Hallo davon, entweder weil er unbedingt mit dem Training loslegen wollte oder weil ihn meine Verspätung ärgerte, die darauf zurückzuführen war, dass Seamus wieder einmal seine Treppenhemmung erlitten hatte. Hin und wieder vergaß er nämlich, wie man Treppen bezwingt. Dann erstarrte er mitten auf dem Treppenabsatz und war weder nach oben noch nach unten zu bewegen. Am Ende half es nur, ihn anzuleinen und mitzuzerren.

Mein Vater parkte seinen Truck am Rand des Kieswegs, der durch die um diese Jahreszeit nur so wuchernden Pflanzen ganz schmal geworden war, stieg aus und kam an mein heruntergelassenes Fenster.

„Ich möchte dir etwas zeigen", sagte er.

Wir liefen zu einer Lichtung voller Gerber-Sumach-Sträucher, deren Früchte gerade dabei waren, sich flammend rot zu verfärben. In der Luft lag dieser trockene, würzige Geruch, den ich so liebe. Das Gras war ein wenig trocken. Es war die Zeit zwischen Sommer und Herbst, in der man heute einen dicken Pulli, morgen ein kurzärmliges T-Shirt trägt. Heute hatten wir Pulliwetter.

Auf dem Feld neben dem morastigen See trainierten ein Hund und sein Herrchen. Sie führten eine präzise Übung durch – Hund und Mensch wie eine Einheit, wie ein Olympia-Eiskunstlaufpaar. Die Hand wanderte nach oben, der Hund hielt an. Die Hand wies nach links, der Hund lief nach links. Die Hand wies nach rechts, der Hund lief nach rechts. „Man nennt das Quersuche", sagte mein Dad. Beim nächsten Durchlauf blieb der Hund wie angewurzelt stehen. Ich wusste, was diese Haltung bedeutete, zumindest in Seamussprache: *Stinktier!*

Er war nicht ein-, nicht zwei-, sondern gleich dreimal besprüht worden. Bei der ersten Begegnung bekam er die Ladung mitten ins Gesicht und drehte vollkommen durch. Wie ein Wilder rannte er herum und rieb sich an den Verandafliesen. Ich war ernsthaft der Überzeugung gewesen, danach hätte er begriffen, dass Schwarz-Weiß mit buschigem Schwanz bedeutete: *Lauf, so schnell du kannst!* Tja, was bin ich naiv.

Als er das zweite Mal auf Signor Stinktier traf, floh er ins Haus, ehe wir kapierten, was geschehen war. Großer Fehler! Der Gestank Marke Schwefel plus verbrannter Kaffee plus brennendes Gummi plus verfaulte Eier setzte sich in den Wänden, im Holzboden, in Töpfen und Pfannen fest. Zeitweise befürchtete ich, uns bleibe nichts anderes übrig, als einen Tatortreiniger zu engagieren. An feuchten Tagen kann ich das Stinktier immer noch riechen.

Das dritte Mal erwischte es Seamus einen Monat später gegen halb elf Uhr abends bei seiner letzten Pipirunde vor dem Zubettgehen. Zum Glück war es draußen warm und ich konnte ihm auf der Veranda mit einem Sud aus Spülmittel, Backnatron und Wasserstoffperoxid zu Leibe rücken. Möglicherweise wartete ich mit dem Ausspülen des Gebräus ein wenig zu lange, denn im Licht des nächsten Tages musste ich feststellen, dass mein schwarzer Labrador nun ein Labrador mit billigen Strähnchen war.

Doch hier im Feld bedeutete die aufgestellte Rute *Fasan!* Der Fasan flog flügelschlagend davon. Ein zweiter Mann mit einem Gewehr stand ein, zwei Meter vom Trainer entfernt. Der Schütze zielte und *Peng! Peng!* überschlug sich der Vogel mitten im Flug und fiel. Der Hund machte Sitz und wartete auf die Aufforderung zum Apportieren. Der Ausbilder wies mit ausgestrecktem Arm und langer Hand auf den Hund und wenige Sekunden später kam der Labrador zurückgetrottet, den Vogel im Maul, setzte sich bei Fuß und legte den Vogel ab. Kein Herumtrödeln, kein Amoklaufen.

„Siehst du, was für eine Schuss- und Standruhe der Hund hat?"

„Schusswas?", fragte ich.

„Schuss- und Standruhe. Das bedeutet, wenn der Vogel aufgeflogen ist, muss der Hund reglos abwarten, bis ihn sein Trainer zum Apportieren auffordert."

Glaubte mein Vater allen Ernstes, dass Seamus und ich jemals ein solches Niveau erreichen würden?

„Hast du aufgepasst? So macht man das! Komm, wir müssen arbeiten."

Das Wort „unzureichend" drückt nur unzureichend aus, wie ich mich fühlte. Dieser Hund da war eindeutig vom Tag seiner Geburt an trainiert worden! Sein Gehirn war programmiert auf: *„Mensch macht Zeichen, Gewehr macht Peng, ich mache Sitz."* Seamus' Gehirn dagegen spuckte aus: *Frau macht Geräusch, jetzt hä?* Wir versuchten, dem Hund alte Verhaltensmuster ab- und neue Verhaltensmuster und Assoziationen anzugewöhnen – ganz ähnlich wie mein Dad und ich uns in der Welt ohne meine Mom neu zurechtfinden mussten.

Auf Dads Beifahrersitz lag eine Plastiktüte. „Was ist da drin?", fragte ich.

„Eine tiefgekühlte Ente."

Wer fährt mit einer ungerupften, tiefgefrorenen Stockente auf dem Beifahrersitz seines Pick-ups durch die Gegend? Nun ja, derselbe Typ Mensch, der stets auch eine Schrotflinte, Seile, eine Flasche Bleichmittel, Handschuhe, Abdeckplanen, Gummistiefel, Panzertape und Munition dabeihat. Ich rede übrigens nicht von einem Serienmörder. Ich rede von meinem Vater.

Zum Aufwärmen ließen wir den Hund ein paarmal den vertrauten Dummy apportieren. Seamus wartete bei Fuß. Ich schickte ihn los. Er schwamm drauflos, holte das Ding, ich blies in die Pfeife, er kam zurück und lief dabei nur minimal im Zickzack. Wenn das durchtrainierte Paar vom Nachbarfeld eine perfekte Zehn war, hatten Seamus und ich meiner Einschätzung nach immerhin eine solide Fünf verdient.

„Gut, jetzt lass uns das Ganze ein bisschen abwandeln. Mal abwarten, was passiert ..." Dad schnappte sich die gefrorene Ente und lief auf die andere Teichseite.

„Halt den Hund bei Fuß und gib mir ein Zeichen, wenn du so weit bist!", rief er.

Ein Zeichen? Gab es da irgendeinen Standard? Daumen hoch? Winken? Dad interpretierte mein Ich-angle-mir-ein-Taxi-in-Manhattan-Armgewedel als „bereit" und schleuderte die Ente in die Luft, wobei er ihren Kopf als Griff verwendete. Seamus und ich sahen zu, wie der Vogel einen Bogen durch die Luft beschrieb und dann mit einem lauten Platscher in den Teich plumpste. Ich zählte bis zwanzig, dann schickte ich Seamus los. Er schwamm in direkter Linie auf den Enteneisberg zu, doch kaum hatte er den Vogel im Maul, da spuckte er ihn auch schon wieder aus. Er versuchte es erneut, doch kaum registrierte er das Aroma von Schwimmfuß in seinem Maul, machte er den nächsten angeekelten Rückzieher.

Unglaublich! Er legte mir verrottende Fischkadaver vor die Füße und labte sich an Wildkatzenkacke, aber das hier war eine Zumutung für seinen Feinschmeckergaumen?

„Ruf ihn zurück!", brüllte mein Vater.

Ich pfiff den „Komm zurück"-Befehl auf der Pfeife, aber das Ding-das-kein-Dummy-ist irritierte Seamus und er umkreiste es ratlos wieder und wieder.

„Ruf ihn!"

Ich rief ihn, er kreiste weiter.

„Ruf ihn noch mal!"

Ich rief ihn, diesmal mit noch mehr Nachdruck. Er zog weiter seine Kreise, ebenfalls mit noch mehr Nachdruck. Mein Vater stand mit verschränkten Armen am gegenüberliegenden Teichufer, schüttelte angewidert den Kopf und machte sich auf den Rückweg zu meiner Teichseite. Ich war schon *so* nahe dran, mir die Watstiefel überzustreifen und den Hund am Schlafittchen aus dem Wasser zu zerren, wollte es aber noch ein letztes Mal mit der Pfeife versuchen. Seamus kehrte tatsächlich um und paddelte zum Ufer, allerdings ohne die Ente. Mein Vater stemmte die Arme in die Seiten und musterte den triefenden Seamus von oben herab.

„Eins muss man dir lassen, Hund, hartnäckig bist du."

„Jupp, seine Hartnäckigkeit hätte ihn schon mal fast umgebracht", grollte ich.

Seamus war vielleicht zwei Jahre alt gewesen, als ich beschlossen hatte, mit ihm gegenüber meiner ehemaligen katholischen Mädchenschule am Strand Gassi zu gehen. Zu meiner Highschoolzeit war es uns verboten gewesen, den Uferbereich des Michigansees zu betreten. Jetzt war ich über fünfzig und das Gebäude stand zwar noch, aber die Highschool gab es nicht mehr, und trotzdem hatte ich das Gefühl, dass irgendwo hinter mir Schwester Lucretia mit ihrem Klemmbrett und ihrem Block mit Verweisformularen lauerte.

Seamus und ich waren schon ein paarmal dort gewesen und es war eine Freude, ihm beim Toben in den Wellen zuzusehen. An diesem Tag beschloss ich, eine knallrote, hundefreundliche

Frisbeescheibe mitzunehmen, damit wir Werfen und Fangen spielen konnten. Ich warf die Scheibe, Seamus hechtete ihr hinterher ins Wasser, fing sie mitten in der Luft ab und brachte sie mir zurück, damit ich sie noch einmal warf, wieder und wieder.

Bis ich zu kräftig warf und die Scheibe zu weit flog. Ehe Seamus sie schnappen konnte, war sie schon versunken. *Game over*. Ich rief ihn mit einem fröhlichen Klatschen zu mir zurück, aber er folgte nicht. Unermüdlich schwamm er herum und suchte die Scheibe. Ich rief: „Seamus! Komm jetzt, wir gehen!", aber er hörte nicht. Wollte nicht. Konnte nicht. Dann, endlich, durchbrach er sein Verhaltensmuster und ich dachte schon, er würde zu mir zurückschwimmen. Doch nein, er hatte nahe der Mole etwas entdeckt … waren das Enten?

Ich rief immer wieder seinen Namen, aber er schwamm weiter hinaus, weiter und immer weiter. Ich probierte es mit „Seamus, Futterzeit!", was ihn sonst immer und unter allen Umständen dazu bewegte, zur Hintertür zu flitzen – außer diesmal. Ich versuchte ein anderes bewährtes Mittel – „Auto fahren!" – und untermalte mein Gebrüll mit Herumgehopse und Jackenschwenken. Ein Jogger blieb stehen, um herauszufinden, warum da so eine jackenfuchtelnde, herumschreiende Verrückte durch die Gegend sprang.

„Was ist los?", fragte er und kniff missbilligend die Augen zusammen.

„Mein Hund!", sagte ich.

„So weit draußen?"

„Ja!"

„Oh, oh."

Und damit lief er weiter.

Wenn ich meinen Arm ausstreckte und einen Daumen hochhielt, wie ich es im Anfängerkurs *Perspektivfindung für Zeichner* getan hatte, war Seamus' Kopf nur noch so groß wie meine Fingerkuppe. Wie weit draußen war die Mole? Hundert Meter? Eine

Meile? Wie konnte es sein, dass ich, die ich ein Leben lang in Milwaukee gewohnt hatte, so etwas nicht wusste?

Und da stand ich nun am Ufer, allein und ratlos, und sagte mir: *Keine Panik. Er ist ein Labrador. Die sind darauf gezüchtet, durch die kalten Gewässer Kanadas zu schwimmen, um Fischernetze einzuholen und wenn nötig sogar ausgewachsene Fischer.* Es war Mitte März, und auch wenn das an vielen Orten auf der Landkarte das Ende des Winters bedeutet, hält Wisconsin von solchen Vorgaben nicht viel. Der Tag hatte leicht bewölkt und eher warm begonnen, erinnerte inzwischen aber an eine Szene aus einem Roman der Geschwister Brontë.

An welchem Punkt sollte ich aufgeben? Wenn ich seinen winzigen Labradorkopf nicht mehr sehen konnte? Würde er vielleicht einer von diesen Hunden werden, die es in die Zeitung schafften, weil man sie meilenweit entfernt von dem Ort aufgegriffen hatte, an dem sie davongelaufen waren?

Ich hatte ein Handy, aber wen sollte ich anrufen? Die Polizei? Die Küstenwache? Die Feuerwehr? Also tat ich das Einzige, was mir in meiner Lage übrig blieb: Ich betete.

In meiner Kindheit und Jugend waren Gebete genauso wie unser Telefon nur für Notfälle reserviert. Ich wuchs in den 1960ern auf, die Kubakrise war hautnah. Außerdem in einem katholischen Haushalt und als Polizistentochter und wir besaßen einen sogenannten „beschränkten Anschluss", was bedeutete, dass wir pro Tag nur einen Anruf tätigen konnten. Freunde anzurufen war völlig undenkbar. Eingehende Anrufe von anderen Personen als meinem Vater mussten kurzgefasst werden, da … wie drückte meine Mutter es noch mal aus? „Wenn euer Vater versucht, uns anzurufen, und es ist besetzt und dann wird er erschossen, dann werdet ihr für immer damit leben müssen."

Ich überlegte, dass es nichts bringen würde, meine Gebete an die christliche A-Prominenz – Gott, Jesus, Maria, Johannes

Paul II. – zu richten, weil sie so viel zu tun hatten, dass ich nur ihre (und meine) Zeit verschwendete.

Ich stand im Sand, breitete meine Arme weit aus, legte den Kopf in den Nacken und sendete mein Gebet hinaus zum heiligen Rochus von Montpellier, Schutzheiliger der Haustiere. „Rochus! Komm schon! Dann hast du auch was gut bei mir!" In genau diesem Augenblick flogen die Enten in Richtung Ufer und ich konnte mit zusammengekniffenen Augen etwas ausmachen, das ich für meinen Hund hielt, der in westliche Richtung umkehrte.

Seamus trottete aus dem See. Er war ein bisschen kurzatmig, wirkte ansonsten aber nicht weiter mitgenommen. Er war fast eine halbe Stunde lang im kalten Wasser gewesen. Aber nachdem er sich geschüttelt hatte, bellte er mich auffordernd an.

„Soll das ein Witz sein?"

Er bellte noch mal.

„Oh nein, Freundchen, ich finde, es reicht für heute."

Ich leinte ihn an, rubbelte ihn mit meiner Jacke trocken und lud ihn ins Auto. Und mit dem erbaulichen Aroma von nassem Labrador in der Nase stellte ich auf Rochus' Geheiß einen Scheck an den Tierschutzbund aus.

16

Football – Favre – Fan

Es war September und das bedeutete Feldprüfungen. Mein Vater ist ein hervorragender Schütze und während der Feldprüfungen war sein Einsatz bei der Fasanenjagd gefragt. Im Hundeverein war viel los und unsere Lieblingsfelder waren häufig von anderen Labradoren oder Spaniels besetzt. Wenn auf einem Feld gearbeitet wurde, musste man laut Protokoll warten, bis das Training beendet war, ehe man seinen eigenen Hund von der Leine lassen durfte.

Deswegen mussten Dad und ich bei unserem nächsten Trainingstermin erst einmal abwarten, bis unser Vorgänger und sein Hund, ebenfalls ein Labrador, das Feld freigaben. Ich saß auf meinem Eimer und sah zu, wie der Typ mit der Pfeife Kommandos gab. Irgendwann lief der Hund von der Hügelkuppe herunter und bis in den Teich, um eine tote Ente zu apportieren. Als er schon auf halber Strecke zurück zum Ufer war, blies der Mann einmal in die Pfeife und der Hund – die Ente bereits im Maul – hörte mitten in der Bewegung auf zu schwimmen. Ich hatte ja keine Ahnung gehabt, dass Labradore Wasser treten können!

„Ich hoffe, du erwartest nicht, dass ich … dass Seamus …"

Mein Vater lachte, und zwar schallend.

Herbst bedeutete außerdem Football. Es war die erste Footballsaison, die meine Mutter nicht mitverfolgte und nicht mit ihren eigenwilligen Kommentaren untermalte. Ich weiß nicht, wann, warum und wie meine Mutter zum Footballfan wurde. Groß geworden ist sie in einem überzeugten Baseballhaushalt. Als ihr Vater im Alter von neunzig Jahren starb, bestattete man ihn in seiner ausgeblichenen Milwaukee-Braves-Jacke samt passendem Cap mit einem von seinem Lieblingsspieler Warren Spahn signierten Baseball statt dem üblichen Rosenkranz in Händen.

Moms Bekehrung zum Football muss stattgefunden haben, nachdem sie meinen Vater geheiratet hatte. Damals begann auch ihre jährliche Pilgerreise mit der Bahn oder dem Familienkombi von Milwaukee nach South Bend, Indiana, um „ihre" Mannschaft zu sehen – die Collegemannschaft der University of Notre Dame. Weshalb Notre Dame? Sie waren keine Absolventen – sie waren ja nicht mal aufs College gegangen! Schätze, das muss so ein Katholikending gewesen sein. Oder ein Politikding? 1972, ich war noch auf der Highschool und überlegte, ob ich danach aufs College gehen soll, fragte ich meinen Dad, warum er kein Fan der Wisconsin Badgers sei. Ich meine, hallo? Heimmannschaft? „Zu viele Kommunisten", lautete seine Antwort.

Ich besuchte die Notre-Dame-Spiele via Super-8-Film. Stumme Szenen meiner Mom, wie sie über den Parkplatz auf das Stadion zulief, in einem taillierten Tweedkostüm mit einer gelben Chrysantheme von der Größe eines Zwergplaneten am Revers. Dann ein Schnitt ins Stadioninnere und eine lange Einstellung auf die Marschkapelle mit einem Tambourmajor, der die Beine in die Luft warf, und einem langsamen Schwenk über ein Passspiel, das damals in mir den Gedanken weckte: *Wenn ich nur ein Junge geworden wäre, dann könnte ich auf die Notre Dame gehen und Football spielen, würde von den Packers verpflichtet und hät-*

te damit meinem Vater eine Dauerkarte auf Lebenszeit und mir
selbst den Status des Lieblingskindes auf Lebenszeit gesichert.

Abgesehen von meinem Loyalitätskonflikt zwischen Notre Dame und den Badgers (meine Kinder wurden zu kommunistisch-sozialistischen Liberalen erzogen) bin ich – sind *wir* – Green-Bay-Packers-Fans. Wir sind Gold-Grün durch dick (die ruhmreichen Bart-Starr-Jahre) und dünn (die 70er und 80er, in denen Titletown nie den Titel gewann) treu geblieben. Aber dennoch startete meine Mutter Jahr für Jahr mit der Hoffnung in die Saison, dass die Vince-Lombardi-Trophäe dorthin zurückkehren würde, wohin sie gehörte, anstatt an fremde Orte entführt zu werden, von fremden Mannschaften wie den gefürchteten Dallas Cowboys, die aus der Stadt stammten, die laut meiner Mutter „unseren katholischen Präsidenten ermordet hat".

In den 90ern gelang dem sinkenden Packers-Schiff eine Kurskorrektur – dank eines neuen Trainers (Mike Holmgren) und eines neuen Managers (Ron Wolf). Auftritt Mr Brett Lorenzo Favre. Meine Mutter mochte Brett Favre nicht einfach – sie *liebte* ihn. So wie meine Tochter es während ihrer Pubertät mit ihrem jeweiligen aktuellen Schwarm tat, ließ Mom den Namen Brett Favre in jede Unterhaltung einfließen, ob es nun um Kochen ging – „Ich habe gehört, Brett isst gern Auflauf!" –, um Klatsch im Kirchenchor – „Wusstest du eigentlich, dass Brett Katholik ist?" – oder um Politik – „Findest du nicht auch, dass Brett einen wunderbaren Präsidenten abgeben würde?"

Sie schwärmte nicht für Filmstars. Oh, sie hatte ihre Lieblinge – John Wayne, Tom Hanks –, aber sie blieben immer dort, wo sie hingehörten: auf dem Regal bei den anderen VHS-Videos. Für Bart oder Lynn Dickey oder Don „Majik Man" Majkowski hatte sie nie so geschwärmt. Aber Brett? Das war etwas anderes. Und was war sein Geheimnis? Seine legendäre Bescheidenheit? Seine tapsige Unbeholfenheit? „Ich finde ihn einfach … ich weiß auch nicht … klasse!" Sie kaufte sogar ein Favre-Trikot für Seamus – und wir sind wahrlich nicht die Art Familie, in der Hunde eingekleidet werden.

Nach jedem Packers-Spiel klingelte mein Telefon. Es war meine Mutter, die mit mir ihre Tiefenanalyse des Spiels diskutieren wollte: „Ich liebe es einfach, wenn er seinen Helm abnimmt!", oder: „Hast du gesehen, wie er diesen Pass geworfen hat, während er sich nach hinten hat fallen lassen?"

In ihren Augen war er einfach unfehlbar. Selbst wenn er schlechte Pässe warf, die uns das Spiel oder die Meisterschaft oder eine Chance kosteten, eilte sie zu seiner Verteidigung: „Oh … das ist nur passiert, weil er sich so wahnsinnig bemüht hat." Sechzehn Jahre lang verpasste sie keins ihrer wöchentlichen Stelldicheins mit Brett.

Aber nichts währt ewig.

Am 4. März 2008 wurde die *Oprah Winfrey Show* für eine Eilmeldung unterbrochen. Nach über 250 aufeinanderfolgenden Spielen, in denen sich Brett auf Männer vom Format einer Lokomotive geworfen hatte oder selbst von ihnen über den Haufen gerannt worden war, gab er bekannt, dass er genug hatte. Mein Telefon klingelte. Es war Mom.

„Siehst du das auch? Oh, ich … ich … ach, Brett!"

Ich hoffte sehr, dass sie nur so tat, als würde sie weinen.

Während der gesamten darauffolgenden Chaosphase aus Ich-ziehe-mich-zurück/nicht-zurück/wechsle-die-Mannschaft-Meldungen war unsere Familie in zwei Lager gespalten: Acht von uns vertraten die Ansicht, er habe es nicht anders verdient und jetzt müsse man sich eben umorientieren, eine von uns jammerte: „Ja, warum wollen sie denn Brett nicht zurück, Herr im Himmel, er hat einen Super Bowl gewonnen!"

Dann waren da noch die düsteren Zeiten, in denen Brett an die New York Jets verschachert wurde. Mom durchlebte alle fünf Trauerstadien.

Leugnen: „Ich … oh, ich bin *sicher,* dass ihn jemand reingelegt hat!"

Zorn: „Wenn ich jemals diesem Manager Ted Thompson über den Weg laufe, scheuere ich ihm eine. Wirklich!"

Verhandeln: „Und wenn ich ihnen vielleicht einen Brief schreibe und vorschlage, dass sie Brett zum Auswechselspieler machen? Wäre das nicht eine gute Lösung?"

Depression: „Ich glaube nicht, dass ich ein Spiel schauen kann, bei dem er nicht wenigstens am Spielfeldrand zu sehen ist … Auf welchem Sender läuft das Jets-Spiel?"

Und dann, endlich, Akzeptanz: „Schätze, jetzt müssen wir eben mit diesem Aaron Sowieso leben."

Als Brett wegen der Sextinggeschichte in Schwierigkeiten geriet – ich war es übrigens nicht, die meiner Mom erklärte, was Sexting überhaupt ist, und danke auf Knien der Person, die es getan hat, wer auch immer sie sein mag –, fiel ihr eine einfache Lösung ein: „Ich weiß, was er sucht. Ich glaube, er sollte einmal mit seinem Priester reden." Gott hab sie selig.

Brett war weg.

Mom war weg.

Sie würde niemals wieder neben ihrem Favre-isierten Tischaltar sitzen, darauf ein gerahmtes, signiertes Foto im Format 20 × 25, ein Hochglanzband *(Favre),* eine Ausgabe der *Sports Illustrated* mit einem grinsenden Brett auf dem Titelblatt, eine Brett-Wackelpuppe und ein Stück vom Heiligen Gral: ein Stück Grassode aus dem Lambeau-Field-Stadion. Wann immer ich ein Spiel sehe, werde ich sie vermissen. Wenn sie es sich doch nur noch einmal überlegen und beschließen würde, lieber doch nicht tot zu sein – ich gäbe ihr auf der Stelle ihren Spind und ihre Spielerposition wieder, sogar mit Vertragsverlängerung. Aber niemand kann auf immer Football spielen.

17

Dosenhund

Die Landschaft im Hundeverein beruhigte sich vom grellen Sommergrün hin zu einer weichen, gedämpften Herbstfarbenpalette. Seamus arbeitete hart daran, den Dummy zu finden, den mein Vater in einer Staude aus hohen Gräsern versteckt hatte, die die Farbe angenommen hatten, die unter Kennern der Malerei den Namen „Siena" trägt. Wir übten Freiverlorensuche, bei der der Hund keine Ahnung hat, wo sich der Dummy befindet, und seinen Geruchssinn einsetzen muss, um ihn aufzuspüren. Erfahrene Trainer können ihre Hunde dazu bringen, ihnen den Rücken zuzukehren, solange der Dummy versteckt wird, sich dann wieder umzudrehen und auf Kommando loszusuchen. Ich war vollkommen unerfahren und Seamus reckte den Hals, um die Bewegungen meines Vaters zu verfolgen, was den Zweck der Übung zunichtemachte. „Betrüger!", sagte ich, als Seamus mit dem Dummy im Maul zurückkam.

Obwohl wir erst Anfang Oktober hatten, war bereits Schnee gefallen. Nicht viel, nur eine feine Puderzuckerschicht. Trotzdem war ich nicht darauf vorbereitet gewesen. Meine warmen Sachen lagen noch eingemottet in einer vakuumversiegelten Kleidertüte auf dem Dachboden. Meine Winterkleidung kam, genauso wie der Heizofen, planmäßig erst später zum Einsatz, später im Sinne von in der Halloweenzeit. Mein Vater stand neben mir und räusperte sich. Ich hoffte, dass er nicht krank werden würde. Überrascht hätte es mich allerdings nicht. Nicht nach dem Jahr, das er hinter sich hatte.

Wir waren auf dem Rückweg zum Truck und ließen Seamus herumrennen und Sachen beschnüffeln, da sagte mein Vater: „Ich musste zu Tante Florence fahren, sie wollte ihre … ähm … finalen Angelegenheiten regeln."

Wenn Dad mich nicht gerade mit hilfreichen Tipps für meinen Apportierhund in spe versorgte, war er damit beschäftigt, sich um die Alten und Gebrechlichen zu kümmern – seinen vierzehnjährigen Feldprüfungschampion Mugsy, der nichts mehr hörte und seine Hinterläufe nicht mehr unter Kontrolle hatte, und meine Großtante Florence, die ebenfalls nichts mehr hörte, halb blind war und, genauso wie der Hund, nicht mehr ohne Hilfe in den Truck meines Vaters springen konnte. Unter den dreien war Dad mit seinen vierundachtzig Jahren das Küken. Wenn meine Berechnungen nach Hundejahren zutreffen, war Mugsy um die einundneunzig und Florence schätzungsweise 714.

Sie war seit den 1980ern verwitwet und wohnte nun allein in ihrem Haus einen Block von meinem Elternhaus entfernt. Ihr Mann und sie waren kinderlos geblieben, und weil meine Mutter und mein Vater nicht von ihrem kriegsgenerationstypischen Pflichtbewusstsein lassen konnten, kümmerten sie sich um sie: Abendessen kochen, Einkäufe erledigen, Instandhaltungsarbeiten am Haus – alles Tätigkeiten, die immer schwieriger wurden, je mehr meine Tante alterte und meine Eltern mit ihr.

Tante Florence kam 1911 zur Welt. Sie hat nie die Highschool besucht und war das jüngste von zwölf Geschwistern. Jahrelang hatte sie in der Strumpfwarenabteilung eines großen Kaufhauses gearbeitet – damals, als die Angestellten noch keine

„Servicekräfte" waren und die Kunden keine „Klienten", als die Verkäuferinnen noch Schwarz mit einer einfachen Perlenkette trugen und einem die Strumpfschachteln hinter dem Tresen hervorholten. Sie schrubbte nach wie vor den Küchenboden auf Händen und ihren Originalknien, sorgte dafür, dass sich kein Staub auf ihrem Nippes ansammelte, und schaffte es irgendwie die steile, enge Kellertreppe hinunter, um ihre Wäsche mit einer alten Wringmaschine zu waschen: „Die funktioniert doch noch. Warum soll ich mir eine neue zulegen?" Allerdings kochte sie nicht mehr, sondern wärmte nur noch auf.

Mein Vater war ihr Essen auf Rädern, ihr Hausmeister, ihr Buchhalter und Schneeschipper. Aber er war nicht nur für *ihre* Auffahrt verantwortlich (obwohl meine Tante gar nicht Auto fuhr), sondern kümmerte sich auch um Auffahrt und Gehwegabschnitt ihrer Nachbarin, einer 96-jährigen Witwe, die ich nur unter dem Namen Zitterchen kannte. Dad half Zitterchen, weil ihr verstorbener Mann den Todesmarsch von Bataan überlebt hatte. „Das ist ja wohl das Mindeste, was ich tun kann", sagte er.

Aus irgendeinem Grund mochte meine Mutter Tante Florence nicht. Ich erinnere mich noch an eine ganze Reihe von Nachrichten auf dem Anrufbeantworter: „Florence treibt mich in den Wahnsinn! Ich schwöre, eines Tages bringe ich sie um!", direkt gefolgt von einer weiteren Nachricht: „Hallo, Mom hier. Vergiss meine letzte Nachricht. Natürlich will ich sie nicht *umbringen*. Das wäre schließlich ganz schön hässlich von mir. Oder?"

Florence war der Grund für viele von Moms Anrufen.

„Ständig will sie irgendetwas, wirklich *ständig!*"

„Jetzt sei doch nicht so streng mit ihr, Mom. Sie ist über hundert Jahre alt!"

„Gestern hat sie um neun angerufen und gesagt, sie hätte Geräusche im Garten gehört, also musste dein Vater alles stehen und liegen lassen und zu ihr rüber …"

„Moment mal … kann es sein, dass du eifersüchtig bist, Mom?"

„W…was? Wie meinst du das, eifersüchtig?"

„Auf Florence! Sie ruft an und Dad springt. Denk doch mal nach! Wenn er *ihr* seine Aufmerksamkeit schenkt … na ja, hast du weniger davon."

„Oh … ach so … nein! Also, glaube ich jedenfalls nicht … oder … vielleicht doch?" Sie verstummte. „Ich sag dir mal was … sie wird mich überleben! Warts nur ab!" Ich hätte aus tiefster Überzeugung dagegen gewettet. Und hätte damit fatal danebengelegen.

Linda und ich spekulierten immer darüber, warum Florence unsere Mutter so zur Weißglut trieb. Hatte es vielleicht einen geheimen Bruch in der Familie gegeben, wegen Geld oder einem gestohlenen Erbstück? Oder vielleicht eine vor sich hin schwärende Kränkung? Aber meine Mutter war eigentlich nicht der Typ Frau, der lange Groll hegte.

Sie hielt sich an das Motto „leben und leben lassen". Sie war es, die den ersten Schritt tat, als es darum ging, Rose in die Familie aufzunehmen, die zweite Frau ihres Vaters, die er in der Schlange in der Metzgerei kennengelernt hatte, nur drei Monate nachdem meine Großmutter an Gebärmutterhalskrebs gestorben war.

In den Tagen nach dem Tod meiner Mutter brachte ich Florence ihre kleinen Mahlzeiten und setzte mich zu ihr, solange sie aß, weil mein Vater sich nicht dazu in der Lage fühlte. Ich klopfte einmal an ihre Hintertür, dann noch einmal, dann klingelte ich mehrmals und schließlich öffnete Florence. „Aber du hättest dir doch nicht solche Umstände zu machen brauchen!" Hätte ich ihr die Wahrheit sagen sollen? Dass die „Umstände" darin bestanden hatten, dem Fertiggerichtbüfett im Supermarkt einen Besuch abzustatten, irgendwas in einen Behälter zu stopfen und den Inhalt später auf einen meiner Teller umzufüllen und mit Frischhaltefolie zu überziehen, damit es so aussah, als hätte ich mir „solche Umstände" gemacht?

Sie trug eine Baskenmütze mit Leopardenprint und eine passende Leopardenprintstrickjacke über einem roten Rundhalspulli. Graue Hosen. Ohrringe. Ein Armband. Ich hasste sie dafür, dass sie mit 101 besser aussah als meine Mutter mit 83. Und als sie sich über ihr vertracktes System aus Nahrungsergänzungsmitteln und Medikamenten beschwerte – „Ich muss sechzehn Tabletten am Tag nehmen!" – und dass sie es nicht mehr schaffe, sich so wie früher selbst um all ihre Angelegenheiten zu kümmern – „Ach, ich wünschte, ich wäre wieder dreiundneunzig!" –, wollte ich sie anschreien: „Aber du bist hier! Du lebst! In deinem eigenen Haus! Du bist über hundert Jahre alt!"

„Ach, wenn der Herr mich doch nur zu sich holen würde. Warum bin ich bloß noch hier?", fragte sie und schob die Reste eines gestürzten Ananaskuchens zusammen, den ich – das hatte ich sie zumindest glauben lassen – selbst gebacken hatte. Ich seufzte und zuckte die Achseln. „Mir ist das auch ein Rätsel", murmelte ich.

Zurück im Hundeverein trottete Seamus zu meinem Vater und mir. Er sah gut aus. Sein Fell glänzte in der Sonne. Ich belohnte ihn mit einem Braver-Hund-Kraulen hinter den Ohren.

„Was meinst du mit Florences finalen Angelegenheiten?"

„Na, du weißt schon, ihre finalen *Angelegenheiten* eben. Sie will keine kirchliche Trauerfeier und keinen Sarg, sondern eingeäschert werden." Er rümpfte die Nase.

„Was machst du da mit deinem Gesicht?"

„Ich hab es nicht so mit diesen Einäscherungsgeschichten."

Moment mal, ist das nicht der Typ, der immer davon geredet hatte, dass wir seine Asche in Patronenhülsen füllen lassen sollen?

„Na ja, Dad, aber es geht doch darum, was *sie* will."

Ich setzte mich auf meinen Eimer und Seamus ließ sich neben meinem Vater ins Gras plumpsen. Ich stellte mich ein auf eine Runde Dad-lässt-Dampf-über-Florence-ab.

„Florence geht mir in letzter Zeit mächtig auf den Wecker. Die ganze Zeit jammert sie herum. ‚Ich kann nichts mehr sehen, ich kann nichts mehr hören, ich bin so schwach geworden, warum nur holt mich der Herr nicht zu sich?‘"

„Jetzt mal im Ernst, Dad, warum tut er es nicht?"

Mein Vater schüttelte den Kopf und seufzte tief. „Gestern hat sie mich angerufen und mir mitgeteilt, dass sie sich umbringen wird."

„Und wie? Mit Tabletten?" Sonderlich überrascht hätte mich das nicht, so viele, wie sie nahm – für ihr Herz, ihren Blutdruck, ihre Wasserablagerungen, dazu ihre Vitamine, Mineralstoffe, Schlaftabletten ...

„Nein, sie hat da diese Pistole, also ... also sage ich zu ihr: ‚Mach keine Dummheiten und hör auf, so einen Unsinn zu reden', und dann bin ich rüber zu ihr und dann ist es schon mal so, dass diese Pistole ganz alt und verrostet ist ...‘"

„Wo hat sie die überhaupt her?"

„Sie behauptet, sie hätte sie schon seit dem Krieg."

„Welchem? Dem Spanisch-Amerikanischen 1898?", fragte ich.

„Und dann konnte sie das Ding kaum hochheben, geschweige denn sich damit erschießen, also habe ich ihr die Pistole weggenommen. Weißt du, wenn sie einen von ihren schlechten Tagen hat und herumjammert, warum sie noch nicht tot ist, weiß ich einfach nie, was ich sagen soll." Er tätschelte Seamus' großen, klobigen Kopf.

„Ich habe versucht, sie zu betreutem Wohnen zu überreden, aber sie will nicht umziehen", fuhr er dann fort.

Was ich irgendwie verstehen konnte. Wie würde ich mich verhalten, wenn (falls) ich eines Tages mit Dad an diesen Punkt käme und wir *das Gespräch* führen mussten? Oder würde er pro-aktiver und pragmatischer vorgehen und sich mit Linda und mir zusammensetzen, um uns mitzuteilen, dass er das Haus verkaufen wird, um in eine Seniorenresidenz zu ziehen? Mir schauderte ein wenig. Nicht weil mir kalt war, sondern weil ich den Gedanken aus meinem Kopf schütteln wollte.

„Was, wenn sie irgendwann diese verdammte Treppe herun-terfällt?", grübelte ich.

„Na ja ... wenn sie in diesem Alter stürzt und stirbt ..." Er zuckte mit den Achseln.

„Dad ... hast du dich schon mal gefragt, ob sie vielleicht des-wegen noch am Leben ist, weil sie ... ein Vampir ist?"

Es fühlte sich gut an, ihn lachen zu hören. Ich rieb ihm den Rücken und drückte seine Schulter.

„Ähm ... und, Dad? Wie geht es dir so?"

„Wie meinst du das?"

„Na ja, du weißt schon ... wie es dir *geht*."

„Oh. Hm, na ja, tagsüber habe ich viel zu tun, aber abends sitzt beim Fernsehen niemand mehr neben mir auf dem Sofa, da ist keiner, mit dem ich reden kann, keiner, der mich ansieht ..."

Mir wollte einfach nicht in den Kopf, wie mein Vater es in einem Haus aushalten konnte, das durch die fehlende körperli-che Anwesenheit meiner Mutter so leer geworden war, ohne sich einen neuen Hund zu holen. Klar, da war Mugsy, aber der lebte draußen. Mark und ich hatten den Pakt geschlossen, niemals ein Dasein ohne Hund zu fristen. Deswegen hatten wir die Nachfol-geregelung ins Leben gerufen: Wenn der alte Hund seine letzte Autofahrt zum Tierarzt antrat, würden wir bei unserer Rück-kehr zu Hause mit Schwanzwedeln begrüßt werden.

„Klingt, als ob da jemand dringend einen Welpen braucht!"

„Nein. Wenn Mugsy stirbt, wars das. Keine neuen Hunde mehr."

Das konnte unmöglich sein Ernst sein. Keine neuen Hunde mehr? Vielleicht sah er das für den Moment so, aber nächstes Jahr würde er seine Meinung mit Sicherheit ändern. Mein Vater hatte *immer* einen Hund gehabt, solange ich denken konnte. Ihn ohne Hund zu erleben würde mir schwerer fallen, als mich daran zu gewöhnen, ihn ohne meine Mutter zu sehen.

„Wie willst du wissen ... ich meine, wenn Mugsys Zeit gekommen ist ... ach, du weißt schon ... willst du, dass er eine Kiste bekommt? Auf dem Bücherregal? Neben den Rosetten und Trophäen, die er gewonnen hat?"

„Nein."

„Wieso nicht?"

„Warum sollte ich?"

Ich hing an meiner Hundedosensammlung. Ich hatte eine Dose mit unserem ersten Hund Bob. Der Tierarzt hatte seine letzten Sekunden begleitet und ich war nie ganz sicher gewesen, ob es sich bei dem, was ich zurückbekam, auch wirklich um Bob handelte. Also hatte ich mir geschworen, die Dinge selbst in die Hand zu nehmen, wenn die Uhr unseres zweiten Hundes Harvey eines Tages ablaufen sollte.

Harvey, der Golden Retriever, den ich statt des Pools von einem Freund meines Neffen erstanden hatte. Harvey litt an Epilepsie, die wir aber durch Medikamente in den Griff bekommen hatten. Sein letzter Anfall musste Jahre her sein, da fand ich ihn, er war vielleicht acht, in der Küche. Er stand einfach da und presste seinen Kopf gegen die Wand und ich dachte: *Hm, das ist aber ein komischer Anfall.* Es war kein Anfall. Es war Leberkrebs.

Ein Leberlappen wurde entfernt, danach blieb Harvey ohne weitere Folgeerscheinungen krebsfrei, bis er elf war. Dann begann das Kartenhaus in sich zusammenzufallen. Grauer Star, eine zerkratzte Cornea, kongestive Herzinsuffizienz, Kehlkopfkollaps. Er konnte keine Treppen mehr gehen. Er musste so ein Schlingendings mit Griff tragen, das ihn in eine lebendige Handtasche verwandelte. Ich spielte mit dem Gedanken, ihn vielleicht ... wie soll ich sagen ... also, ich überlegte, ob es nicht vielleicht ... na ja ... an der Zeit war. Sogar für einen Nachfolgewelpen (Seamus) hatten wir schon gesorgt ... Ich muss zugeben, dass meine Vielleichts durchaus von einer gewissen Eigennützigkeit geprägt waren: nur ein Hund, weniger Häufchen, niedrige Tierarztrechnungen. Aber jedes Mal, wenn ich entsprechende Anspielungen machte und unseren Tierarzt Dr. Bob fragte: „Was meinen Sie ... also ... wäre es nicht vielleicht besser, wenn ... na ja, also, woran soll ich es ... Sie wissen schon ... merken, wenn es so weit ist?", antwortete er lapidar:

„Ach, die alten Knacker, die lassen Sie das schon wissen."

Aber tat Harvey das denn nicht schon längst?

Eines Tages, als Welpe Seamus im Garten herumtollte, entdeckte ich einen teilweise geronnenen Flatschen, den Harvey unter dem Ahorn hinterlassen hatte. Auch ohne Tierärztin zu sein, war mir klar, dass das kein gutes Zeichen war. Also brachte ich ihn in die Praxis und erledigte in dem Glauben, Harvey samt eines neuen Rezepts eine Stunde später wieder abholen zu können, ein paar Einkäufe. Aber als mich die Arzthelferin anrief und mich bat, kurz in der Leitung zu bleiben, während sie mich zum Tierarzt durchstellte, wusste ich eigentlich schon Bescheid. Dr. Bob teilte mir mit, dass der gute, alte Harv innere Blutungen habe, vermutlich entstanden durch Tumore in seiner Leber, der Milz und dem Magen. „Sie können ihn natürlich mit nach Hause nehmen und verbluten lassen, aber wenn er mein Hund wäre ..."

Ich bat den Tierarzt, auf mich zu warten, damit ich mich von meinem großen, alten Trottel verabschieden konnte. Harvey hoppelte erst zu mir, dann weiter zur Tür. Er wollte nach Hause, aber ich musste ihm sagen, dass er jetzt ein anderes Ziel hatte. Nicht unser Zuhause, sondern Zu-Hause-Zuhause. Ich blieb bei ihm und sagte ihm unter Tränen Auf Wiedersehen, bis sein großer Kopf leblos in meinen Schoß sank.

„Ich fahre ihn zum Krematorium", sagte ich. Sein toter Körper wurde in meinem Kofferraum auf eine Thermodecke gebettet, die zu einem Set gehörte, das ich bei einer Tombola mit Picknickmotto gewonnen hatte. Allerdings wird sie nun sicher nie bei einem Picknick zum Einsatz kommen – schließlich will doch kein Mensch Wein trinken und Käse und frisches Baguette knabbern, während er auf etwas sitzt, das wir „die Toter-Hund-Decke" nennen.

Das Tierkrematorium verbarg sich irgendwo am Ende einer Sackgasse. Die Straße war unbenannt, überwuchert, nicht asphaltiert. Ich fuhr auf zwei urige Gebäude zu – und das Wort „urig" verwende ich im gleichen Sinn wie ein Immobilienmakler, der „Liebhaberobjekt" oder „Handwerkertraum" ins Exposé schreibt. Alles hier war windschief und draußen an der Tür baumelte ein handbemaltes Schild mit der Aufschrift „Büro", das aussah, als wäre es einem Wildwestsaloon entwendet worden.

Eine Frau – unscheinbar und vom Typ „ältere Highschoolsekretärin" – sprach am Telefon. In einem Stuhl saß ein Mann, das schmuddelige Arbeitshemd aufgeknöpft, wodurch ein knochiges Schlüsselbein, verwaschene Tätowierungen und mehrere Narben zum Vorschein kamen. Neben diesem Typ hätte der schäbigste Platzanweiser auf dem Jahrmarkt wie ein Armani-Model gewirkt.

„Entschuldigen Sie", sagte ich, „aber ich ... äh, ich habe hier meinen Hund im Auto."

„Tot?", fragte er.

„Ja, tot."

Die Frau legte auf und bekundete mir ihr Beileid, holte einen Schreibblock heraus und nahm meine Daten auf. „Bei einer Einzelverbrennung berechnen wir den Preis pro Pfund. Gewicht?"

Harvey hatte in der vergangenen Woche zehn Pfund abgenommen. „Sechzig Pfund", sagte ich.

„Ennlich mal n Goldie, der nich fett is!", sagte der Mann, den ich hier Igor nennen möchte. „Gibt welche, die wiegen hunnert!" Was ihn, wie er mir im weiteren Verlauf unserer Unterhaltung bis ins kleinste Detail darlegte, bei seiner Arbeit vor gewaltige Herausforderungen stellte.

Hm ... gern geschehen?

Er streifte seine speckigen Arbeitshandschuhe über und stapfte geradewegs zur Tür. Ich folgte ihm.

„Wissen Sie, was?", fragte ich. „Ich will nicht zusehen müssen, wie Sie ihn aus dem Auto holen. Ich habe nicht abgeschlossen. Holen Sie ihn einfach und ich warte hier, bis Sie mir Bescheid geben, dass Sie ihn weggebracht haben." Ich konnte das Bild, das noch immer in meinem Kopf war, nicht ertragen: Harvey, der wie Kompost in eine Schubkarre plumpste.

Ich war wieder im Büro, um das Finanzielle zu regeln, als Igor den Kopf zur Tür hereinsteckte. „Ähm, wolln Sie eintlich die Decke wiederham? Weil, n paar von den'n ham Brandschutzmittel drauf un ich krieg den Ofen nich so heiß, dass ..."

Musste er unbedingt so ins Detail gehen? Ich war in Trauer, verflucht noch mal!

„Ja, ich will die Decke wieder mitnehmen."

Die Frau sagte, sie werde mich rufen, wenn die Asche bereit sei. Dann führte sie mich in einen Ausstellungssaal voller Gedenkplaketten, Grabsteine, Urnen und Minisärge und fragte, ob ich Interesse habe. Nein, hatte ich nicht. Ich wollte Harvey durchaus in einen angemessenen Behälter füllen, aber ich wusste noch nicht, welcher das sein sollte. Was immer es auch war: Hier befand es sich jedenfalls nicht. Igor kehrte zurück, um mir mitzuteilen, dass er fertig war. Ich kehrte zu meinem Auto zurück, verstaute die leere Decke, stieg vorn ein und schluchzte los. Als ich in meine Harvey-lose Küche zurückkehrte, wartete Welpe Seamus auf sein Futter.

Und jetzt wollte ich, dass mein Vater sich noch einen Hund holte, weil … weil er sich nun mal einen neuen Hund holen *musste,* auch für mich. Weil er mir damit sagen würde, dass das Leben so weiterging wie eh und je, nur eben minus meine Mutter. Und wenn er sich keinen Hund holte? Nein, das stand gar nicht zur Debatte. Denn dann hätte ich mich den Tatsachen stellen müssen. Dass er alt wurde. Und ich älter. Dass nichts bleibt, wie es ist.

18

Die alte
Wie-hieß-sie-noch-gleich

Der 18. Oktober war der Hochzeitstag meiner Eltern. Während ich aufstand, den Hund fütterte und ihm dann nach draußen folgte, um auf seinem Rundgang ums Haus den Haufen Wildkatzenkacke noch vor ihm zu erwischen, wusste ich, dass ein paar Meilen die Straße hinunter mein Vater zum ersten Mal seit zweiundsechzig Jahren an seinem Hochzeitstag allein aufwachte. Er musste diesen Tag ohne seine liebreizende Gattin, „die alte Wie-hieß-sie-noch-gleich", beginnen – das war sein Kosename für Mom, was meine Schwester immer auf die Palme gebracht hatte, als sie gerade in ihrer Gender-Studies-Phase steckte.

„Das klingt, als wäre sie ein namenloses Irgendwas!"

Einerseits wollte ich ihn anrufen, dann aber auch wieder nicht. Was sollte ich sagen? Einen schönen Hochzeitstag konnte ich ihm ja wohl kaum wünschen. Am Ende löste sich das Problem von selbst – er rief mich an.

„Heute wären es dreiundsechzig Jahre gewesen." Er seufzte.

„Ach, Dad. Ich weiß. Ich weiß doch", sagte ich, gefolgt von einer Pause. Dann fragte ich: „Dad? Warum hast du Mom eigentlich immer ‚die alte Wie-hieß-sie-noch-gleich' genannt?"

Ich hörte ihn leise auflachen. „Ach so, das. Na ja, weißt du, es gab da diesen Typen im Radio, so eine Art Comedian, und der erzählte immer von seiner Frau und nannte sie dabei ‚die alte Wie-hieß-sie-noch-gleich‘ und ich fand das eben irgendwie witzig."

„Hatte Mom nichts dagegen? Ich meine, nett ist das ja nicht gerade ..."

„Quatsch. Und wenn, dann hat sie nie was gesagt."

Ich dachte, vielleicht täte es ihm gut, ein wenig in Erinnerungen zu schwelgen. Also fragte ich ihn, obwohl ich die Geschichte in- und auswendig kannte: „Wie habt ihr euch eigentlich kennengelernt, Mom und du?"

„Ähm ... das war in einem Park ... beim Eislaufen", sagte er. „Da war ich vielleicht zwölf und meine Cousins Richie und Lefty haben eine Runde Mädchenfangen gespielt und ich hab mir deine Mutter geschnappt, weil sie klein war, und habe ihr einen Fäustling geklaut."

„Dann kennst du ... kanntest du sie also, seit du zwölf warst?"

Ihre Romanze hatte angefangen, wie alle guten Romanzen anfangen: mit Ablehnung und Getrieze. Meine Mutter teilte meinem Dad mit, er sei eine Nervensäge. Mein Dad ging ihr weiter auf die Nerven. Verfolgte sie. Wusste immer, wo sie war, damit er ganz zufällig mit dem Rad vorbeikommen und sie anrempeln konnte.

Alles in seinem Leben schien vorherbestimmt: Auf der Highschool ein Mädchen kennenlernen, mit diesem Mädchen zusammenkommen, den Abschluss machen, in der Fabrik arbeiten, sich verloben, heiraten, ein Haus kaufen, Kinder kriegen. Sie gingen auf dieselbe Highschool und saßen in der Band nebeneinander – meine Mutter spielte Klarinette, er die Trompete. Sie war größer als er, bis er in die elfte Klasse kam und über den Sommer dreißig Zentimeter wuchs. Mit sechzehn fingen sie an, miteinander auszugehen. Damals, wir schrieben das Jahr 1944, ging kein Mensch aufs College. Mit achtzehn waren sie verlobt und mit einundzwanzig verheiratet. Ich fragte mich, ob er es bereute, die alten Karten ausgemistet zu haben, die er von meiner Mom zum Hochzeitstag bekommen hatte. Sie blockierten die Geschirrschrankschublade, in die er sie gestopft hatte, beim Öffnen und Schließen. Meine Mutter hatte Sprüche hineingeschrieben wie: „Du hast es immer noch drauf!", und: „Für meinen Ritter auf dem weißen Ross!"

„Hm, das ist jetzt wie lange her … siebzig Jahre?"

Er erzählte weiter, davon, wie er das Geld, das er damals als Totengräber dazuverdiente, gespart hatte, um ihr einen Verlobungsring kaufen zu können, und wie er ihr immer Blumen von der Arbeit mitgebracht hatte.

„Bitte sag mir, dass du ihr nicht die Blumen von den Gräbern geschenkt hast, Dad!"

„Wieso? Die wären sonst doch nur verwelkt!"

„Und Mom und du … ihr hattet nie Probleme?" Ich wusste nicht, weshalb ich meiner Mutter diese Frage niemals gestellt hatte, nicht einmal damals, als ich sie unter Tränen anrief, weil sich der Mann, den ich für den Richtigen gehalten hatte, als der Falsche entpuppte.

„Na ja, es gibt da diese Geschichte, als ich meine Geldbörse bei ihr zu Hause vergessen hatte. Deine Mom fand sie und wollte sie mir vorbeibringen und dann … ähm, also … dann sah sie mich mit diesem anderen Mädchen da, Dodie hieß sie …"

„Himmel, Dad! *Dodie?*"

„Hey, sie war eine niedliche kleine Blondine! Jedenfalls, deine Mutter sieht uns also und schmeißt mit der Geldbörse nach mir, und danach hat sie mir zwei Wochen lang die kalte Schulter gezeigt."

„Zu Recht!"

„Hm, ja, und dann fand ich heraus, dass sie mir mit so einem Jungen von gegenüber fremdging, ach, verdammt, wie hieß der noch mal … Dick? Don? Leo!"

„Wer?" Für mich war diese Enthüllung ein Schock, weil meine Mutter mir immer erzählt hatte, dass sie nie etwas mit einem anderen gehabt hatte und immer sicher gewesen war, dass mein

Dad der Richtige war. Und jetzt? Es war, als erführe ich noch mal, dass sie die ganze Zeit über ein Gebiss getragen hatte!

„Er wohnte ihr gegenüber. Ich habe ihr immer gesagt, wenn sie nicht mich, sondern ihn geheiratet hätte, dann wäre sie reich geworden, weil seine Familie einen Türenhandel hatte."

Aber wenn meine Mutter diesen Leo geheiratet hätte, was wäre dann aus mir geworden? Würde ich dann immer noch irgendwo im Kosmos herumtrudeln? Oder wäre ich trotzdem hier, nur als andere Version von mir, vielleicht als Katzenliebhaberin oder Tussi? Oder als Mann? Oder Labrador?

„Ich habe mich immer gefragt, wieso ihr mitten während der Jagdzeit geheiratet habt."

„Hm, also das war eine ziemlich interessante Geschichte ..."

Er hatte gar nicht vorgehabt, im Oktober zu heiraten. Aber Mom lag ihm die ganze Zeit in den Ohren, dass sie sich für ein Hochzeitsdatum entscheiden müssten, und da erinnerte er sich an einen Trick, den sein Onkel Hienie immer angewendet hatte. Hienie war einer von neun Brüdern – ein eingefleischter Junggeselle, aber aus anderen Gründen, als man denken mag. Ich bin überzeugt, dass seine Neigung, Zigarren zu essen, dafür verantwortlich war, dass er ein Leben lang allein blieb. Ja, richtig gelesen: essen, nicht rauchen. Er hatte eine Neandertalermonobraue und einen Haaransatz wie ein Wolfsmensch, und immer wenn ihn irgendjemand bat, etwas zu reparieren oder einzubauen, sagte er: „Ich komme am 28. vorbei", wobei er nie dazusagte, um welchen Monat es ging. Als meine Mutter also herummeckerte, dass sie sich auf ein Datum einigen sollten, sagte mein Dad: „Okay, dann heiraten wir eben am 28.!"

Also rannte meine Mutter ganz aufgeregt nach Hause, blickte in den Kalender und der einzige Monat, in dem der 28. auf den für eine Hochzeit erforderlichen Samstag fiel, war der Oktober.

„Habt ihr eine Hochzeitsreise gemacht?"

„Deine Mom wollte unbedingt nach Chicago."

„Wie romantisch! Mom und du, mit einundzwanzig ... zwei junge Leute ... allein ... verliebt ... in der Großstadt ..." Ich stellte mir eine Screwballkomödie vor, Jean Arthur als meine Mutter und ein grummeliger Joel McCrea als mein Vater.

Dad räusperte sich. „Also ... steht der Mittwoch noch?"

Schon kapiert. Er wollte das Thema wechseln. Ich hatte ein schlechtes Gewissen, weil ich überhaupt damit angefangen hatte. Moment mal, hatte *er* nicht damit angefangen? *Er* hatte *mich* angerufen. Dieser Vater-Tochter-Tanz der Trauer war ganz schön kompliziert. Wer führt? Ich? Er? Ach so, da war ja was – er hasste tanzen.

„Ich bin nicht sicher, ob das Wetter mitspielt." Ein Unwetter hatte sich angekündigt. Vielleicht Schnee, eventuell sogar Eisregen.

„Dann entscheiden wir eben spontan", sagte er.

„Dad?"

„Was?"

„Na ja, überleg doch mal, wenn du damals nicht Schlittschuh laufen gegangen wärst ..."

„Stimmt, und normalerweise bin ich auch nie in diesen Park gegangen, aber Richie wollte unbedingt."

„... und wenn Mom nicht dort gewesen wäre ..."

„Erwähnte ich bereits, dass es Abend war? Sie hätte fast nicht kommen können, weil sie mit dem Abwasch dran war."

„... dann würde ich jetzt nicht hier sitzen und mit dir reden. Vielleicht würde ich dann mit jemandem namens Leo oder Dodie sprechen."

„Ja, schon witzig, wie sich die Dinge so ergeben", sagte er.

„Und alles nur wegen einem Fäustling."

179

19

Die Erleuchtung

Es war November. Die Zeit der Rotwildjagd war nur noch wenige Wochen entfernt. Dad beschloss, aber natürlich werde er fünf Tage von Sonnenauf- bis -untergang mit seinen pensionierten Polizeikumpel und deren Freunden in den Wäldern im Norden verbringen. War das eine gute Idee? War ich dafür, dass er mitfuhr? Er war dreiundachtzig, und wenn er ein Reh schoss, würde er es verfolgen, finden, ausnehmen und aus dem Wald bis zur Straße zerren müssen, die drei, vielleicht auch vier Meilen entfernt lag. Machte ich mir Sorgen, dass er stolpern, stürzen, sich anschießen und verbluten würde? Oder einen Herzinfarkt erleiden, während er einen Kadaver durch den Wald hievte, und herumliegen, bis die anderen sich auf die Suche nach ihm machten oder meine Mom kam, um ihn zu sich zu holen? Schätze, die Antwort versteht sich von selbst. Andererseits … hätte er das Angebot seiner Jagdkumpane nicht angenommen, wäre ich in Sorge gewesen, dass er in Selbstmitleid schwelgte und vielleicht sogar depressiv wurde. Und mich um einen depressiven Vater kümmern zu müssen, der nicht an Psychologie glaubt … nein, das täte mir das Universum auf keinen Fall an. Sein Jagdausflug bedeutete, dass er auf dem Weg der Besserung war, auch wenn es dafür erforderlich war, dass er auf einem Jägerstand saß und darauf wartete, etwas Majestätisches erschießen zu dürfen.

Unsere nächste Trainingsstunde begann er mit einer Frage: „Was willst du von deinem Hund?"

„Insgesamt oder genau heute?"

Und stimmt, was wollte ich eigentlich von meinem Hund? Ich hatte gedacht, dass es mir reichen würde, wenn er Apportieren lernte, aber … dann hatte ich erkannt, dass er auch lernen musste auszugeben. Inzwischen musste ich ihm nicht mehr hinterherjagen, weil er meinen superteuren BH aus dem Wäschekorb gemopst hatte. Und auch die Pfeifkommandos hatten sich als praktisch erwiesen, besonders im Garten. Ich hielt meine Pfeife stets bereit: Sie hing an einer Reißzwecke an der Pinnwand zwischen Massen von abgelaufenen Coupons. Ich kann gar nicht sagen, wie viele Opossums ich schon vor dem Tod gerettet hatte, und zwar nicht vor der opossumtypischen Scheintodstarre, sondern indem ich den Hund mit meinem entschlossenen *Tuut-tuuuut* zurückpfiff. All das Training – und wofür? Zum Jagen? Für Feldprüfungen? Nein, denn dazu hätte ich lernen müssen, wie man eine Schrotflinte bedient, und mit so viel Herzblut war ich dann auch wieder nicht bei der Sache.

Ich genoss unsere Mittwoche an der frischen Luft. Es machte mir Spaß, Sachen über Hunde und anderen Kram zu erfahren, beispielsweise weshalb Dad es nicht aushält, *Susi und Strolch* zu schauen: „Wenn dieser Hund von dem Hundefängerwagen angefahren wird? Oh, Mann. Da muss ich jedes Mal fast heulen."

Ich wollte gerade irgendwas in die Richtung sagen, dass ich Seamus die Möglichkeit geben wolle, zu seinen Labradorwurzeln zurückzukehren, bla, bla, bla, da begannen die Synapsen in meinem für behämmerte Ideen und Projekte reservierten Gehirnareal zu feuern. In der Zeit direkt nach Moms Tod hatte dort tiefste Finsternis geherrscht, später war eine funzelige Zwanzigwattbirne angegangen und nun sah es dort auf einmal aus wie auf einem Footballfeld beim Super Bowl.

„Dad", sagte ich. „Ich weiß jetzt, was ich von Seamus will!"

„O-kayyyy."

„Ich will, dass er beim Apportierwettbewerb mitmacht! Dem Großen, nicht dem im Hundeverein. DEM Apportierwettbewerb!"

„Dem, bei dem er sich geweigert hat, die Treppe hochzugehen?"

„Genau!"

„Dem, aus dem du bei der Sportshow rausgeflogen bist?"

„Genau!"

„Dem, der Schande über unsere Familie gebracht hat?"

„Dad, ich … ich will das unbedingt schaffen! Ich muss meinen Ruf wiederherstellen! Also, was meinst du?"

Er drehte den leeren Eimer um, in dem er normalerweise unser Trainingsmaterial verstaute, und setzte sich. Schürzte die Lippen. Rieb sich das Kinn. Stützte die Hände auf die Knie. Blinzelte in die Ferne wie John Wayne, wenn er den Horizont nach Apachen absuchte.

„Hmmm … lass uns einen kleinen Test machen", sagte er. Dann ging er zum Kofferraum seines Trucks und holte ein paar dünne, weiße Pflöcke heraus.

„Was glaubst du, wie lang war die Strecke bei dem Wettbewerb?", fragte er.

„Vierzig Meter vielleicht?"

„Bleib mit dem Hund hier stehen." Er warf mir ein paar der Pflöcke vor die Füße. „Leg daraus die Startlinie." Er marschierte weiter und zählte seine Schritte, dann blieb er wieder stehen und verkündete: „Das sind vierzig Meter." Die Distanz wirkte machbar. Ich holte Seamus bei Fuß und überprüfte, dass er auch wirklich stillhielt. Dad, vierzig Meter windabwärts, warf einen Dummy einige Meter neben sich. Ich schickte den Hund los. Seamus durchbrach auf dem Weg zum Dummy die Schallmauer, aber bei der Rückkehr rannte er weit am Ziel (mir) vorbei und führte sein kleines Ausweichtänzchen vor.

„Okay, das reicht. Ich sehe schon, dass das hier nichts bringt", sagte mein Vater und sammelte seine Pflöcke wieder ein. Der Wettbewerb war im März. Das bedeutete, dass uns vier Monate blieben, um herauszufinden, wie wir den Hund dazu bewegen konnten, einen Trainingsdummy aufzunehmen und auf direktem Weg zu mir zurückzukehren.

„Ich will, dass du im Garten übst, während ich jagen bin."

„Apropos Jagd, Dad, ihr seid im Wald immer in der Gruppe unterwegs, oder?"

„Meistens, aber nicht immer. Wieso?" Er kletterte hinten in seinen Truck, um die Pflöcke in einem der Fächer zu verstauen.

„Und was, wenn es beispielsweise einen Notfall gibt? Wie verständigt ihr euch dann?"

„Wie haben ein paar Walkie-Talkies – reich mir mal den Eimer da." Bei meinem Vater hat jeder Gegenstand seinen festen Platz.

„Ein Walkie-Talkie für jeden von euch?", hakte ich nach.

„Ein Paar. Also zwei."

„Zwei? Für wie viele Leute? Sechs? Und wer bekommt dann eins? Du?"

„Pffft. Was soll ich denn mit einem Walkie-Talkie?"

„Dad! Was, wenn du stürzt oder angeschossen wirst oder einen Herzinfarkt bekommst?"

„Nun, dann kannst du mit deiner Schwester herumzanken, wer was bekommt."

Wenn ich mich dereinst auf dem Höhepunkt meiner Trauer befinde und mit meiner Schwester ausdiskutiere, wer Uropas Scharfschützenmedaille aus dem Ersten Weltkrieg bekommt, die Weidenkörbe oder den alten Schlitten, der in den Garagendachbalken hängt – werde ich dann lachen können und sagen: „Dad würde sich wegschmeißen, wenn er uns jetzt sehen könnte?" Nein. Vielleicht. Keine Ahnung.

Er blaffte ein paar letzte Anweisungen. „Kümmer dich um meine Post. Sie kommt meistens morgens."

„Okay."

„Am Dienstag musst du die Mülltonne an die Straße stellen."

„Okay."

„Und mach ein paar Lichter an, damit es so aussieht, als wäre jemand zu Hause. Ich habe keine Lust, in ein geplündertes Haus heimzukehren." Keine Ahnung, weshalb er solche Angst vor einem Einbruch hatte. Er wohnte in einer Nachbarschaft voller schwer bewaffneter aktiver und pensionierter Polizisten, die jeden Hauch von krimineller Energie Tage im Voraus und aus meilenweiter Entfernung witterten.

„Oh, und eins noch – ich möchte, dass du während meiner Abwesenheit ein Buch von James Lamb Free liest mit dem Titel *Training Your Retriever.*"

20

Das Tao von Dad

Ich holte mir eine Ausgabe von *Training Your Retriever* aus der Bücherei. Eigentlich hätte eine Warnung des Gesundheitsministeriums beiliegen müssen. Denn wer auch immer das Buch zuletzt geliehen hatte, musste beim Lesen der über dreihundert Seiten voller praktischer Ratschläge für die – wie Mr Lamb Free es ausdrückte – Faulpelze unter den Retrievertrainern Kette geraucht haben. Wenn jemand einen Leitfaden für Leute schreibt, die ihre eigene Faulheit akzeptiert haben, und noch dazu sagt: „Es gehört nichts dazu, worauf ein halbwegs intelligenter Trottel nicht auch selbst kommen könnte", hat er mich quasi schon überzeugt. Das Buch steckte wirklich voller praktischer Ratschläge, wie beispielsweise:

Geben Sie Ihrem Hund niemals einen Befehl, den Sie nicht auch durchsetzen können.

Erteilen Sie Ihrem Hund kurze, aber regelmäßige Lektionen.

Lassen Sie gar nicht erst zu, dass er sich langweilt.

Einem Retriever sollte seine Arbeit Spaß machen.

Wenn Sie wollen, geben Sie Ihrem Hund jedes Mal ein Leckerli, wenn er getan hat, was er tun soll. Aber Sie schaffen damit einen überflüssigen Präzedenzfall, der sich irgendwann als lästig erweisen könnte. Lernt Ihr Hund, diese kleinen Extras zu erwarten, wird der Tag kommen, an dem sie Ihnen draußen im Feld ausgehen. Wenn Sie gar nicht erst damit anfangen, wird Ihr Hund ohne sie genauso glücklich.

Daher hatte mein Vater also seine Einstellung zu Leckerlis. Als ich las, dass Haushunde schludrig und verwirrt sind, fühlte ich mich ein wenig angegriffen. Mein Hund? Schludrig? Verwirrt? Mr Lamb Free sprach auch Seamus' Problem mit dem harten Maul an. „Es ist das düsterste aller Retrieververbrechen." Autsch. Ich teilte mein Heim mit einem fellbewehrten Schwerkriminellen.

Je mehr ich las, desto klarer wurde mir, dass dieses Buch mehr war als nur ein Leitfaden – es war das Tao meines Vaters.

Frauen sind beim Hundetraining im Nachteil. Ihre Stimmen sind einfach schwächer und höher als die von Männern. Sie können nicht blaffen wie ein Feldwebel. Aber wenn sie sich richtig Mühe geben, können sie ihren Befehlen dennoch den entscheidenden Beiklang von Autorität verleihen. Und wenn nötig, können sie auch wunderbare Ergebnisse erzielen, indem sie alle Hemmungen ablegen und keifen wie ein Fischweib.

Langsam fing ich an, Hunde zu verstehen. Und Dads „Albernes Weibsstück"-Anwandlungen. Ein Kapitel trug den Titel „Mit der Rute sparen" und behandelte das Thema Prügeln als disziplinarische Maßnahme. Mir war das alles deutlich zu autoritär. Mr Lamb Free war der Meinung, ein Hund könne, anders als ein Kind, niemals in ein vernunftfähiges Alter kommen, was er als guten Grund dafür betrachtete, Klapse zu verteilen. Sonderlich einleuchtend fand ich das nicht, wobei ich den Teil, dass Hunde keine Kinder sind, als durchaus nachvollziehbar empfand – was vermutlich der Grund dafür war, dass ich mich nicht als Hundesitterin eignete.

Ich musste daran denken, wie es gewesen war, als meine Tochter aufs College verschwand und mein Sohn auf die Highschool wechselte, woraufhin sein Bedürfnis, bemuttert zu werden, schlagartig auf null sank. Meine Rolle war jetzt die der Fahrerin, Köchin und des Hausmädchens, alles auf Abruf, versteht sich. Das Schreiben hatte sich als weniger lukrativ erwiesen als erhofft und wir brauchten ein wenig zusätzliches Einkommen. Deswegen hatte ich mich um einen Job als Hundesitterin beworben. Die Hundetagesstätte befand sich in einer umfunktionierten Lagerhalle nicht weit von daheim und ich hatte vor, mit dem Fahrrad zur Arbeit zu fahren, falls ich den Job als Spielplatzaufseherin bekam – ein Sportprogramm gegen Bezahlung, sozusagen!

Den einzigen Hinweis darauf, dass es hier um Hunde und nicht um Kinder ging, waren die fehlenden Teppiche – oh, und vielleicht die Halsbänder und Leinen. Es gab Standard-Tagesstätten-Regalfächer mit ordentlich aufgehängten Mäntelchen und ordentlich aufgestellten Stiefelchen. An den in Primärfarben gehaltenen Wänden hing Hundekunst – nicht solche mit Hunden drauf, sondern solche, die von Hunden gemalt worden war. Es gab Behälter voller Bälle, Kuscheltiere, Hüpf- und Wackelspielzeug, Quietschfiguren. Und es gab Leckerlis, die tatsächlich lecker aussahen. Irgendwie kam mir das Ganze seltsam vor. Nicht schlecht, nicht grausig, sondern einfach … daneben.

Ich setzte mich mit der Leiterin zusammen, einer jungen Frau Mitte zwanzig. Ihr Büro, das übersät war mit Hundespielzeug, Knochen, Überwürfen und Decken, glich eher einem Hundekörbchen als einer Arbeitsstätte. Sie teilte es sich mit einer Mischung aus Deutscher Dogge, Irischem Wolfshund und Pferd. „Das ist Daphne", sagte die junge Frau. Daphne hob ein staubtuchgroßes Ohr. „Sie wüsste gern, warum Sie sich Ihrer Meinung nach perfekt für diesen Job eignen."

„Na ja, ich habe ein Händchen für Hunde. Also, eine Hunde-flüsterin bin ich vielleicht nicht unbedingt", fügte ich hinzu, un-sicher, an wen ich meine Antwort adressieren sollte. „Eher eine Hunde*ruferin*."

„Hmmm. Ich verstehe", sagte das Leitungsfräulein und blick-te auf ihren mit halb zerfressenem Hundespielzeug und Fotos von ihrer Hundefamilie bedeckten Schreibtisch hinab.

„Irgendwelche Erfahrungen?"

„Ja, mit Kindern – aus der Mittelstufenzeit meines Sohns. Wilde Tiere sind dagegen ein Klacks."

„Und mit Tieren?"

„Ich habe mal im Zoo gearbeitet."

„Im Zoo?" Sie spitzte die Ohren. „Wie lange?"

„Ach, nur einen Sommer lang."

Gott sei Dank erwartete sie nicht von mir, dass ich weiter ins Detail ging. Tatsächlich hatte das Intermezzo nämlich nur zwei Wochen gedauert, wegen eines … ähm … unglücklichen Zwi-schenfalls im Streichelgehege. Ich kann Ihnen nur raten: Bringen Sie nie eine Python in der Kammer neben den Rennmäusen un-ter. An jenem Tag lernten die Grundschüler von der Sunnydale Elementary alles über den Kreislauf des Lebens.

„Haben Sie schon einmal in einer Hundetagesstätte gear-beitet?"

„Nein, aber ich habe Hunde", erwiderte ich.

„Wie viele?", fragte sie, während Daphne im Schlaf Hasen jagte.

Ich erzählte ihr, im Augenblick seien es zwei Hunde, ein Gol-die, der drauf und dran war, sozusagen vor die Hunde zu gehen, der andere ein Labradorwelpe, der als Nachfolgehund diente.

„Nachfolgehund?"

„Also, sehen Sie, wenn es Zeit ist, dass … Sie wissen schon … dann möchte ich ungern in ein Zuhause zurückkommen, das sich leer anfühlt."

„Wie können Sie nur so ungerührt mit Fragen um Leben und Tod umgehen?", fragte das Leitungsfräulein.

Ungerührt? Ich fand mich eher gefühlspräventiv. Daphnes Schließmuskel zuckte. Ich wusste, was das in Hundesprache bedeutete: Achtung, Giftgasangriff durch Hundefurz.

„Möchten Sie sich gern einmal den Bereich ansehen, in dem Sie arbeiten würden?"

„Ja, bitte!"

Wir ließen Daphne und ihre übelriechende Wolke allein.

Das Leitungsfräulein brachte mich in einen fein gekiesten Außenbereich. Mehrere Hunde balgten miteinander und tollten mit einem großen Ball herum, wie ich ihn zu Grundschulzeiten gehabt hatte. Andere hatten sich unter einem spindeldürren Baum versammelt und noch ein paar dösten in der Sonne vor sich hin. Ein brauner Hund mit Ringelschwanz und ein weiterer, der an einen Bordercollie erinnerte, sahen so aus, als würden sie gleich wegen eines Kauspielzeugs aufeinander losgehen, was ich für eine gute Gelegenheit hielt, mit meinen Fähigkeiten zu beeindrucken. „*Hey!*", brüllte ich und klatschte in die Hände.

„Oh nein. Nein, nein, nein. So machen wir das hier nicht." Das Leitungsfräulein bedachte mich mit einem Tststs-Geräusch. „Hier arbeiten wir mit dem Prinzip der positiven Verstärkung." Sie sagte es ganz langsam und betonte dabei jede Silbe, als hätte ich noch nie davon gehört. Als würde es sich um ein brandneues Konzept handeln. Ich habe zwei Kinder großgezogen! Und den Einführungskurs Psychologie besucht!

„Erst lenken wir ab." Sie schnappte sich ein anderes Kauspielzeug und bot es dem braunen Hund an, dem das aber herzlich egal zu sein schien. „Manchmal ist Sasha mit den Kauspielzeugen ganz schön besitzergreifend. Vielleicht braucht sie mal eine kleine Auszeit." Die Leiterin packte Sasha am Halsband und zog sie in ein abgetrenntes, eingezäuntes Areal, während sie einen anderen Hund lobte, der gerade ein ordentliches Häufchen gemacht hatte. „Ja, fein, Judy! Gut gemacht!" Und da verstand ich, was genau mir am Anfang so seltsam vorgekommen war. Ich gehöre einfach nicht zu diesen Leuten. Ich habe keine Ahnung von Hundeauszeiten, Verabredungen zum Hundespielen und Hundeübernachtungspartys. Ich stellte mir vor, wie ich die Tagesberichte ausfüllte:

Jeremy hat heute Vormittag mehrmals in den Aufenthaltsbereich gekotet. Wir haben mit ihm an seinem Problem mit raschelndem Laub gearbeitet.

Betty hatte einen Dominanzkampf mit Troy um den Kong-Ball.

Bitte bringen Sie Chester frische Socken mit. Er hat sich erneut den Hinterlauf wund geleckt.

Sie bot mir den Job an, aber ich lehnte ab.

Lag es an der Bezahlung?

Nein.

War es das stundenlange Stehenmüssen?

Nein.

Ich gab offen zu, dass ich Vorurteile gegen Hunde wie Sasha hatte. „Ich weiß nicht warum, aber ich finde, Hunde mit Ringelschwänzchen sehen einfach bescheuert aus." Ich fuhr fort: „Ich befürchte, diese Voreingenommenheit könnte einem positiv verstärkenden Verhalten meinerseits im Weg stehen. Dadurch würde ich einen ungesunden und unausgewogenen Zustand erzeugen, den die Hunde wahrnehmen, und am Ende wollen sie sich womöglich gegenseitig auffressen!" Alternativ hätte ich ihr mitteilen müssen, dass sie meiner Meinung nach eine Meise hatte.

Mein Vater rief an, um mir mitzuteilen, dass er gesund und munter von seinem Jagdausflug zurückgekehrt sei.

„Ich hätte mir nur ein einziges Mal knapp selbst eine Kugel verpasst: als ich gestolpert und in eine kleine Senke gestürzt bin."

„Ach so, na, wenn es nur das ist."

Er wollte über unseren nächsten Trainingstermin sprechen. Da das Wetter so scheußlich war, würden wir spontan entscheiden müssen. Er fragte, ob mir das Buch gefallen habe. Ich sagte Ja, der Tonfall sei amüsant, und dass ich verstehen würde, warum er es mir empfohlen habe. Allerdings fühlte ich mich auch verpflichtet, mich über den Sexismus zu beschweren.

„Dad, da gibt es ein ganzes Kapitel mit dem Titel ‚Sogar die Ladys können es schaffen'!"

„Aber das können sie doch auch oder etwa nicht?"

„Sicher doch, aber … ach, ist auch egal. Wie steht es um den Plan, am Apportierwettbewerb teilzunehmen?"

„Ich habe da eine Idee. Aber es kann sein, dass sie dir nicht gefällt", sagte er.

„Warum?"

„Na ja, ich denke, die Zeit ist reif für das Elektrohalsband."*

Allmächtiger. Was Daphne wohl davon halten würde?

* Das Buch gibt wahre Begebenheiten und die Ansichten der Verfasserin wieder. Es ist zuerst in den USA erschienen und spielt auch dort. In der Originalausgabe werden Erziehungsmethoden für Hunde angewandt, die in den USA erlaubt sind, aber nicht dem deutschen Tierschutz entsprechen. Dem deutschen Verlag liegt das Wohl von Tieren sehr am Herzen und er lehnt eine solche Behandlung ab.

21

Sabotage

Bislang war mir das erste Jahr ohne meine Mutter wie ein Hürdenlauf vorgekommen, aber die anstehenden Festtage würden eher einem Triathlon gleichen. Erste Disziplin: die lange, emotionale Schwimmstrecke durch die klumpige Bratensoße namens Thanksgiving, dann das Bergauf-Radrennen Weihnachten und schließlich der bänderzerrende Silvesterlauf. Eigentlich war meine Schwester dran mit der Thanksgivingeinladung und dem Truthahnbraten, aber sie sah sich nicht dazu in der Lage, den Weg in ihr Esszimmer zu finden, also war es an mir, den ersten großen Feiertag zu organisieren, an dem ein riesiges Loch in unseren Herzen klaffte. Ich bat Seamus um seinen Rat. Er hatte sich auf dem Stuhl neben meinem Computer zu einem großen Hundeknäuel eingerollt.

„Wie soll ich denn nur vorgehen? Soll ich alles genauso machen wie letztes Jahr? Als wäre nichts passiert?" Er öffnete ein Auge.

Letztes Thanksgiving waren wir nicht sicher gewesen, ob Mom überhaupt mit uns feiern würde. Sie kam ja schon mit drei Stufen kaum zurecht. Wie sollte sie da meine dreizehnstufige Verandatreppe erklimmen? „Keine Sorge", hatte mein Sohn gesagt. „Wenn es sein muss, schnalle ich mir Grandma in einem riesigen

BabyBjörn vor die Brust." Sie schaffte es ohne BabyBjörn, wenn auch mit einer Menge Hilfe.

„Und was ist mit dem Tisch, Seamus? Die Tischdeko muss maximal positive Stimmung verbreiten. Soll ich es eher schick und formell versuchen und schon mal das Familiensilber polieren?"

Seamus seufzte und gähnte.

„Stimmt, da hast du recht. Formell könnte pingelig wirken und Pingeligkeit wirkt schnell unbehaglich ... aber ... wenn die Atmosphäre nicht feierlich genug ist, könnte es so wirken, als hätte ich mir keine richtige Mühe gegeben."

Er stand auf und suchte sich ein angenehmeres Plätzchen auf dem Teppich.

„Ich könnte die bemalten Keramikteller benutzen, die ich sammle, die in Grün und Braun gehaltenen mit den idyllischen englischen Landschaftsszenen, und alles bunt zusammenwürfeln!"

Der Teppich dämpfte Seamus' zustimmendes Schwanzklopfen.

„Und was ist mit Moms Apfelkuchen? Soll ich versuchen, ihn nachzubacken, oder ihn einfach zu dem Stoff werden lassen, aus dem Familienlegenden gemacht werden?" Seamus verlagerte sein Gewicht, um sich zu kratzen.

Der Apfelkuchen meiner Mutter ist – war – der Star auf jedem Dessertbüfett. Neben ihm landete jede andere Nachspeise unter „ferner liefen" – Kuchen Nr. 2, Dessert Nr. 4. Sie verschickte ihren Kuchen per Post, UPS und FedEx an ihre erwachsenen Enkelkinder, wenn sie einem Anfall von Heimweh, Pfeifferschem Drüsenfieber, Halsentzündung oder der Grippe erlagen. Ihr Apfelkuchen half, gebrochene Herzen wieder zu kitten. Ich will damit nicht sagen, dass er Heilkräfte hatte – ich will es nur gesagt haben.

Ich hatte Sorge, dass unser diesjähriges Thanksgivingdinner zum Chor der traurigen Seufzer verkommen würde. Kein heiteres Geplauder, kein lautstarkes Geläster, sondern nur das leise

Klackern von Gabeln auf Tellern – und auch das nur, falls nicht vorher schon allen der Appetit vergangen war. Und was dann? Das ganze Essen würde im Hundenapf landen … Machte ich mir zu viele Gedanken? Das Essen und die Kuchenauswahl waren mein Verantwortungsbereich. Kürbiskuchen, Pekannusskuchen. Apfelkuchen?

Letztes Thanksgiving, als meine Mutter schon nicht mehr so viel Kraft in den Armen gehabt hatte wie früher, beschloss sie, ihr Nudelholz an den Nagel zu hängen. Beziehungsweise weiterzugeben, und zwar an mich. Aber meine Apfelkuchen … oh weh, meine Apfelkuchen. Der Teig neigte zur Gummikonsistenz, die Apfelfüllung zur Trockenheit. Ich hielt mich akribisch an Moms handgeschriebenes, fleckiges und verlaufenes Rezept: 2/3 Tassen Backfett, 2 Tassen gesiebtes Mehl, 5–6 EL kaltes Wasser, 1 EL Salz. Vier Zutaten, die in einer Schüssel vermengt werden mussten. So einfach, und doch so schwer. „Komm her, dann zeig ich dir, wie es geht", hatte sie gesagt. Ich sollte ihre Zweitbesetzung werden.

Als Kind hatte ich es geliebt, mit meiner Mutter zu backen. Mein Grundschul-Ich saß da, während sie den Teig für ihre Butterhörnchen, ihre Apfeltörtchen, ihre Kuchen ausrollte und zurechtschnitt, und löcherte sie mit Fragen.

„Mom? Was wolltest du werden, wenn du groß bist?"

„Oh, ich wollte immer Lehrerin werden."

„Echt?"

„M-hm. Gib mal einen Löffel Apfel in die Mitte von dem Viereck hier."

„Und warum bist du keine geworden?"

„Dafür hätte ich aufs College gehen müssen und dazu hatten wir nicht das Geld. Jetzt feuchte deine Finger an und drück die Teigränder zusammen."

„Irgendwie bist du aber trotzdem Lehrerin. Weil du *mir* Sachen beibringst."

„Stimmt! Leg die zusammengedrückten Teigtaschen auf das Backpapier. Die können schon in den Ofen. Was willst *du* denn mal werden, wenn du groß bist?"

„Ich weiß nicht. Was denkst du denn?"

„Hmm. Also, ich finde ... du solltest werden, was du willst."

Im vergangenen Jahr hatte ich mein Nudelholz, das genauso aussah wie ihres, meinen Mehlbehälter, ein Netz McIntosh-Äpfel und eine Packung Backfett zusammengepackt. Nicht weil ich Moms Zutaten oder Kochgeräte für minderwertig hielt. Ich wollte einfach nur sichergehen, dass nicht meine Ausrüstung schuld an meiner lausigen Teigkreation war.

„Ist heute der Tag, an dem wir Kuchen backen?", hatte meine Mutter gefragt. Sie saß auf der gepolsterten Fläche ihrer Gehhilfe. Hatte ich sie nicht gerade erst vor zwei Stunden an unser Vorhaben erinnert? Ich war davon ausgegangen, dass die große gelbe Rührschüssel und die Messlöffel bereits auf dem Tisch auf mich warten würden, wenn ich in die Küche kam. Doch sie lagen noch in Küchenschränken und Schubladen versteckt.

Mein Vater trug seine Sachen für den Hundeverein. „Ich möchte kurz mal mit dir reden", sagte er und bedeutete mir, ihm in die Garage zu folgen. „Deine Mom ist ... sie, ähm ... sie fängt an, Dinge zu vergessen", sagte er.

Warum fand er das auf einmal so besorgniserregend? Sie war schon seit einer ganzen Weile vergesslich. „Ich war kurz einkaufen, und als ich zurückkam und die Lebensmittel ausgepackt habe, saß sie daneben und hat mir zugesehen. Als ich fertig war, wollte sie wissen, ob ich jetzt zum Supermarkt fahre."

Ich hatte keine Ahnung, wie ich reagieren sollte. Ihm sagen, dass alles gut werden würde? Dass es keinen Grund zur Besorgnis gab?

Wie viel tat er schon, um ihr durch den Alltag zu helfen? Ich sah die beiden nur, wenn sie rüberkamen oder ich zum Stricken vorbeischaute, und Mom war dann immer wach und angezogen und hatte neben sich auf dem Zierdeckchen ihre halb volle Kaffeetasse stehen. Musste er ihr etwa schon … es war ein turmhoher Haufen an Abhängigkeiten, der da hinter der nächsten Ecke lauerte.

„Dad? Wird dir das alles zu viel? Ich meine … irgendwann kommt vielleicht der Punkt, an dem du weißt, dass du …" Ich wollte etwas über Pflegedienste, über betreutes Wohnen sagen, aber die Worte wollten einfach nicht über meine Lippen kommen. Dafür hatte ich zu große Angst vor seiner Antwort. Er drehte sich weg.

„Ich muss los in den Hundeverein. Bin in ein paar Stunden wieder da."

Als ich in die Küche zurückkehrte, kam meine Mutter gerade aus dem Bad und sagte: „Oh, seit wann bist du denn da? Ist heute der Tag, an dem wir Kuchen backen?"

Ich entkernte und schälte, während sie über ihre Medikamente plauderte, darüber, was die Nachbarn ihrer Meinung nach so alles im Schilde führten (ich sah davon ab, sie wegen der Nelsons zu korrigieren, die schon seit vierzig Jahren nicht mehr am anderen Ende der Straße wohnten), und über die Vögel, die zu ihrem Futterhäuschen kamen.

„Aber Zucker und Zimt gehören doch nicht jetzt schon auf die Äpfel! Warte damit, bis du sie in die Form gefüllt hast." Ach so? Ich hatte Zucker und Zimt immer in einer Schüssel mit den Äpfeln vermengt und dann alles in die mit Teig gefüllte Form geschüttet und das Ganze in den Ofen geschoben. Ich wog das Mehl ab und streute Salz dazu.

„Und jetzt muss ich sieben, oder?", fragte ich.

„Nein. Ich habe noch nie gesiebt."

„Aber warum steht ‚sieben' im Rezept, wenn du nie siebst?" Sie zuckte mit ihren mageren Schultern. Und jetzt? Die kritische

Beigabe des Backfetts. Ich ging zur Besteckschublade und holte zwei Gabeln heraus.

„Aber doch nicht die." Meine Mutter kam angewiesen und holte zwei unterschiedliche Gabeln heraus, die aussahen, als würden sie aus einem vergangenen Leben stammen.

Also liegt es an den Gabeln!

„Anheben und kreuzen. Das muss richtig schön fluffig werden!"

Ich fragte sie, ob sie ein Naturtalent sei. Fiel ihr die Teigherstellung einfach besonders leicht?

„Gott, nein. Mit meinem ersten Kuchen hätte ich fast meinen Bruder umgebracht!"

Sie hatte eine Fertigteigmischung gekauft, was Anfang der 1940er ein ziemliches Novum war. Der Kuchen hatte wunderbar ausgesehen, und während er abkühlte, verbreitete er seinen Duft durch das Küchenfenster, so wie in den Zeichentrickfilmen, in denen sich die Dampftentakel um das ahnungslose Opfer wickeln und es unaufhaltsam zu ihrem Ursprung ziehen.

„Mein Bruder war damals sechs oder sieben und konnte einfach nicht widerstehen."

Es dauerte nicht lang, da hatte er den halben Kuchen in sich hineingestopft und sein Verdauungstrakt rebellierte. Meine Mutter gab der Fertigteigmischung die Schuld. „Das war, bevor man diese ganzen Daten auf die Packungen stempelte, und wer weiß schon, wie lange das Ding im Regal gestanden hat? Mein Bruder dachte, das wäre meine Rache dafür gewesen, dass er mir eine Schere in die Hand gebohrt hatte."

Ich verstand nicht, warum sich mein Vater so sorgte. Sie konnte sich doch an all das erinnern! Und auch daran, wie man Kuchen backt.

„Und jetzt kommt das Wasser dazu?", fragte ich.

„Kalt. Es muss kalt sein."

„Warum?"

„Keine Ahnung. Es ist einfach so. Und du darfst nicht einfach alles auf einmal reinschütten, sondern esslöffelweise."

„Aber was macht das für einen Unterschied, wenn am Ende sowieso alles untergemischt wird?"

Sie zuckte mit den Achseln. Ich schüttete und fluffte weiter, bis der Teig ganz krümelig war.

„Und jetzt knetest du eine Kugel daraus, halbierst sie und rollst den Teig dann aus."

Nun war er also gekommen. Der große Augenblick. Ich war mir meiner Technik unsicher und hatte kein Selbstvertrauen. Würde der Teig am Tisch kleben bleiben, egal wie viel Mehl ich darauf streute? Oder würde er auseinanderfallen wie ein Bogen altes Zeitungspapier? Ich holte tief Luft, drückte den Teig zusammen, halbierte ihn und streute etwas Mehl auf den Tisch.

„Was machst du denn da? Hast du denn kein Sackleinentuch?"

„Sackleinen? Wie der Stoff, aus dem Märtyrergewänder gemacht sind?"

Sie schob ihren Rollator zum Spülbecken hinüber, öffnete eine Schublade und holte ein fadenscheiniges weißes Rechteck hervor. „Darauf rollst du den Teig aus, aber erst kommt ein bisschen Mehl drauf, und auf das Nudelholz genauso. Nicht auf den Teig!"

Mir war vollkommen unklar, wie ihre Methode funktionieren sollte. Bei jedem anderen Teig, den ich jemals ausgerollt hatte – Pizza, Brot – hatte ich Mehl auf den Tisch und den Teig gestreut, damit er nicht festklebte. Trotzdem folgte ich ihren Anweisungen und siehe da: Der Teig blieb kein einziges Mal am Nudelholz hängen. Er ließ sich gleichmäßig ausrollen. Ein perfekter Kreis wurde es nicht – das Ergebnis erinnerte ein bisschen an Frankreich –, aber der Teiglappen war groß genug, um in eine von Moms Kuchenformen zu passen. Ihre Formen waren ganz anders als meine aus Steingut, die aus einem exklusiven Kochwarenladen stammten. Sie benutzte die billigen aus Glas, wie man sie im Baumarkt bekommt, wo sie meistens neben den Einweckgläsern stehen.

„Die nehme ich, weil man dann zusehen kann, wie der Teigboden wird. Bei solchen wie deiner habe ich nie verstanden, wie man den Boden prüfen soll. Nimms mir nicht übel, Schatz, aber dein Teig war auch immer ein klein wenig matschig."

Vorsichtig hob ich den ausgerollten Teig in die verkratzte, von zahlreichen Schlachten gezeichnete Form.

Als Nächstes waren die Äpfel dran, dann Zucker und Zimt.

„Ich gebe immer ein bisschen Butter zu den Äpfeln, du kannst sie einfach hier und da dazwischenschieben."

„Butter?"

„Für den Extrageschmack."

Also liegt es an der Butter!

Die Teighaube rollte ich schon mit deutlich mehr Selbstvertrauen aus und legte sie über die gebutterten, gezuckerten und bezimteten Äpfel.

„Und jetzt befeuchtest du deine Finger mit Wasser und fährst einmal um den Rand. Erst dann drückst du ihn mit den Gabelzinken zusammen. So sorgt man dafür, dass die Kruste ordentlich zusammenhält."

Die Teighaube musste an ein paar Stellen geflickt werden.

„Ich habe noch nie eine Teighaube ausgerollt, die nicht geflickt werden musste."

Also waren ihre Krusten gar nicht so perfekt. Sie musste an ihnen arbeiten.

„Und jetzt nimmst du ein Eiweiß, vermischst es mit etwas Wasser und pinselst die Teigdecke damit ein. Vergiss nicht, hier und da ein paar Löcher hineinzubohren, damit der Dampf entweichen kann. Und dann streust du Zimt darüber. Wir *lieben* viel Zimt!"

Tun wir das? Seit wann?

Das Ergebnis war perfekt, titelseitenwürdig. Der Apfelkuchen war der krönende Abschluss des vergangenen Thanks-
givingdinners gewesen – Moms letztes. Der Kürbiskuchen
interessierte keinen, der Käsekuchen war nur eine Beilage. Es
war der Apfelkuchen, auf den alle scharf waren. Ich war nervös, ehe ich ihn anschnitt, denn es ist das Anschneiden, das
über alles oder nichts entscheidet. Aber das erste Kuchenstück
sah wunderbar aus. Die Füllung hielt, es floss genau die richtige
Menge Saft heraus, der Teigboden war fest, die Kruste golden
und zimtbedeckt.

Ich weiß noch, dass ich die Reaktionen von der Küche aus
abwartete, weil ich zu nervös war, um der Jury beim Essen zuzusehen. Die Stille, die sich am Tisch ausbreitete, machte die Sache
nicht gerade besser. Waren sie sprachlos ob des himmlischen Ge-
schmacks oder war ihnen die Kruste im Hals stecken geblieben,
sodass sie weder schlucken noch sprechen konnten? Nach langen
fünf Minuten trudelten die ersten Bewertungen ein:

„Ein mutiger Versuch!", von Adam, meinem Neffen aus New
York.

„Essbar", von Caitlin.

„Zu viel Zimt!", von meinem Vater.

Moment mal. Was?!

Alle waren sich einig, dass der Zimt die Kruste ein bisschen
zu … zimtig machte.

„Zu viel Zimt mögen wir nicht", sagte mein Vater und schaufelte sich die letzten Krümel auf die Gabel.

„Aber ich … Mom hat gesagt …"

Ich sah zu ihr hinüber, wie sie in aller Unschuld dasaß, meinem Blick auswich und Seamus den Kopf tätschelte.

„Na, was bist du doch für ein feiner Junge", flötete sie.

Hatte sie mich sabotiert? Mit Zimt?!

Während ich so in meinem Arbeitszimmer saß und über den Kuchen aus dem Vorjahr sinnierte, erhob sich Seamus vom Teppich. Er streckte sich, dann warf er mir einen Blick zu.

„Und was ist mit dem Stuhl, der leer bleiben wird? Mit dem Platzdeckchen, das wir nicht mehr brauchen? Soll ich die Tatsache ignorieren, dass Mom nicht mehr an ihrem Lieblingsplatz direkt neben der Heizung sitzt?"

Seamus schüttelte den Kopf und kratzte sich mit dem Hinterlauf am Ohr.

Wie gingen andere Leute in meiner Situation mit ihren ersten Feiertagen ohne verstorbene Angehörige um? Wie standen sie das durch? Ich suchte im Internet:

- *Umgang mit Feiertagen, wenn Mutter tot*
- *Umgang mit Trauer an Thanksgiving*
- *Erster Feiertag nach Tod von Elternteil*

Ich scrollte und las quer und erfuhr dabei nicht viel mehr, als dass es „schwierig" und „anders" werden würde.

Ach, echt jetzt, kein Scheiß?

Meine Strategie bestand darin, vor dem großen Tag so viel wie möglich vorzubereiten. So würde ich mich nur um den Truthahn kümmern müssen (bei dem es sich, wie ich mir immer wieder versichere, eigentlich um nichts weiter als ein großes Hähnchen handelt), außerdem um die Bratensoße und das emotionale Wohlergehen meiner Gäste. Seamus war seit Wochen nicht mehr draußen beim Hundeverein gewesen. Ich tat, was ich konnte, im Garten, wo ich den Trainingsdummy zwischen unsere zwei riesigen Ahornbäume warf. Aber Seamus stand unter Volldampf und krachte jedes Mal fast gegen die Stämme und leider war ich nicht so kreativ darin wie mein Vater, mir kleine Trainingsübungen und Herausforderungen auszudenken. Für Freiverlorensuchen war der Garten nicht groß genug. Und dann vereiste alles und ich wollte nicht riskieren, dass sich Seamus einen Muskel zerrte oder ein Band riss.

Am Montag zählte ich die Gabeln, bügelte die Servietten und dekorierte probehalber den Tisch, wobei ich letztlich auf den rührseligen leeren In-memoriam-Stuhl verzichtete. Am Dienstag stampfte ich die Kartoffeln, braute die Füllung zusammen und buk einen Kürbiskäsekuchen (aus dem pürierten Inhalt meiner Halloweenkürbislaterne – was bin ich doch für eine patente Hausfrau!). Den Mittwoch widmete ich dem Marinieren des großen Vogels und dem Backen des Apfelkuchens 2.0.

Als Glücksbringer trug ich eine der fleckigen, löchrigen Schürzen meiner Mutter. Ich betete zur Küchengöttin alias Mom, dass meine Gabeln angemessene Werkzeuge zum Heben, zum Kreuzen, zum Fluffen darstellten. Der Teig war zubereitet, geknetet und zu zwei Kugeln geformt. Ich breitete mein mütterlicherseits sanktioniertes Stück Sackleinen auf dem Tisch aus und fragte mich, ob sie wohl irgendwo in der Nähe war und mir vom himmlischen Spielfeldrand aus zusah. „Du schaffst das", hätte sie gesagt.

Ich rollte einen ziemlich gelungenen – ach, was red ich, einen *verdammt* gelungenen Teigfladen aus. Flicken? Wer hat hier was von Flicken gesagt? Vorsichtig hob ich ihn von dem Stoffstück und legte ihn in die erprobte Kuchenform, dann ließ ich die Mondsicheln aus Äpfeln daraufpurzeln. Es folgten der Zucker, die Butterstückchen hier und da und als Krönung ein Hauch von Zimt. „Aber nicht zu viel. Viel Zimt mögen wir nämlich *nicht*", sagte ich zu Seamus, dessen Nase eine dünne Mehlschicht zierte, weil er den Rand der Küchenanrichte ausgekundschaftet hatte. Dreisteres Anrichtenstöbern würde er sich nicht erlauben, solange ich hier stand. Nein, damit würde er warten, bis ich den Raum verließ, sich dann auf die Hinterläufe erheben und heimlich, still und leise sein Zielobjekt von der Arbeitsfläche zerren.

Wir hatten ihn noch nie auf frischer Tat ertappt und anfangs verschlossen wir uns vor der Realität und suchten die Schuld für die verschwundenen Tüten mit Hot-Dog-Brötchen, Chips und

Bauernbrot anderswo, obwohl wir hätten schwören können, sie gerade erst gekauft zu haben. Im Garten fand ich verdächtig wirkende Plastikfetzen von Brottüten und Drahtbinder, eingebettet in Stuhlmasse. Aber zu diesem Zeitpunkt hatte es natürlich keinen Sinn mehr, Seamus zu bestrafen. Also musste eine verdeckte Operation mit Lockvogel her.

Ich band ein Fadenende um ein eingetütetes Baguette und das andere Ende um meine Edelstahlrührschüsseln von KitchenAid, die ich mit Schrauben, Gabeln, Löffeln und einer Bierdose mit ein paar Pennymünzen darin füllte. Dann ließ ich das Baguette einige Zentimeter vom Rand der Arbeitsfläche entfernt stehen, was für einen gewissen Labrador natürlich unwiderstehlich war. „Seamus!", rief ich. „Ich muss los, bis gleich!" Ich zog Mantel und Schuhe über, schnappte mir Schlüsselbund und Handtasche und verschwand durch die Hintertür.

Dann setzte ich mich auf die Hintertreppe und wartete auf den Krach. Es dauerte nicht mal eine Minute. Als ich in die Küche zurückkehrte, fand ich dort wie geplant den Inhalt der Rührschüssel über den gesamten Boden verteilt. Seamus hatte sich unter den Tisch verkrochen, und mein Baguette? Immer noch in der Tüte. Es hatte funktioniert! Zumindest für kurze Zeit. Bald machte er Rückschritte und stibitzte Pizza, Knoblauchbrot und Bruschetta. Ich hätte noch einmal die Falle aufbauen sollen, aber das wäre mühsam gewesen. Ich wählte den leichten Weg und ließ nichts mehr auf dem Tresen liegen, außer es verbarg sich hinter einer Festung aus kleinen Küchenwerkzeugen, Behältern und Besteck.

Ich sorgte dafür, dass alle Apfelstücke ein schönes Plätzchen fanden und mit Teig bedeckt waren, dann pinselte ich die Kuchendecke mit Eiweiß ein, zuckerte mir die Seele aus dem Leib und fügte einen Hauch von Zimt hinzu. „Also, Mom", sagte ich für den Fall, dass sie sich gerade irgendwo in der Nähe herumtrieb, „was sollte eigentlich die Geschichte mit dem Zimt? Ich erinnere mich ganz genau, dass du mir erzählt hast, es müsse eine ganze Menge auf den Kuchen drauf. Nicht dass ich sauer wäre. Ich bin nur neugierig." Und damit schob ich die vererbte gläserne Kuchenform in den auf 175 Grad vorgeheizten Ofen.

Emotional gewappnet oder nicht – Thanksgiving und damit auch meine Familie trafen ein. Meine Kinder waren am Vorabend mit dem Bus aus Madison gekommen und hatten den ganzen Vormittag im Schlafanzug verbracht und die *Macy's Thanksgiving Day Parade* angesehen, wie sie es schon als Kinder getan hatten. Ich fand es tröstlich, dass sie auch mit knapp dreißig nicht den großen Snoopy-Ballon, die Rockettes und das schlechte Playback verpassen wollten.

Dad kam mit tütenweise Brötchen, um die ihn niemand gebeten hatte, und flaschenweise Lambrusco (Moms Lieblingswein), den keiner trinken würde. Er wirkte angespannt, war weiß wie eine gegarte Truthahnbrust. Er begrüßte mich auch nicht mit dem üblichen Schmackes. Tatsächlich begrüßte er mich gar nicht, sondern schob sich hastig an mir vorbei. Direkt hinter ihm kam meine Schwester mit Amanda und Adam im Schlepptau. Seamus war noch nie gut damit zurechtgekommen, wenn scharenweise Gäste ins Haus strömten, und rannte immer wieder hin und her, wodurch er die Läufer verschob. Mein Vater verpasste ihm einen kleinen Klaps mit den Brötchentüten. Zumindest waren es nicht die Lambrusco-Flaschen gewesen.

Ich wagte einen Umarmungsversuch, kam aber nicht weit. „Was?", brummte Dad und wich ein wenig zurück.

„Keine Ahnung, ich … ich dachte einfach, du brauchst vielleicht eine Umarmung, das ist alles – weil es doch das erste Mal ist … ach, du weißt schon, ohne Mom", sagte ich.

„Läuft das Spiel schon?"

Meine Schwester packte mich am Unterarm. „Du konntest es einfach nicht lassen, was zu sagen, oder?"

Nein, konnte ich nicht. Und jetzt war es erledigt. Jemand hatte angesprochen, dass Mom nicht hier war. Nicht offiziell, sondern ohne feierliches Brimborium. Aber es war Thema gewesen. Ich hatte das Gefühl, dass die Atmosphäre etwas weniger angespannt war, und es fühlte sich gut an.

Am Ende landeten alle in der Küche, weil sie „helfen" und mir dabei im Weg herumstehen wollten. Seamus nahm seinen üblichen Platz inmitten der Hauptdurchfahrtsstraße ein, bis ihm jemand auf den Schwanz trat und er sich in die Sicherheit seiner Box zurückzog.

Dieses Jahr war ich für die Eventualität „helfende Hände" gewappnet, anders als in den letzten Jahren, in denen die anderen mein durchchoreografiertes Servierballett durcheinandergebracht hatten. Ich hatte Post-it-Zettel auf die Servierteller gepappt, damit meine „Assistenten" den Plan nicht durcheinanderbrachten.

Der flache rechteckige für das Preiselbeergelee aus der Dose, die einzige Form von Preiselbeeren, die mein Vater aß.

Die Kristallglasschüssel für das Relish aus echten Preiselbeeren, so wie der Herr sie uns geschenkt hat.

Die große grüne Schüssel – Stampfkartoffeln.

Uromas Servierteller – rotes Fleisch.

Der schwere Steingutteller, den ich aus Irland mitgebracht hatte – weißes Fleisch.

Meine Schwester postete ein Bild meines Systems auf Facebook und bekam innerhalb von Sekunden fünfundzwanzig Likes. Waren das *Was-für-eine-tolle-Idee-* oder *Wie-übergeschnappt-kann-man-sein*-Likes?

Nachdem alles den Weg in seine vorherbestimmte Schüssel gefunden hatte und am richtigen Ort stand und Seamus unter dem Tisch in Startposition gegangen war – wir brauchten in unserem Haus keine Zehnsekundenregel, weil er gar nicht erst zuließ, dass irgendetwas auf dem Boden landete –, rief ich alle zu Tisch.

Das wäre der Moment für ein Tischgebet gewesen, aber wir sind keine von diesen Tischgebetsfamilien. Vielleicht weil wir es nicht mögen, das Offensichtliche zu benennen. Klar sind wir dankbar für das Essen etc. pp., und da Gott angeblich ja sowieso alles weiß, wieso sollten wir es riskieren, ihn/sie in seiner/ihrer Intelligenz zu beleidigen? Vielleicht ist das auch der Grund dafür, dass wir keine sonderliche „Ich hab dich lieb"-Familie sind. Natürlich haben wir einander lieb. Wenn es nicht so wäre, würden wir einander wohl kaum freiwillig ertragen.

Wenn schon kein Tischgebet, dann zumindest ein Trinkspruch? Letztes Jahr war mein Dad aufgestanden, hatte sein Glas erhoben und gesagt: „Auf meine Familie!" Aber dieses Jahr machte er keinerlei Anstalten und wich unseren Blicken aus.

Kann bitte irgendwer irgendwas sagen?

Meine Tochter sah mich an.

Mein Mann sah mich an. Sein Blick sagte: *Schnell, ein Trinkspruch, ehe deine Schwester irgendwas völlig Unangemessenes von sich gibt!*

Ich stand auf, räusperte mich und hob mein Glas voll Wein, den ich gerade wirklich nötig hatte, in Richtung meines Lieblings-Schwarz-Weiß-Fotos von Mom. Es musste um die 50er-Jahre herum entstanden sein, und wie sie da mit ihrer Ray-Ban-Sonnenbrille und ihrem frechen kleinen Sommerkleid in einer Hängematte saß, sah sie ziemlich Rita-Hayworth-mäßig aus. „Auf Marian!", sagte ich.

„Auf Marian!" Wir stießen an. Und das wars. Das war alles. Und es war genug.

Wir futterten uns durch die Essensberge und hielten nur inne, um Servierteller und Geschichten auszutauschen. „Ich für meinen Teil kann es gar nicht mehr erwarten, dass endlich die Winterolympiade losgeht", sagte Caitlin. Ich revanchierte mich mit einem Danke-dass-du-den-Konversationsball-ins-Rollen-bringst-Schultertätscheln.

„Eure Grandma ist mal aus dem Sessellift gefallen", klinkte sich mein Vater ein. „Hey, keine Süßkartoffeln?"

„Die hab ich vergessen, sind noch im Ofen", sagte ich. Ich stand auf und streifte meinen Ofenhandschuh über, um die Auflaufform herauszuholen. Von da an kam ich kaum mehr zum Sitzen. Meine Schwester wollte mehr Eis, mein Vater mehr Butter. Die Weingläser leerten sich schnell. Flaschen mussten geöffnet, Servierteller mit Truthahnnachschub befüllt werden.

„Sie hat *was* gemacht?", fragte Adam, während er mit dem Löffel eine Mulde für ein Bratensoßenmeer in seine Stampfkartoffeln drückte.

„Na ja, ‚gefallen' ist vielleicht nicht ganz der richtige Ausdruck, weil sie es gar nicht erst richtig in das Ding reingeschafft hat", sagte Dad. „Will jemand Preiselbeeren?"

„Ich", sagte Linda. „Aber jetzt mal ehrlich, Dad … du weißt schon, dass *echte* Preiselbeeren keine Dosenrillen haben, oder?"

„Ja, weiß ich!", erwiderte er.

„Ihr wart also Ski fahren?", fragte ihn mein Sohn, so wie Kinder es tun, wenn sie begreifen, dass ihre Eltern oder in diesem Fall Großeltern einst, vor langer, langer Zeit, auch mal ein Leben hatten.

„Und wie genau ist das passiert?", fragte Caitlin, die, ganz die Journalistin, immer Fakten brauchte.

„Sie war halb drin, halb draußen und ich musste sie am Anorakkragen festhalten – reich mir mal die Füllung rüber –, aber irgendwann hat der ihr die Luft abgewürgt und …"

„War der Lift in Bewegung?", fragte meine Schwester mit vollem Mund.

„Sie haben ihn angehalten – hast du Pfeffer da? – na ja, und da fährt so ein Typ von der Pistenrettung unter uns durch und er schreit mir zu, dass ich sie loslassen soll."

„Und das hast du echt *gemacht?*", fragte Caitlin.

Mein Mann sagte gar nichts. Er war mit Essen beschäftigt. Im Laufe unserer dreißigjährigen Ehe hat er gelernt, dass er in Situationen wie dieser, wenn alle durcheinanderreden, besser dran ist, wenn er den Mund hält.

„Na ja, es war ja kein tiefer Sturz und außerdem ist sie auf den Pistenretter draufgefallen!"

Das Gelächter fühlte sich befreiend an. Wir waren es gewöhnt, sonntags gemeinsam zu Abend zu essen, aber seit Mom gestorben war, waren unsere Zusammenkünfte seltener geworden und es war eine Weile her, dass jemand eine Geschichte erzählt hatte, die auf Moms Kosten ging. Sie hätte diese Entwicklung befürwortet.

Das Thema wechselte schneller als der Teller mit Preiselbeergelee.

„Ich weiß auch eine lustige Momgeschichte", sagte ich. „Wenn Linda und ich gestritten haben ..."

„Ihr zwei habt gestritten?", fragte Dad.

„Ja, stell dir vor. Jedenfalls, damit wir aufhörten, sagte Mom immer: ‚Ich rufe euren Vater an!', und dann ging sie zu dem Telefon an der Küchenwand und wählte und wir bekamen eine Wahnsinnsangst, weil wir dachten, dass sie Dad auf der Polizeiwache anruft. Aber in Wahrheit rief sie beim Wetterdienst an."

Mein Sohn war verwirrt. „Beim Wetterdienst?"

Also erklärte ich ihm das Leben vor dem Internetzeitalter und den Telefonflatrates und SMS – damals, als man noch eine Nummer wählen musste, um sich über das Wetter oder die exakte Uhrzeit zu informieren, und wir nur einen Anruf pro Tag tätigen durften.

Amanda ließ ihre Gabel voll Kartoffelstampf sinken. „Ihr durftet nur *einmal am Tag* jemanden anrufen?"

„Damals lief das noch über die Telefonvermittlung", erzählte Dad. Er hatte immer noch dieselbe Telefonnummer, die ich zu Kindergartenzeiten auswendig gelernt hatte. *Was passiert mit dieser Nummer, wenn er stirbt? Landet sie im großen Telefonnum-*

mernsammelbecken? *Und dann bekommt sie irgendein Wildfremder? Nein, das kann ich nicht zulassen. Das ist* unsere *Nummer.*

„Sag mal, Dad, wann hast du eigentlich deinen ersten Hund bekommen?"

„Meinen ersten Hund? Himmel … in der Grundschule hatte ich einen Sealyhamterrier – reich mir mal die Brötchen. Mein Pa hat ihn von irgendeinem Kollegen aus der Gießerei bekommen, aber ich hatte ihn nicht lang. Er hat Staupe bekommen. Und dann, als ich vielleicht vierzehn war, habe ich in einer Autowerkstatt gearbeitet und eines Tages kommt dieser Hund rein, und als ich Feierabend hatte, war der Hund immer noch da und ich sagte: ‚Was ist mit dem Hund?', und mein Onkel sagt: ‚Nimm du ihn mit.' Und das hab ich dann auch getan. Wer hat denn die Bratensoße?"

Ich beschlagnahmte die Sauciere von meinem Sohn und reichte sie an meinen Vater weiter.

Dad fuhr fort: „Ich nannte ihn Major. Er war irgendeine Art Spaniel, was erklärt, wieso er so gern Enten jagte, und eines Tages, wisst ihr, wir wohnten direkt gegenüber von einem Park und er … ähm … also, er rannte auf die Straße und …" Er konnte seinen Satz nicht beenden.

Meine Schwester beugte sich zu mir. „Das hast du ja toll hingekriegt. Tote Hunde zur Sprache zu bringen …", sagte sie.

Caitlin wechselte das Thema. „Grandpa, wie war eigentlich dein Jagdausflug?"

„Miserabel. Ich hab nicht mal ein Reh zu *sehen* bekommen!"

„Warst du mit denselben Jungs unterwegs wie immer?", fragte Caitlin und goss sich Pinot grigio nach.

„Hm, ja, so ungefähr."

Und dann begann er, uns mit Anekdoten aus dem Jagdcamp 2013 aufzuheitern. „Die Jungs kippen sich gern mal einen hinter die Binde und dann röhren die los, das kann man sich kaum vorstellen. Was übrigens auch der Grund dafür ist, dass ich im Truck schlafe."

Röhren? Was genau sollte das heißen? Ich stellte mir alte, weiße, faltige Männer vor, die nackt durch die Wälder liefen, um zurück zu dem zu finden, was von ihrem Urmenschen-Ich noch übrig sein mochte. Auf einmal fand ich das weiße Fleisch nicht mehr sonderlich appetitanregend.

„Die Jungs haben den Fernseher in der Hütte so laut aufgedreht, dass ich ihn eine Meile die Straße runter noch hören könnte, und ich bin stocktaub!" Dad mochte kein Reh erlegt haben, aber im Augenblick lagen ihm zumindest alle hier im Esszimmer zu Füßen. Mit jeder Anekdote, die er ausspuckte, hoben sich die grauen Trauerwolken ein wenig mehr.

„Waren denn auch junge Männer dabei? Du weißt schon, die nächste Generation Jäger", erkundigte ich mich. Nicht weil ich mich um die Zukunft des Jagdsports sorgte, sondern weil ich mich fragte, ob irgendjemand mit der nötigen Oberkörpermuskulatur und einem kräftigen Herzen vor Ort gewesen war, der einem gewissen älteren Herrn dabei hätte helfen können, ein totes Reh aus dem Wald zu zerren. Und der Hilfe holte, falls … na ja, *falls* eben.

„Na klar", sagte er.

„Ach so? Und wer?"

„Die Johnson-Jungs."

„Und wie alt sind die? Um die zwanzig, dreißig?"

„Nein, eher so um die neunundsiebzig."

Die Neckereien waren wieder da. Das lautstarke Geläster nahm seinen freien Lauf, das wir uns immer verkneifen mussten, sobald jemand eine potenzielle neue Flamme mit an den Tisch brachte – auch wenn die potenzielle Flamme am Ende trotzdem immer verschreckt war. Die erste Runde Nachschlag wurde genommen, dann die zweite, dann wurden Stimmen laut, die Nachtisch forderten. Geschirr wurde gespült. Weingläser wurden nachgefüllt. Ich stieß im Küchenschrank auf eine alte Dose Instantkaffee von Maxwell House (Moms Lieblingssorte). Ich hatte immer einen sparsamen halben Teelöffel in eine Kaffeetasse gegeben, mit heißem Wasser aufgefüllt und dabei darauf geachtet, dass Mom noch Platz für ihren Kaffeeweißer blieb. Die Dose war zehn Jahre alt und es waren immer noch ein paar Teelöffel Pulver darin. Es fühlte sich nur passend an, sie auf den Tisch zu stellen. „Ooooh, Grandma!", lautete die kollektive Reaktion.

Echter Kaffee wurde gemahlen und aufgebrüht. Die Zeit für den Kuchen war gekommen – und nicht für irgendeinen Kuchen.

Ehe ich den ersten Schnitt tat, blickte ich auf und sagte: „Bitte, Mom, tu mir den Gefallen."

Feierlich und ehrfurchtsvoll präsentierte ich meinem Vater das erste Stück. Er drehte den Teller, um sich die Füllung genauer anzusehen, ehe er mit der Gabel ein paarmal hineinstach. „Sieht jedenfalls schon mal ganz gut aus", sagte er.

Ein *ganz gut* aus dem Mund meines Vaters bedeutet ungefähr das Gleiche wie ein *verdammt gut*.

„Aber der echte Test besteht laut deiner Mutter darin", er legte seine Gabel weg und fasste das Kuchenstück an wie ein Stück Pizza, „ihn in die Hand zu nehmen. Wenn er ganz bleibt, dann ist er …" Der Kuchen blieb ganz und das ist keine bloße Behauptung. Ich habe Zeugen. Mein Vater nahm einen Bissen und kaute langsam und mit geschlossenen Augen.

„Dad?", fragte ich.

Er kaute weiter.

„Und?", fragte ich.

Er trank einen Schluck Wasser. Tupfte sich die Mundwinkel mit einer Serviette trocken. „Ich würde sagen", er trank noch einen Schluck und legte die Hände auf die Tischplatte, „da fehlt ein bisschen Zimt."

22

Vollgestopft

Am Sonntag nach Thanksgiving aus dem Bett zu kommen war schwierig. Ich kam mir vor wie eine Python, die eine Antilope am Stück verschlungen hatte. Die Vorweihnachtszeit hatte offiziell begonnen. Eigentlich wollte ich gar nicht darüber nachdenken, aber es gab kein Entkommen. Meine Lieblings-radiosender waren schon seit Wochen im Feiertagsmodus. Mit tränenverschwommenem Blick steuerte ich den Wagen durch verschiedene Versionen von „Silent Night" und musste jedes Mal rechts ranfahren, wenn Judy Garland mir *A Merry Little Christ-mas* wünschte.

Auch Seamus war sehr träge. Er musste davon überzeugt werden, die Zeitung zu holen. Hatte er womöglich den Punkt im Leben eines Labradors erreicht, an dem das Welpendasein dem Greisenalter weicht? Sein morgendliches Futter verschlang er so gierig wie immer, aber dann drehte er sich zu mir um und würg-te es als intaktes, säuberliches Häufchen wieder auf den Küchen-boden.

Das Gekotze an sich war nicht weiter besorgniserregend – bei Labradoren gehört das sozusagen zum Standardprogramm –, doch als ich feststellen musste, dass Seamus sich nicht hinlegen und auch kein Häufchen machen konnte, wurde ich unruhig. Mit meinem Wer-nichts-weiß-muss-raten-Abschluss in Tiermedizin diagnostizierte ich irgendeine Art von Verstopfung. Was konnte er gefressen haben? Der Verbleib sämtlicher Ohrringe, Handyladekabel und Socken war bekannt. Was also war es diesmal? Ein Truthahnknochensplitter? Ein Stock? Da solche Sachen immer ausgerechnet am Wochenende zu passieren scheinen, standen alle Zeichen auf Besuch in der Notfalltierpraxis.

Ka-tsching!!!

Ausflüge zum Tierarzt verängstigten Seamus über die Maßen. Um ihn ruhigzuhalten, waren meist zwei Arzthelfer mit ausreichend Erfahrung im Handhaben von Mastschweinen nötig. Mangelte es den Angestellten an entsprechender Übung, eher drei. Da ich nun meinen rechtmäßigen Platz als Alphafrauchen eingenommen hatte, würde sich Seamus aber vielleicht gar nicht so … seamusig verhalten.

Die Fahrt in die Notfallpraxis begann nicht sonderlich vielversprechend – Seamus war nicht eben erpicht darauf, in seine Box hinten im Auto zu springen. Ich musste ihn hochheben, genauso wie ich Harvey damals vor seiner letzten Fahrt zum Tierarzt hochgehoben hatte …

Gott, alles, nur das nicht!

Bei unserer Ankunft öffnete ich die Box, aber anstatt seinen üblichen Springteufelabgang hinzulegen, schälte sich Seamus in Zeitlupe aus dem Wagen.

Pragmatisch war an dem Laden hier gar nichts. Er wirkte mehr wie ein Luxushotel als wie eine Tierarztpraxis. Ein vor guter Laune nur so sprudelndes Mädchen im lila OP-Kittel, über dessen Brusttasche der Name „Kayla" gestickt war, begrüßte uns im Eingangs-/Zengartenbereich und tippte aufgeregt unsere Symptome in den Rechner – Lethargie, Erbrechen. Ihr Enthusiasmus schrumpfte spürbar, als ich ihre Blut-im-Stuhl-Frage mit Nein beantwortete. Wir nahmen in einem gut gefüllten, im Waldthema gehaltenen Wartebereich Platz.

Niemand hier hatte einen Vogel dabei. Keine Katzen, keine Meerschweinchen – nur Hunde: ein schokoladenfarbener Labrador, ein gelber, zwei schwarze. Entschuldigung, sagte ich Labradore? Ich meine Goldesel.

„Und? Was führt Sie her?", fragte der Mann mit dem gelben Labrador.

„Ich glaube, er hat was Falsches gefressen", sagte ich.

Die Wartenden bedachten mich unisono mit einem Ach-das-kenn-ich-Nicken.

„Das hier ist unser zweiter Besuch innerhalb von drei Wochen", sagte die Frau mit dem schwarzen Labrador Nr. 1. „Beim ersten Mal war es ein Stift." Sie zog ihn aus ihrer Handtasche. „Sehen Sie mal, er funktioniert sogar noch!"

„Ich vermisse ein Paar Spanx und habe da so einen Verdacht, wo sie stecken", sagte die Frau mit dem schokoladenfarbenen Labrador.

Schwarzer Labrador Nr. 2 hatte ein Faible für Asphalt.

Kayla kam herein und führte Seamus und mich in einen kleinen Untersuchungsraum. Er war aufgemotzt mit den neusten Diagnosegeräten – ich hätte schwören können, dass ich die gleichen Maschinen bei meiner Mutter im Krankenhauszimmer gesehen hatte. Ich leinte Seamus ab. Er machte eine kurze Runde durch den Raum, dann kam er zurück und legte seinen großen Kopf in meinen Schoß. Für einen schwarzen Labrador sah er ganz schön blass aus. Sein Fell, das sonst auch ohne großen Aufwand hochglänzend schimmerte, wirkte stumpf. „Keine Angst, Kumpel, das kriegen wir schon hin", sagte ich, während er Gallenflüssigkeit auf meine Jeans würgte.

Der Tierarzt war eine Version des jungen Burt Lancaster. Ich hätte ihn gern darauf angesprochen, bezweifelte aber, dass er überhaupt wusste, wer Burt Lancaster war.

„Und, wo drückt der Schuh?", fragte er.

„Na ja, er scheint kacken zu wollen, kann aber nicht, und wie Sie sehen", ich wies auf den frischen, erbsensuppenfarbenen Fleck auf meiner Hose, „hat er sich übergeben, und dann hält er ständig seinen einen Hinterlauf hoch, als ob er ihn nicht mehr belasten kann."

„Hmmmm", machte der Tierarzt.

Er klopfte. Er drückte. Er hörte Lungen, Brust und Magen mit dem Stethoskop ab. Mir fiel auf, dass er keinen Ehering trug. Wäre ich besser in Form gewesen, hätte ich sicher eine Möglichkeit gefunden, meine ledige, naturblonde, langbeinige Doktorandinnentochter ins Gespräch zu bringen. Einen Tierarzt hätten wir gut in der Familie brauchen können, aber das würde warten müssen.

„Also, ich fühle, dass da etwas ist, aber … was genau es ist, kann ich nur sagen, wenn wir ihn röntgen."

„Oh … und was wird mich das kosten?"

Er sah mich an, als hätte ich ihm gerade mitgeteilt, er könne den Hund ruhig einschläfern.

„Äh, so um die fünf- bis sieben…"

Tausend?

„…hundert. Sie können hier warten, es dauert nicht lange."

Im Warteraum waren keine anderen Labradore mehr zu sehen. Ich setzte mich neben den Meditationswasserfall und meditierte. *Was, wenn er einen Bindedraht gefressen hat, der auf Abwege geraten ist? Warum muss eigentlich immer ich die Hunde zum Tierarzt bringen? Ich glaube, Mark weiß nicht mal, wie unser Tierarzt heißt!* Und dann musste ich an das letzte Mal denken, als ich in einem Wartebereich vom Typ Notaufnahme gesessen hatte. Das war mit meiner Mutter gewesen, als sie so dehydriert gewesen war, dass sie aus ihrem elektrisch verstellbaren Sessel gefallen war, und diesmal hatte mein Vater – anders als damals bei der Sesselliftgeschichte – sie nicht retten können und sie war auf dem Boden gelandet.

Mir wurde ein wenig flau im Magen. Ich wollte einfach nur, dass diese traurigen Gefühle, bitte schön, verschwanden. Was, wenn Seamus eingeschläfert werden musste? Meine Mutter hatte immer gesagt: „Der Tod kommt dreimal." Ich dachte, wir hätten das mit zwei Tanten und dann ihr bereits abgehakt. Aber was, wenn wir ein Todesschaltjahr hatten und er diesmal viermal kam? Das würde dann vermutlich der Tropfen sein, der mein Meditationswasserfallbecken zum Überlaufen brachte.

Nach und nach kamen die anderen Labradore aus ihren jeweiligen Untersuchungszimmern. Sie wirkten begierig, sich gleich ins nächste Problem mit dem Verdauungstrakt zu stürzen. Wie lange saß ich hier schon? Eine Stunde? Zwei? Ich sah auf die Uhr. Zweieinhalb Stunden! Ich entdeckte Kayla, die mit einem Tablett durch den indirekt beleuchteten Empfangsbereich auf mich zukam. „Seamus' Mama?", rief sie. Wann war ich zur Hundemutter geworden? Ich hatte ihn nicht zur Welt gebracht, und wenn, dann hätte ich damit garantiert die medizinische Fachpresse in Aufruhr versetzt.

Kayla brachte mich in einen weiteren, etwas privateren Warteraum, der dem Konzept „beruhigende Umgebung" eine ganz neue Bedeutung verlieh. *Ein Koi-Teich? Im Ernst?* Ich hätte vorher meine salzverkrusteten Stiefel loswerden und meine besseren (nämlich weniger dreckigen) Jeans sowie ein T-Shirt aus fair produzierter Biobaumwolle anziehen sollen.

Dr. Lancaster kam zurück. Seamus war nicht bei ihm.

„Hallo noch mal!" Er öffnete seinen Laptop und drehte ihn so, dass ich mit auf den Bildschirm schauen konnte.

„Sehen Sie diesen großen Bereich hier?" Er zeigte auf einen milchigen Klecks in der Nähe von etwas, das entfernt an Rippen erinnerte. Ich war noch nie gut darin, auf Röntgen- oder Ultraschallbildern etwas zu erkennen – als mir eine Arzthelferin mitteilte, dass ich einen Jungen bekommen würde, war ich mir nicht mal sicher, ob das verschwommene Bild auf dem Schwarz-Weiß-Monitor überhaupt ein Baby darstellte.

„Sieht ziemlich verdächtig aus", sagte er und umkreiste die Region mit seinem unverdaulichen Kuli. „Könnte Gas sein, könnte ein Gegenstand sein – ich finde, wir sollten der Sache weiter auf den Grund gehen."

„Was meinen Sie mit ,weiter auf den Grund gehen'?"

„Na ja, ich würde einen Ultraschall vorschlagen ..."

„Aha."

„Und wenn wir damit nicht weiterkommen, eine Röntgen-kontrastmitteluntersuchung ..."

„Aha."

„Und eventuell auch einen operativen Eingriff."

„Einen Eingriff?! Was kostet das?"

„Nun, irgendwas zwischen zwei- und vielleicht fünftausend."

„Darüber muss ich mit meinem Mann sprechen."

„Aber sicher. Nehmen Sie sich die Zeit."

Ich rief zu Hause an und erzählte Mark, was ich wusste. Wir entschieden, es mit Ultraschall zu versuchen und zu hoffen, dass Kontrastmittel und OP danach gar nicht mehr nötig sein würden. Ich gab Burt Lancaster das Okay, den Weg in Richtung finanzielle Schmerzgrenze einzuschlagen.

So hatte ich mir meinen Sonntag nicht vorgestellt. Wie gern hätte ich auf dem Sofa herumgelungert und in Jogginghosen Football geschaut! Ich hätte mit Seamus Gassi gehen sollen, anstatt ihm einfach die Hintertür zu öffnen und ihn seinem Schicksal zu überlassen – vielleicht hätte er dann nie gefressen, was auch immer jetzt den Stau auf seiner Darmautobahn verursachte. Wie dumm von mir!

Kayla schickte mich zurück in die Beruhigungssuite und Dr. Lancaster zeigte mir das neuste Bild auf seinem Laptop. „Ich fürchte, die Röntgenkontrastmitteluntersuchung und ein möglicher Eingriff sind wieder auf dem Tisch."

Scheiße.

„Darf ich Sie etwas fragen?", fragte ich.

„Sicher."

„Ist das … ähm … lebensgefährlich?"

„Na ja, also …"

„Sagen wir, es wäre Ihr Hund. Was würden Sie tun?"

„Ich? Also, ich würde mich für die OP entscheiden …"

„Natürlich würden Sie das, blöde Frage."

Im Vergleich zu der Shunt-oder-kein-Shunt-Entscheidung, die wir für meine Mutter hatten treffen müssen, war das hier eine Kleinigkeit, oder? „Bringen Sie mir bitte den Hund", sagte ich. „Wir fahren nach Hause."

Dr. Burt zuckte mit den Achseln und warf mir einen Ich-hoffe-Sie-wissen-was-Sie-da-tun-Blick zu.

Wusste ich.

Glaube ich.

Kayla holte Seamus aus den Eingeweiden des Gebäudes, aber erst nachdem ich die Rechnung unterzeichnet hatte, die jede Hoffnung auf ein Erste-Klasse-Weihnachten zunichtemachte. Ich lud Seamus in den Wagen und schickte ein Stoßgebet zum heiligen Rochus, dem Heiligen meiner Wahl in Situationen wie dieser, und zu meiner noch nicht offiziell heiliggesprochenen Mutter.

„Bitte, Mom. Rochus. Ich habe nur eine einzige Bitte: dass dieser Hund einen guten, alten Haufen produziert. Ist das zu viel verlangt?"

Als wir heimkamen, schoss Seamus an mir vorbei zu seinem Lieblingskackplätzchen unter dem Ahornbaum. Er drehte sich ein paarmal um sich selbst, dann nahm er die Kommahaltung ein. Während er drückte, sah er mich an, als wollte er sagen: „Hey, ich könnte hier ein bisschen Hilfe gebrauchen!" Ich schritt zur Tat und hielt seine Rute mit der gleichen Autorität, die auch Dr. Burt Lancaster zur Schau gestellt hatte.

Da kam etwas.

„Schön bei der Sache bleiben", sagte ich zu ihm. „Ich hole nur eben Handschuhe."

Mit meiner latexumhüllten Hand fasste ich, was es zu fassen gab, und half ihm vorsichtig nach draußen – ein bisschen, ein bisschen mehr, wie ein Zauberer, der mehrfarbige Schals aus einem gekräuselten, braunen Ärmel zieht.

Stückchen eines gewebten … fingerförmigen Etwas kamen zum Vorschein. Dann Fetzen aus dem gleichen Material mit … blauen Gummitupfen?

Oh, oh.

Vor zwei Tagen, die letzte der fünf Ladungen des schmutzigen Thanksgivinggeschirrs war gespült und weggeräumt, hatte ich meiner Schwester gesimst: *Mein Ofenhandschuh. Ich will ihn zurück.*

Deinen was?, hatte sie geantwortet.

Meinen Ofenhandschuh. Sieht aus wie ein Handschuh, besteht aus Kevlar. Hab ihn vom Jahrmarkt. Hab ich nicht benutzt. Und wo ist er dann?

Scheiße, woher soll ich das wissen?

Jetzt wusste ich es.

Er lag in Fetzen auf einem Schneehaufen in meinem Garten.

Über die nächsten Tage bahnte er sich, ein Finger hier, ein Finger da, seinen Weg aus den Katakomben von Seamus' Dickdarm. Ich wusch das größte intakt gebliebene Stück – ein Teil der Handfläche und der Manschette – und hängte es an den Kühlschrank, als Warnung davor, was passieren kann, wenn ein gewisser Hund beschließt, etwas zu verdauen, das eindeutig keinen Bestandteil seiner Ernährungspyramide darstellt.

Ich dankte dem heiligen Rochus und meiner Mutter, die ihr erstes Wunder geleistet hatte, und zog ernsthaft in Betracht, meine Schwester anzurufen, um mich zu entschuldigen.

Das dann doch nicht.

23

Platzregeln

Als Seamus und ich fünf Jahre zuvor am Apportierwettbewerb teilgenommen hatten, war meine Mutter noch dazu in der Lage gewesen, Treppen zu steigen, ging noch zur Chorprobe und war auch noch nicht aus dem Verkehr gewunken worden, weil sie auf dem Rückweg vom Bäcker die Geschwindigkeitsbegrenzung übertreten hatte. Als der „nette Polizist" nach ihrem Führerschein fragte, bot sie ihm eine Quarkplundertasche an.

Und vor fünf Jahren hatte es auch noch keine Facebook-Seite voller Bilder ehemaliger Teilnehmer und alter Statistiken gegeben. Die Zeit aus dem Vorjahr, die es zu schlagen galt, lag bei 10,4 Sekunden. Aber zum Glück wollte ich ja gar nicht gewinnen. Mein einziges Ziel bestand darin, nicht disqualifiziert zu werden. Das bedeutete, ich musste vermeiden, dass Seamus aggressives Verhalten gegenüber anderen Hunden oder Menschen zeigte, den Bühnenbereich verließ oder den Wasser/Pool-Bereich auf der Bühne betrat. Außerdem musste ich dafür sorgen, dass er mir den Apportierdummy zurückbrachte.

Die offiziellen Regeln lauteten:

Pro Teilnehmer erfolgen zwei Durchläufe, bei denen die Zeit genommen wird. Als offizielle Zeit wird die bessere der beiden gewertet.

Durchgeführt wird ein Landapport mithilfe eines Apportierdummys. Die Apportierstrecke beträgt 35–40 m pro Richtung. Die Hundebesitzer können ihren eigenen Apportierdummy mitbringen oder ein durch den Veranstalter bereitgestelltes Exemplar nutzen.

Hund und Trainer stehen an einem Ende der Hauptbühne an der Startlinie. Der Apportierdummy muss innerhalb des gekennzeichneten Bereichs am anderen Ende der Bühne ausgelegt werden.

Es ist den Teilnehmern gestattet, eine Hilfsperson mitzubringen, um den Dummy am gekennzeichneten Ort abzulegen (abzuwerfen). Alternativ stellt der Veranstalter eine solche Person zur Verfügung.

Der Trainer lässt den Hund anschließend laufen. Die Zeit läuft ab dem Augenblick, in dem der Hund die Startlinie überquert, bis er sie auf dem Rückweg zum Trainer mit dem Dummy erneut überquert. Der Hund wird disqualifiziert, wenn er den Bühnenbereich verlässt, den Wasser/Pool-Bereich auf der Bühne betritt oder dem Trainer den Apportierdummy nicht zurückbringt.

Bedeutete „dem Trainer den Apportierdummy zurückbringen", dass der Hund ausgeben musste? Ich erzählte meinem Vater, dass ich recherchiert und die „offiziellen Regeln" – wenn auch die von 2010 – im Internet gefunden hatte. Ich las ihm die Beschreibung vor.

„Wiederhol noch mal den Teil mit der Ziellinie."

Machte ich.

„Ich kapiere es nicht, Dad. Heißt das, er muss mir den Dummy geben? Oder reicht es, wenn er mit dem Dummy im Maul über die Linie läuft?"

„Weißt du was? Wir arbeiten einfach weiter mit ihm, bis er ausgibt. Ist gut, wenn er es kann, auch wenn er nicht muss."

Das Gelände des Hundevereins war von einer dünnen Schicht aus trockenem Schnee überzuckert, die Art, die sich einfach mit dem Besen vom Gehweg vor unserem Haus fegen ließ. Die Teiche waren größtenteils noch nicht zugefroren. Es war kalt, aber nicht unangenehm.

Wir bauten einen Vierzigmeterparcours auf, mit dem gleichen System aus weißen Pflöcken wie schon einmal, nur dass wir uns diesmal neben dem großen Teich alias „die Wasserverlockung" befanden. Als Hilfsmittel hatten wir für den „Notfall" heute noch einen Eimer und einen Stock dabei, die für die nötige Geräuschkulisse sorgen sollten. Mein Vater ging ans andere Ende des Parcours, während Seamus und ich hinter der Start/Ziel-Linie aus Pflöcken warteten.

„Wenn du ihn losgeschickt hast, tritt ein paar Schritte zurück."

„Wieso?"

„Na ja, so kann er bei seiner Rückkehr mit Vollgas über die Linie rennen. Wenn du mitten draufstehst, bremst er vielleicht zu früh."

Wir beschlossen, den Dummy zu verwenden, auf dem Seamus nicht so viel herumkaute, und ihn stark mit Duftstoff einzureiben. Mein Vater warf ihn vielleicht einen Meter neben sich, während ich meine Pfeife und den Hund sowie Stock und Eimer (nur für den Fall) koordinierte. Ich überprüfte, ob meine Stoppuhrapp bereit war.

„Okay!", sagte ich zu Seamus und schon schoss er davon, in gerader Linie, wie eine Wärmesuchrakete. Er schnappte sich den Dummy, ich blies in die Pfeife und Seamus kehrte um. Alles sah gut aus, bis er nach zwei Dritteln des Rückwegs anfing herumzutrödeln, den Parcours verließ und den Dummy schüttelte.

„Nutz den Stock!", brüllte mein Vater.

Als ich mit dem Handy die Zeit genommen hatte, hatte ich den Stock irgendwohin geschmissen. Als ich ihn wiedergefunden und das Telefon weggesteckt hatte, war Seamus bereits über unsere behelfsmäßige Ziellinie zu mir zurückgekehrt und das Korrekturfenster hatte sich geschlossen.

„So, jetzt gehst du rüber und *ich* stelle mich hierhin. Lass den Stock da."

Wir tauschten die Plätze. Ich warf, mein Vater schickte Seamus los. Er schoss los, holte den Dummy, machte sich auf den Rückweg, kam stockend zum Stehen, schüttelte den Dummy, trödelte herum. Mein Vater drosch auf den Eimer ein. Bammmm!

„Aus!", sagte er. Seamus duckte sich und zog den Schwanz ein.

Wir tauschten wieder die Plätze. „Wenn er es diesmal vermurkst, holst du den Stock hervor, machst aber nichts damit."

„Ich soll *nicht* auf den Eimer schlagen?"

„Nein. Vertrau mir."

Wir versuchten es erneut. Diesmal gab es keine Patzer. Kein Trommelsolo nötig. Seamus überquerte die Ziellinie nach 10,65 Sekunden.

„Ooooh, feiner Hund!", sagte ich.

Nächste Runde. Seamus vermasselte das Aufnehmen, deswegen waren wir diesmal etwas langsamer: 11,10 Sekunden. Unser letzter Versuch an diesem Tag war der beste: 9,75 Sekunden. Und das Schönste an der Sache? Kein Stock vonnöten.

„Wenn du im Garten übst, solltest du den Stock immer bereithalten."

„Wie? Einfach so auf dem Verandatisch?"

„Jupp, und zwar so, dass Seamus ihn sehen kann."

„Und was ist mit dem Eimer?"

„Den wirst du nicht brauchen."

Jetzt war ich verwirrt. Ich hatte den Bogen mit dem Getrommel doch gerade erst rausbekommen! „Wieso nicht?"

„Weil … ach, vertrau mir einfach."

24

Der Polarwirbel

Ich hielt den Neuversuch in Sachen Apportierwettbewerb mit jedem Grad, das die gefühlte Temperatur sank, immer mehr für eine Schnapsidee. Da waren wir, auf einem gefrorenen Feld, im Angesicht des tosenden Sturms, und Dad wurde immer (k)älter. Mit dem Rücken zum Wind zu stehen war für uns Menschen zwar angenehmer, für Seamus' Geruchssinn aber suboptimal. Ihm war das egal. Kälte, Wind, Schneeregen, Schnee – nichts schien sein dickes Fell und seinen noch dickeren Schädel zu durchdringen. Für ihn glich ein Tag in einer trostlosen sibirischen Landschaft einem Tag im Spa. Was für mich … na ja, eher weniger galt.

Wir zahlten gerade den Preis für die letzten paar milden und relativ schneefreien Winter. Gestatten? Polarwirbel. Der unermüdliche Schnee und die minus zwanzig Grad, die einem als minus fünfundzwanzig ins Gesicht gepeitscht wurden (aber welchen Unterschied machen an diesem Punkt schon noch fünf Grad?) hatten etwas seltsam Tröstliches an sich. Sie verdrängten die Erderwärmung auf meinem Sorg-o-Meter nach unten – ganz oben stand derzeit Dad, dann kamen die Kinder, mein Ehemann, die politische Situation, die Zukunft, Geldsorgen, dann, ob ich dem Hund gerecht wurde, und schließlich, ob ich meinen Pony herauswachsen lassen sollte.

Der regelmäßige Schneefall und das darauf folgende Schneeschippen erinnerten mich an vergangene Winter, in denen Mom und ich nach dem Abendessen noch einmal rausgegangen waren, um den Gehweg freizuräumen. Was hat es nur an sich, dieses abendliche Schneeschippen? Der Schnee wirkte geradezu unecht – zu pudrig, zu glitzernd. Wir gingen raus, ehe das Räumfahrzeug vorbeikam. Der Schnee bedeckte die Übergänge zwischen Bordstein, Auffahrten und Stufen, sodass unser kleines Grundstück so aussah, als würde es auf der anderen Straßenseite enden, vor der Haustür unserer Nachbarn. Wenn wir fertig waren, hängten wir unsere Schippen an die dafür vorgesehenen Nägel in der Garagenwand. Meine Brille beschlug, sobald sich die Hintertür öffnete. Ein paar Sekunden lang war ich blind und tastete mich die Kellertreppe hinunter, bis ich den Flickenteppich, auch bekannt als Stiefelparkplatz, unter meinen Füßen spürte. Ich legte meinen Anorak ab und hängte ihn neben Dads Jägerjacke.

Ich wusste, auf dem Küchentisch würde mich der schwere Becher mit dem Cowboy auf dem buckelnden Pferd erwarten, gefüllt mit heißer Schokolade. Mom würde ihre Hände an meine Wangen legen, um mich aufzuwärmen, und ich würde das herrliche prickelnde Gefühl von auftauender Haut spüren, wie das in der Oberlippe nach einer Zahnbehandlung.

Da sich die letzten Winter eher nach Südfrankreich als nach Südostwisconsin angefühlt hatten, befand sich meine Kaltwettergarderobe in einem bedauernswerten Zustand. Die Handschuhe waren nicht gestopft, Wollsocken und lange Unterhosen nicht ersetzt worden. Ich musste nach dem Zwiebelprinzip etwas zusammenwürfeln und hoffen, dass das Ergebnis warm genug hielt für die Arbeit im freien Feld:

Ausgeleierte lange Unterhosen, die – ähnlich wie mein kollagenmangelgeplagtes Gesicht – nach dem Waschen nicht mehr in ihre Ursprungsform zurückfanden.

Jeans.

Zwei unterschiedliche Wollsocken.

Ein Rolli mit ausgeleiertem Kragen.

Eine Jacke, die ich aus dem Haufen für die Altkleidersammlung fischte.

Ein Quasipaar gefütterte Nylonhandschuhe mit mehreren Brandlöchern in den Fingern, die beim Umgang mit heißen Holzscheiten in der Feuermulde entstanden waren (ich hatte mein einziges Paar Fäustlinge meiner fäustlinglosen Tochter überlassen, denn so sind wir nun mal, wir Mütter).

Gekrönt wurde mein Outfit von einer schlaffen, bunten Mütze, die ich meinem Hipstersohn zu seinem letzten Geburtstag gestrickt hatte. Als er die Schachtel öffnete, hatte er eher schmerzverzerrt denn begeistert dreingeblickt. Der Teich auf dem Vereinsgelände war zugefroren. Die einzige freie Wasserfläche befand sich weit hinten, nahe am Ufer, dort, wo die Quelle hochsprudelte. Mein Vater war schon aus seinem Truck gesprungen und konnte es gar nicht abwarten, endlich loszulegen. Er war in seine bauschige, daunengefütterte Jagdausrüstung gehüllt und trug eine knallorange Mütze mit Ohrenklappen, die man hochbinden oder herunterlassen konnte (heute war ein Tag für heruntergelassene Ohrenklappen), dazu seine Schneestiefel von Sorel und Fäustlinge mit einem Ausgang für den Zeigefinger, damit man den Abzug betätigen konnte. Das einzige Stückchen Haut, das Freiluftkontakt hatte, war sein Gesicht. Er sah aus wie ein vierundachtzigjähriges Kleinkind, das jemand für einen Schlittentag im Wald ausstaffiert hatte.

„Wir machen doch nicht etwa Wasserapport, oder?", fragte ich, während ich mich widerwillig von meinem beheizten Fahrersitz löste.

„Nein. Ich habe meinen Hund mal auf Wasser mit einer dünnen Eisschicht gelassen, das ist gebrochen, als er es berührt hat."

„So wie Crème brulée?", fragte ich.

„Crème was?"

Ich öffnete den Kofferraum. Seamus' Tasthaare gefroren im Nu. Er sprang aus seiner Box, ohne sich von der beißenden Kälte beeindrucken zu lassen. Die ersten langen Apporte vermasselte er wegen eines Trainerfehlers – ich schaffte es nicht rechtzeitig, unter meinen vielen Kleiderschichten die Pfeife zu orten, um ihn zurückzurufen.

Seamus hatte Frieden mit der Eimer-und-Stock-Methode geschlossen. Als ich mit ihm im Garten arbeitete, hatte er einmal sogar den Stock vom Verandatisch geholt und war damit herumgerannt. Wie aufwendig würde es werden, ihn dazu zu bewegen, dass er zu mir zurückkam? Ich hatte Angst vor der Antwort.

„Hast du … das Elektrohalsband mitgebracht?"**

Mein Vater hatte es mir schon vor Jahren geschenkt. Ich hatte Seamus damit abtrainieren sollen, dass er an Leuten hochsprang. Aber ich hatte es nicht übers Herz gebracht und mich auch nicht getraut, es zu benutzen. Dass die Hundeerziehung mit solch einem Halsband stark in der Kritik steht, war mir natürlich nicht egal. An der Fernbedienung befand sich ein Impulsknopf, auf den man drücken musste, um einen kurzen Elektroschock zu verursachen, der sich anfühlte, als bekäme man einen Schlag durch statische Ladung. Ich hatte das Elektrohalsband samt Zubehör in der Garage verwahrt, in der Hoffnung, es nie benutzen zu müssen.

** Das Buch gibt wahre Begebenheiten und die Ansichten der Verfasserin wieder. Es ist zuerst in den USA erschienen und spielt auch dort. In der Originalausgabe werden Erziehungsmethoden für Hunde angewandt, die in den USA erlaubt sind, aber nicht dem deutschen Tierschutz entsprechen. Dem deutschen Verlag liegt das Wohl von Tieren sehr am Herzen und er lehnt eine solche Behandlung ab.

„Und? Hast du es jetzt dabei oder nicht?"

„Ja, hab ich."

„Na also … dann leg es ihm an!"

Ich mied Seamus' Blick, aus dem bedingungslose Liebe strahlte, während ich ihm das Empfängerdingsbums an die Kehle schnallte. Ich bin sicher, dass Seamus zunächst keinerlei Unterschied zu irgendeinem anderen Halsband spürte. Ihn interessierte nichts anderes, als über die Hügel zu flitzen, irgendetwas zu finden, das entfernt nach Vogel roch, und es (mehr oder minder) zu mir zurückzubringen.

„Es bringt was. Ich wette, du musst es nur ein einziges Mal antesten. Er ist ziemlich schlau."

Hm. Da hatte er recht.

„Lass ihn ein bisschen herumlaufen", sagte mein Dad. „Und dann gehen wir ans Eingemachte."

Seamus hinterließ seine dampfende Marke auf einem Stein, einem Baumstumpf und dem Hinterreifen des Trucks, während wir das Gelände des Apportierwettbewerbs recht passabel nachbauten.

„Okay, los gehts. Hol deinen Hund."

Ich packte Seamus beim Halsband des Grauens, damit er bei Fuß kam.

„Was zum Teufel machst du da?"

„Ähm, ich … wir … laufen bei Fuß?"

„Benutz das Halsband!"

„Tu ich doch schon!"

„Nicht als Haltegriff! Sag ihm, er soll bei Fuß kommen, und wenn er nicht folgt, dann verpass ihm einen leichten Schlag!"

„Darf ich nicht im Zweifelsfall zu seinen Gunsten entscheiden?"

Mein Vater schüttelte den Kopf und stemmte seine fäustling-bewehrten Hände in die daunengepolsterten Hüften.

Ich ging davon. Seamus folgte mir und ersparte es mir, auf den Knopf drücken zu müssen. Braver Junge!

„Und jetzt umdrehen."

Ich drehte um. Seamus folgte mir nicht.

„Befiehl ihm, bei Fuß zu kommen!", rief mein Vater.

„Bei Fuß!", sagte ich flehentlich zu Seamus, aber er hörte nicht.

„Drück den Knopf!"

Alles in mir sträubte sich und trotzdem tat ich, was Dad sagte. Man bleibt ein Leben lang Kind, mit allen dazugehörigen Komplexen, fürchte ich. Seamus ließ sich nicht aus der Ruhe bringen. Mein Vater brüllte mir zu, das Ganze zu wiederholen.

„Aber … wenn ich es wieder sage und ihm einen Schlag verpasse, assoziiert er dann nicht den Befehl mit Schmerzen?"

„Nein. Du sagst ‚bei Fuß', er gehorcht nicht, er bekommt einen Schlag, weil er nicht gehorcht hat, Ende."

„Aber genau das habe ich doch gerade gesagt."

Mein Vater nahm die Fernbedienung, die an einem Band von meinem Hals baumelte, um mir vorzumachen, was ich zu tun hatte. „Sag ihm, er soll bei Fuß kommen."

„Bei Fuß!", sagte ich. Seamus gehorchte nicht. Ich sah den Zeigefinger meines Vaters aus seinem Versteck kriechen und auf den Knopf drücken. Aber Seamus war zu beschäftigt damit, einen Geruch zu entschlüsseln.

„Ist das Ding überhaupt an?", fragte mein Vater.

Seamus spürte nichts. Oder er tat zumindest so. Er spazierte herum, fand den nächsten bepinkelungswürdigen Gegenstand.

„Bei Fuß!", sagte ich. Der Hund schlenderte weiter.

„Bist du sicher, dass du das Halsband richtig angelegt hast?" Eins war sicher: Die Frustration meines Vaters setzte Wärme frei, denn er öffnete den obersten Druckknopf seines bauschigen Parkas.

„Ja, ich bin mir ziemlich sicher", sagte ich, auch wenn ich ziemlich sicher war, dass ich mich möglicherweise irrte.

„Sag mal, Dad, muss das denn sein? Auch wenn Seamus sich nichts anmerken lässt, ist das doch schmerzhaft!"

„Herrje, du klingst schon genauso wie deine Mutter", sagte er.

Ich klang tatsächlich wie meine Mutter, jeden Tag ein wenig mehr. Nicht nur inhaltlich, sondern auch vom Tonfall her – der leichte Singsang, wenn ich frustriert war, mein Hang zur Verwendung der Redensart „du liebes Lieschen". Und nicht nur in mir selbst erkannte ich sie wieder – auch in meinem Sohn, wenn er beim Lachen den Kopf neigte, und in meiner Tochter, wenn sie vor Aufregung wild gestikulierte. War das hier das Ich-spüre-sie-bei-mir-Gefühl, nach dem ich mich so gesehnt hatte?

„Okay, sag ihm, er soll bei Fuß kommen."

„Seamus! Bei Fuß!", sagte ich.

Der Hund ignorierte mich. Mein Vater schüttelte die Fernbedienung, dann hielt er sie sich ans Ohr, ehe er den kleinen Seitenschalter überprüfte.

„Kein Wunder! Du hast es auf ‚Vibration' gestellt, nicht auf ‚Impuls'!"

Er ließ Seamus frei herumschnüffeln, dann wies er mich an, noch mal einen Befehl zu geben. Seamus ignorierte den Befehl und Dad drückte mit dem Zeigefinger auf den Knopf. Seamus machte abrupt kehrt und trottete zurück. Er zuckte nicht einmal. Im Gegensatz zu mir.

„Das war das Problem. Es war einfach kein Saft drauf!" Dad reichte mir die Fernbedienung und erklärte mir, wie wir vorgehen würden. „Wenn er mit dem Dummy zurückkommt, sagst du ‚Gib!', und wenn er nicht folgt, verpasst du ihm einen kleinen Schlag, kapiert?"

„Gehts nicht auch anders?"

„Wie lange haben wir noch?"

„Bis zum 5. März."

„Weihnachten steht vor der Tür ... und der Mann, der hier die Straßen und den Parkplatz räumt, kommt nicht immer. Der Schnee ist sogar mit meinem Vierradantrieb zu tief. Ich schaffe es nicht zu den Feldern, also wer weiß, wann wir wieder trainieren können."

„Okay, okay."

Wir nahmen unsere Positionen ein – der Hund und ich am Startpunkt, mein Vater in vierzig Metern Entfernung. Ich war besorgt. Gab es Studien darüber? Führten Elektroschocks zu irgendwelchen dauerhaften Folgeerscheinungen? Ich stellte mir vor, wie ich irgendwann in der Zukunft mit einem greisen Seamus mit ergrautem Fell zum Tierarzt ging, wo man uns schlechte Nachrichten bezüglich irgendeiner seltsamen, tödlichen Zellmutation überbrachte, die in seinem Körper ihr Unwesen trieb. „Sie haben ihm früher nicht zufällig ein Elektrohalsband angelegt. *Oder etwa doch?!"*

Dad ließ den Dummy fallen. Ich gab Seamus mein Okay. Er zischte ab. Ich hatte nur wenige Sekunden, um die Pfeife zu finden, sie mir in den Mund zu stecken und meinen dicken, behandschuhten Finger auf den Knopf zu legen, ehe Seamus umkehrte und zurückgerannt kam. Ich hielt ihm meine ausgestreckte Hand hin und sagte: „Gib!", und als er nicht folgte, verpasste ich ihm einen Schlag. Es gruselte mich. Er ließ den Dummy fallen, machte Sitz und bedachte mich mit einem „Wie kannst du nur"-Blick.

„Versuchen wir es noch mal, aber diesmal achte drauf, dass du deine Hand unter sein Maul hältst, wenn er den Dummy auf den Boden fallen lässt!", brüllte Dad herüber. Er warf. Ich schickte den Hund los. Seamus nahm den Dummy auf und kam zu mir zurück. Ich streckte meine Hand aus. „Gib!" Er legte den gefrorenen, reifbedeckten Dummy in meinen Handschuh. Kein Schlag! Wir versuchten es noch mal. Und ein drittes Mal. Ein viertes. Ein fünftes. Seamus verhielt sich durchgängig so, wie wir es vom ihm erwarteten. „Dann schauen wir mal, was er mit einem toten Vogel anstellt", sagte Dad gut gelaunt und motiviert. Er ging zum Kofferraum seines Trucks und zog eine tote Taube aus einem seiner großen Eimer, der mit der Aufschrift „Krempel" versehen war. Was der Hund mit einer tiefgefrorenen Ente anstellte, wussten wir ja bereits. Warum sollte es bei einer toten Taube groß anders laufen?

„Die könnte er interessant finden, weil sie kleiner ist. Lass es uns einfach versuchen."

Mein Vater stapfte schwerfällig den Hügel hinauf, die tote Taube fest in seinem Fäustlingsgriff. Er lief ein wenig gebeugter als noch im Juli. Hatte er Rückenprobleme oder schützte er nur sein Gesicht vor dem Wind? Einzelne Sonnenstrahlen durchbrachen die Wolken. Dads schwerer Gang, die Sonne, der Schnee, der Wind – all das summierte sich zur Schlussszene meines Alter-Mann-läuft-in-den-Sonnenuntergang-Films.

Durch meine gefrorenen Tränen hatte ich nicht erkennen können, wie er mir das Zeichen gab, den Hund loszuschicken.

„Pass auf!", brüllte er. Es war also noch Leben in dem knurrigen alten Mann.

Ich schickte Seamus los. Er rannte an meinem Vater vorbei, den Hügel hoch. Den Hügel runter. Den Hügel wieder hoch. Dann nach links, dann nach rechts. War das gut? War es das, was er tun sollte? Dad war ein bisschen außer Atem, als er zu mir zurückgelaufen kam. „Das ist gut. Er benutzt seine Nase."

„Ja, aber er findet nichts."

„Er macht doch genau das, was er machen soll. Gib ihm eine Chance. Er schafft das schon."

Hin und her, hoch und runter, links und rechts.

„Ich weiß ja nicht, Dad. Vielleicht kann er nicht ..."

„Da, er hat sie!"

Ich blies zweimal in die Pfeife. Seamus schoss bei seiner Rückkehr bergab an uns vorbei. Dann trottete er zu mir und hustete
den Vogel samt einiger Federn aus.

„Jetzt lob ihn."

„Braver Hund!"

„Okay, und jetzt versuchen wir es noch mal, aber diesmal
sorgst du dafür, dass er mich nicht sehen kann."

Seamus' ziemlich gelungener Apport ließ die gefühlte Temperatur deutlich steigen und schien Dad mit neuer Energie für
seinen zweiten Aufstieg zu versorgen. Seamus zum Umkehren
zu bewegen war nicht so schwer wie bei unseren vorherigen Versuchen mit der Freiverlorensuche. Er machte nicht den Gummi-
hals. Vielleicht hatte er Angst, dass ich ihn schocken würde. Und
ehrlich? *Ich* hatte *auch* Angst, dass ich ihn schocken würde. Er
und ich standen – na ja, er saß, ich stand – mit dem Rücken gegen den Wind und meinen Vater. Es war schön, ausnahmsweise
mal nicht das Gefühl zu haben, dass mein Gesicht mit Steckna-
deln aus Eis gespickt wurde.

Ich konnte nicht sehen, was mein Vater vorhatte. *Vermutlich
sollte ich mich besser mal umdrehen, um zu prüfen, ob er nicht
über eine Bodensenke gestolpert und gestürzt ist und sich dabei
den Kopf an einem Stein aufgeschlagen hat.* Das wäre ein Ende
nach seinem Geschmack gewesen. Er wollte sterben, während
er etwas tat, das er liebte, nicht in einem Krankenhausbett oder
einem Rehazentrum. Ich musste zugeben, dass auch ich es vor-
gezogen hätte, wenn er auf diese Weise von uns ging. Ich wollte
seinem Verfall nicht zusehen müssen. Das wäre einfach zu hart
gewesen. Eines Tages wird Dad nicht mehr nur einen Telefon-
anruf weit weg sein. Wen werde ich dann fragen, warum sich
Seamus plötzlich vor der Forsythie fürchtet? Oder ob ich wirklich eine Rampe kaufen soll, damit er leichter in den Kofferraum
kommt, wenn er ein älterer Hundemitbürger wird? Google?

Mein Vater kehrte von der Hügelkuppe zurück. „Okay, er soll sich umdrehen und dann lenkst du ihn mit der Hand zu dem Vogel."

„Was genau soll ich machen?"

„Leg deine Hand seitlich an seinen Kopf und führe ihn." Ich nutzte meine rechte Hand wie eine Scheuklappe und wies Seamus in südwestliche Richtung. Er zog nach Nordwesten davon.

„Hat ja super funktioniert."

„Ach, mit etwas Übung wirst du dich schon machen." Und tatsächlich machte ich mich, zumindest hundemäßig. Ich hatte fast immer das Kommando. Ich befahl häufiger, als ich Bitten stellte. Und die meiste Zeit gehorchte Seamus.

Jetzt allerdings rannte er immer noch hin und her, hoch und runter, links und rechts.

„Er ist dran vorbeigelaufen", sagte mein Vater.

„Woher weißt du, wo genau du den Vogel abgelegt hast?"

„Ich habe die Stelle mit einem Stock markiert."

Natürlich hatte er das.

Seamus stutzte und machte kehrt.

„Ich finde, er wird langsam ein richtig guter … na ja, sagen wir, ein *ganz* guter Hund."

„Echt?"

Vor dem Training mit Dad im Verein hatte ich Seamus als eine Art Hunde-Mensch-Hybrid gesehen. Ich hatte ihn aufs Sofa gelassen. Wir hatten gemeinsam ferngesehen. Ich hatte ihm Küsschen gegeben und mit ihm geplaudert. Wenn er nicht da war, vermisste ich ihn, manchmal mehr als meinen Mann. Als mein Vater nun das Zugeständnis machte, dass Seamus ein richtig guter Hund war, breitete sich ein warmes Gefühl in meinem Inneren aus.

„Er hat ihn!"

Ich blies in die Pfeife. Bei seiner Rückkehr rannte Seamus nicht an uns vorbei, sondern kam auf direktem Weg zu mir und legte geradezu höflich die zunehmend kahle Taube vor meine gut isolierten Füße.

„Braver Hund!", sagte ich und pflückte ihm ein paar Federn aus den Tasthaaren.

„Das reicht für heute. Hast du den Vogel?"

„Ich? Ich soll den in die *Hand* nehmen?"

„Also, wenn du die Jagdweste angezogen hättest ..."

Dieser ganze Hügel-rauf-Hügel-runter-Irrsinn brachte mich ins Schwitzen. Dampf stieg von meinen nun handschuhfreien Händen auf. Seamus' Apporte hatten das rosa Fleisch am Hals des Vogels freigelegt und die Flügel waren vollkommen ramponiert. Ich bückte mich und hob den Vogel mit bloßen Händen auf.

Wir begannen unseren Abstieg, während Seamus fröhlich hinter uns hertrödelte. Mein Vater ließ den Motor des Trucks an und drehte die Heizung voll auf. Dann wartete er draußen, dass es drinnen warm wurde. Ich öffnete die Heckklappe meines Autos und musste Seamus gar nicht erst zum Einsteigen auffordern. Er sprang mit einem sauberen Satz direkt in seine Box. Ich nahm ihm das Elektrohalsband ab.

Ich gab meinem Vater den gerupften Vogel zurück. Er legte ihn auf den Sitz neben sich, der Kopf baumelte über die Kante.

„Lass uns spontan schauen, wann wir das nächste Mal trainieren, okay? Wir sollen noch mehr Schnee bekommen!", brüllte er gegen das Auspuffgeknatter seines Trucks an.

„Okay!", brüllte ich zurück. Ich hoffte, dass er mich überhaupt hören konnte. Er fuhr davon, in den spätnachmittäglichen Sonnenuntergang.

25

Hüte waren noch nie mein Fall

Ich hatte gerade eine warme Mahlzeit bei Tante Florence vorbeigebracht. Mein Vater brauchte mal eine Pause und meine Schwester war am Set, um einen neuen obskuren Zombiefilm zu drehen. Meine Augen brannten. Hatte ich Fieber? Bekam ich eine Erkältung? Die Grippe? Mir war nach einem Rendezvous mit dem Sofa, einem Liebeskomödienmarathon in Kombination mit dem Schnupfenmittel, das auch in der Methherstellung eingesetzt wird und mein Herz immer so schön zum Hämmern bringt.

Während meine Mutter regelmäßig zwischen Krankenhäusern und Rehazentren pendelte, hatten Grippeimpfungen auf meiner Prioritätenliste nicht sonderlich weit oben gestanden. Ich war davon ausgegangen, dass ich früher oder später krank werden würde, aber es war nie dazu gekommen. Also hatte ich dieses Jahr gedacht: *Warum mir die Mühe mit der Impfung machen?* Aber dann musste ich zufällig sowieso etwas in der Apotheke besorgen und die nette, pferdeschwänzige Angestellte bot mir eine kostenlose Impfung an. Da konnte ich natürlich dann doch nicht

Nein sagen. Danach fühlte ich mich unbesiegbar. Nein danke, wer braucht hier denn bitte Desinfektionsmittel?

Das Fieberthermometer befand sich ganz hinten in unserem überquellenden Arzneischränkchen. Es handelte sich um eins von denen, die man sich ins Ohr steckt. Meine Mutter hatte es gekauft, weil sie befürchtet hatte, meine Kinder könnten das alte, quecksilbergefüllte Glasthermometer zerbeißen, das für meine Schwester und mich noch gut genug gewesen war, aber nicht den strengen Sicherheitsmaßstäben gerecht wurde, die Mom an alles anlegte, was ihre Enkel betraf.

Meine Temperatur war auf 38,5 gestiegen.

Ich war mir nicht mehr sicher, ob die Temperatur im Ohr immer ein Grad höher oder niedriger ist als im übrigen Körper. Das war eine von diesen Sachen, deretwegen ich früher meine Mutter angerufen hatte. Mein Vater würde vermutlich sagen: „Ich hab nicht den blassesten Schimmer!" Also schluckte ich zwei Paracetamol und schleppte mich zum Bett in dem Raum, der früher einmal das Zimmer meiner Tochter gewesen war und jetzt als Gästezimmer und als Rückzugsort vor der Schnarcherei meines Mannes diente. In letzter Zeit war er aber immer öfter als Krankenzimmer verwendet worden.

Um 13:23 Uhr war mir noch viel heißer. Kein Wunder, denn meine Temperatur war auf 39,2 gestiegen.

Meine Nase war nicht verstopft, ich hatte keinen Husten, keine Halsschmerzen. Laut Dr. Google war entweder eine Erkältung oder eine Grippe im Anflug oder ich befand mich im Denguefieberfrühstadium. Während der *Andy-Griffith*-Wiederholungen stieg das Fieber auf 39,4. Ich nahm viel Flüssigkeit zu mir. Schluckte noch mehr Paracetamol. Am Morgen überprüfte ich mein Fieber. Die Sache verlief eindeutig in die falsche Richtung. Mein Mann hielt sich auf Abstand. Er weiß, dass ich im Frühstadium von Erkrankungen zu knurren und beißen neige, bis ich mich schließlich in eine Neuinterpretation meiner märtyrerhaften Mutter verwandle, die immer den letzten Bissen, die wärmere Decke, den besseren Sitzplatz an jemand anderen abgab, weil sie plötzlich satt war, es warm genug hatte oder die Freude am Stehen entdeckt hatte.

Mein Mann sah nach mir, ehe er zur Arbeit ging. „Bist du sicher, dass du nichts brauchst? Kann ich dich wirklich allein lassen?"

„Geh du ruhig arbeiten. Ich komme wunderbar zurecht." (Was zwischen den Zeilen so viel hieß wie: Ich will einfach nur hier herumliegen und darauf warten, dass mir entweder der Hund eine kalte Kompresse vorbeibringt oder der Tod das Ende meiner Tage. Je nachdem was zuerst passiert.)

Meinen Vater wollte ich nicht anrufen, um ihm zu sagen, dass ich krank war. Ich hatte Angst, damit eine Art posttraumatisches Stresssyndrom auszulösen, wie vor zwei Wochen, als mein Onkel in das Rehazentrum eingewiesen worden war, in dem Mom vor gerade mal sieben Monaten gelegen hatte. Mir kam es vor wie sieben Jahre. Mein Vater überlegte lange, ob er seinen Schwager besuchen sollte, aber dann kam sein Nachkriegspflichtbewusstsein zum Tragen und er fuhr hin. „Zum Glück lag er nicht im selben Zimmer, sonst hätte ich wahrscheinlich wieder fahren müssen."

Aber ich kam um einen Anruf bei ihm nicht herum. Denn wie sonst sollte er erfahren, wie es um unseren nächsten Probedurchlauf für den Apportierwettbewerb bestellt war?

„Dad, ich bin krank, wir können nicht trainieren."

„Okay."

Das Okay kam mir ein bisschen zu schnell. Kein *Wie kommts?*, kein *Ach, wie schade*, kein *Was hast du denn?*. Mom hätte nachgefragt. Mom hätte alle Symptome wissen wollen. Sie hätte mir Ratschläge gegeben, mir die Geschichte erzählt, wie ich mit drei die Masern hatte und mein Fieber so hoch war, dass ich in einem dunklen Zimmer liegen musste und nicht einmal Bilderbücher ansehen durfte, weil „der Doktor gesagt hat, das könnte deinen Augen schaden". Mom wäre in nostalgische Schwärmerei über die Zeiten verfallen, als unser Arzt noch Hausbesuche abstattete. Ich wusste immer, dass er kommen würde, sobald ich einen sauberen Pyjama anziehen musste und Mom mich aufs Sofa verfrachtete, Staub wischte und saugte.

Da mein Vater keinerlei Anstalten machte, sich nach den Symptomen zu erkundigen, erklärte ich ungefragt: „Ich glaube, ich habe eine Grippe."

„Oh, okay."

„Ich habe Fieber und mir ist speiübel und ..."

„Okay, okay. Äh, also, dann pass auf dich auf und meld dich, wenn es dir besser geht."

Ich hörte Seamus die Treppe hochtapsen und ins Bad trotten. Seine Krallen klackerten über den Fliesenboden. Dann Stille.

„Seamus, wehe, du hast ein Handtuch!" Er liebte es, sich die ordentlich gefalteten, frischen, flauschigen Handtücher vom Rand der klauenfüßigen Badewanne zu schnappen, dann nicht zu wissen, was er mit ihnen anstellen sollte, und so lange herumzuwinseln, bis ich kam und sie ihm wegnahm. Aber jetzt lief er geradezu panisch den Flur auf und ab, wie er es im freien Feld tat, wenn er den Dummy nicht finden konnte und deswegen durchdrehte, bis er ihn irgendwo im Unterholz entdeckte. Suchte er mich? War ich der Dummy?

„Seamus?"

Winsel.

„Ich bin hier."

Winsel.

„Du darfst reinkommen. Komm her!"

Aus irgendeinem Grund überschritt er nie die Schwelle zu diesem Schlafzimmer. Es war der einzige Raum, in dem auf dem

Boden liegende Socken und Unterhosen vor ihm sicher waren. Als er noch jünger war, hatten wir hier immer eine Schachfigur auf den Boden gelegt, gerade so weit im Raum, dass Seamus vom Flur aus nicht herankam. Aber er betrat nie den Raum, um sie zu holen. Er stand im Flur und bellte, bis er sich in einen regelrechten Anfall hineingesteigert hatte. Ich bin sicher, dass irgendwann in den hundertzwanzig Jahren seit Erbauung dieses Hauses jemand hier gestorben sein muss, vielleicht in genau diesem Zimmer. War ich von Geistern umgeben, während ich hier im Bett lag? Oder …

„Bitte sag, dass du nicht rausmusst!"

Winsel.

„Ist es wirklich so dringend?"

Winsel.

„In Momenten wie diesem wünschte ich, du wärst eine Katze."

Meine altersfleckigen, Moms inzwischen so ähnlichen Hände umfassten das Geländer. Ich tat einen Schritt. Machte Pause. Noch einen Schritt. Pause. Seamus sprang drei Stufen vor und war schon am Fuß der Treppe, wo er herumhopste, sich um sich selbst drehte und so aufgeregt hin und her flitzte, als wäre ich gerade von einem Kampfeinsatz nach Hause zurückgekehrt.

Der Polarwirbel hatte seine Vorteile: Der eiskalte Wind fühlte sich gut an auf meinem fiebrigen Gesicht und der Hund erledigte zack, zack sein Geschäft. Aber die Treppe zum Bett wieder hochsteigen? Das war zu viel verlangt. Ungefähr so mussten sich die gesamten letzten Jahre meiner Mutter angefühlt haben. Die Treppe – ein Berg. Und ich fühlte mich nicht gerade wie ein Sherpa. Ich schlug Seamus vor, dass wir beide uns ja vielleicht aufs Sofa kuscheln und ein bisschen fernsehen könnten.

Er lief davon und zerrte die Wolldecke aus dem zugigen Vorderzimmer ins sonnigere Familienzimmer wie ein Löwe seine frische Beute, und auch wenn das Zierkissen, das er mir brachte, wegen Seamus' überproduktiven Speicheldrüsen ein bisschen schleimig war, wusste ich die Geste zu schätzen. Wir machten es uns gemütlich, um uns auf den neusten Stand im *General-Hospital*-Universum zu bringen.

Ich verstand schnell, warum die Einschaltquoten der Daily Soaps rückläufig sind. Man kann als Zuschauer nicht mehr einfach irgendwo einsteigen und trotzdem sofort verstehen, was Sache ist. Wer ist Lucas? Was hat es mit dem fiesen Krankenhausverwalter mit dem fremdländischen Akzent auf sich und wo sind Luke und Laura?

Präsentiert von Tamiflu. Laut Hintergrundstimme fielen meine Symptome genau in den Wirkungsbereich von Tamiflu.

Ich fuhr mich selbst in die Nicht-so-dringend-Aufnahme, weil ich niemandem zur Last fallen wollte. Eine knappe Stunde lang wartete ich in einem unbequemen Wartezimmerstuhl und versuchte dabei, nicht auf den aufdringlichen Fernseher zu achten, aus dem in voller Lautstärke *Der Preis ist heiß* dröhnte. Dann wurde ich von einem Arzt durchgecheckt, der kaum Fragen stellte und kaum Antworten gab.

Es war nicht die Grippe.

Keine Erkältung.

Hatte ichs doch gewusst: Es musste einfach Denguefieber sein!

Allerdings eher in der unteren Körperregion.

Das hätte jedenfalls mein neustes Symptom erklärt: Durchmarsch.

Der Arzt verschrieb Antibiotika und versprach mir, dass ich mich innerhalb der nächsten vierundzwanzig Stunden tausendmal besser fühlen würde! Nach drei Tagen fühlte ich mich immer noch, als hätte ich mir die Pest eingefangen, also fuhr ich in die Schon-etwas-dringender-Aufnahme und zu einem anderen Arzt. Er hatte keinerlei Ähnlichkeit mit einem Arzt aus *General*

Hospital. Er war klein und dick und hatte lichtes Haar. Er sprach mit starkem Akzent aus irgendeinem unbestimmbaren lateinamerikanischen Land. Ich erzählte ihm von dem Fieber, meinem letzten Arztbesuch, dass mein Hund mir nicht mehr von der Seite wich, was fast schon nervig war, den Antibiotika ...

„Nein, nein, nein! Antibiotika? Ist nein!"

Und dann schweifte er ab zu einem Vortrag darüber, dass das Gesundheitssystem viel zu schnell Antibiotika verschrieb, worin ich ganz seiner Meinung war, aber ... im Ernst jetzt, los, verschreib mir noch welche. Denn wenn nicht jetzt, wann dann? Er sagte, es sei am besten, wenn ich die Krankheit einfach ohne Medikamente durchstand. „Durch*stehen*, Durch*fall* – witzig, oder?"

Ähm, nein.

Ich sollte einen Ernährungsplan einhalten, den der Arzt auf die Rückseite eines Tamiflu-Flyers schrieb. Die nächsten vierundzwanzig Stunden lang ernährte ich mich von Brühe mit Elektrolytlösung. Drei weitere Tage mit dem Hund auf dem Sofa später (die Ereignisse im *General Hospital* wurden geradezu spannend – zwei lesbische Krankenschwestern!) bestand die einzige Verbesserung darin, dass ich neun Pfund abgenommen hatte. Zeit, die Ziemlich-dringend-Aufnahme aufzusuchen und mit einem anderen Arzt zu sprechen, einem mit Antibiotika, für die man einen Waffenschein braucht. Ich gab die Märtyrerrolle auf und bat meinen Mann, mich zu fahren.

Jeder Stilberater hätte mich wohl gefragt: „Was sagen eine ausgewaschene Schlafanzughose aus Flanell, ein Schlabberpulli und diese Filzpantoffeln über Sie aus?" Nun, sie sagten, dass ich einen Punkt erreicht hatte, an dem es mir sogar egal gewesen wäre, wenn ich mir in die Hose gekackt hätte.

Das Wartezimmer war leer. Ich wurde von einem Arzt untersucht, dessen Namen ich nicht mitbekam, aber ich hätte nicht einmal unter polizeilicher Aufforderung meinen eigenen

Namen nennen können. *Diese Krämpfe, machen Sie, dass das aufhört!*

„Wir brauchen eine Probe von Ihnen. Ich bringe Ihnen einen Hut."

Einen Hut?

Er kehrte mit einem Arm voller Phiolen, Plastiktüten, mehreren Paar blauen Gummihandschuhen und etwas zurück, das an einen weißen Plastikcowboyhut erinnerte. „Also, das hier legen Sie in die Toilettenschüssel und dann ..."

Die Einzelheiten erspare ich uns allen hier.

Ich beschwere mich oft bei meinem Ehemann:

„Nie bringst du mir Blumen mit."

„Wieso bist du so gar nicht wie die Typen in den Schmuckwerbungen?"

„Wann hast du dir eigentlich das letzte Mal einen Nachmittag freigenommen und wir sind zusammen auf Antiquitätenjagd gegangen?"

Aber ... dass er in seinem frisch auf Hochglanz polierten Auto eine Stuhlprobe zum Labor gefahren hat? Nicht *ich* habe die Diamanten und Blumen verdient, sondern *er*. Oh, und das nächste Mal, wenn er mich zum Angeln mitschleppen will, obwohl es regnet – da werde ich schon wartend im Boot sitzen.

Es kommt nicht jeden Tag vor, dass ich gleichzeitig einen Anruf und eine E-Mail vom Gesundheitsamt erhalte, Betreff: „AKUTER HANDLUNGSBEDARF!!" Diagnose: Campylobacter-Enteritis, was fürchterlich nach einer Episode *General Hospital* klang. Aber wie? Und wo?

„Haben Sie vielleicht Rohmilch getrunken?", fragte die Krankenschwester vom Gesundheitsamt. Sie musste die Quelle ermitteln, damit sie sie in die örtliche und nationale Datenbank eingeben konnte, wodurch der Ursprungsort ermittelt werden sollte.

„Nein."

„Haben Sie in den vergangenen zwei Wochen Hühnchen zubereitet?"

Oh. Gott. Beim bloßen Gedanken an Hühnchen … „Nein!"

„Haben Sie in der vergangenen Woche in einem Restaurant gegessen?"

„Mein Mann und ich sind eher träge. Wir gehen kaum aus."

Sie wollte wissen, ob ich in Kontakt mit irgendwelchen Fäkalien gekommen war, menschlichen oder anderen.

„Ich räume mit der Tütenmethode hinter meinem Hund her und ich entdecke das Loch in der Tüte immer erst, wenn es schon zu spät ist, aber ich wasche mir danach jedes Mal die Hände, weil ich *E.-coli*-Paranoia habe."

„Backen Sie manchmal? Haben Sie rohen Teig gegessen?"

Ist das nicht der einzige Grund, aus dem man überhaupt backt?

„Und Sie sind wirklich nicht in Kontakt mit irgendwelchen Hühnern gekommen? Sagen wir … auf einem Bauernhof?"

„Hühner? Nein. Bauernhof? Nein, m-mh. Absolut nicht."

Sie sagte, ich solle sie anrufen, falls mir irgendetwas einfalle, das Licht auf das Wie, Wo, Wann werfen könnte. Der einzige Ort, an dem ich gewesen war, war der Hundeverein … mit dem Hund … und Dad … und … dieser Taube. Taube?

Mein Vater rief an. Unser letztes Gespräch war zehn Tage her.

„Verdammt, wie geht es dir?" Er klang besorgt.

„Besser."

„Gut."

„Ich habe keine Grippe", sagte ich.

„Und was dann?", fragte er.

„Campylobacter-Enteritis"

„Campa-was?!"

„Und ich habe gerade mit dem Gesundheitsamt telefoniert."

„Die haben dich *angerufen?*"

„Keine Ahnung, wo ich mir die Bakterien eingefangen haben könnte. Ich meine, der einzige Vogel, mit dem ich in Berührung gekommen bin, war diese Taube ..."

„Warte mal." Ich hörte, wie die Zahnräder in seinem Polizistengehirn quasi durchdrehten. „Weißt du ... vor ein paar Jahren ... hm, nein, könnte sogar noch länger her sein – also, da war dieser Typ im Hundeverein, der richtig krank wurde. Und wir haben das ‚Taubenfieber' genannt. Hm", sagte er. „Vielleicht sollten wir uns in Zukunft auf normale Dummys beschränken."

26

Es braucht ein Dorf …

Jeden zweiten Tag rieselte eine neue Puderzuckerschicht aus weihnachtskartenreifem Neuschnee auf uns herab. In jedem anderen Jahr hätte mich der viele Schneefall ins Weihnachtsfieber versetzt, was bedeutete, dass ich Dutzende Kekssorten buk und das Haus dabei in ein nostalgisches Winterwunderland verwandelte. Aber dieses Jahr war mir einfach nicht danach. Ich fühlte mich dem Zerren, dem Schleppen, dem Leitern-rauf-und-wieder-runter-Klettern einfach nicht gewachsen.

Ich beschloss, dass ich Weihnachten nicht *feiern* würde – ich würde es *beobachten*. Das war das Einzige, was ich aus meinen Internetrecherchen bezüglich Weihnachten nach dem Tod enger Angehöriger noch in Erinnerung hatte. Beobachten, nicht feiern, das klang so sinnvoll! Das war die Schublade, in die ich dieses Weihnachten einsortieren würde. Endlich hatte ich einen besseren Ort dafür gefunden als meine Seelenschrottschublade, die sowieso schon überquoll und nicht mehr zuging, egal wie fest ich drückte.

Das Beobachten erlaubte es mir, mich nicht so schuldig zu fühlen, weil ich nicht in Weihnachtsstimmung kam. Ich musste nichts erzwingen und nichts vorspielen. Überraschenderweise weckte die Freiheit, nicht dekorieren zu müssen, in mir den

Wunsch zu dekorieren, die Kisten mit der Aufschrift „Weihnachtskram" vom Dachboden zu zerren und darüber zu sinnieren, ob ich nicht doch einen Baum besorgen sollte.

Mir war nicht danach, mich über die Autobahn und dann durch die Baumschule zu quälen, wie wir es in den letzten Jahren getan hatten. „Parkplätze sind für Gebrauchtwagenhändler da, nicht um Weihnachtserinnerungen zu sammeln", hatte ich meine augenrollenden Teeniekinder früher immer zurechtgewiesen, wenn sie mich überreden wollten, einen Baum vom Stand vor dem Supermarkt zu kaufen. Unsere Weihnachtsbäume waren immer zu breit (wer braucht schon Möbel?), zu hoch (wir nutzten Spanndraht, um sie zu stabilisieren), zu dürr, zu stachelig, zu kitschig. Einer kam sogar inklusive Bonusnagetier, das von Seamus erlegt und entsorgt wurde. Jeder dieser Bäume war eine echte Type gewesen. Aber dieses Jahr war ich bereit, einen ansprechenden Baum vom Stand auf dem Supermarktparkplatz zu kaufen, vorausgesetzt es handelte sich um einen aufrichtigen Parkplatzstand. Ich beurteile die Weihnachtsbaum-Parkplatzstand-Aufrichtigkeit nach den folgenden Kriterien:

1. Er muss mit diesen großen Lichterketten aus weißen Glühbirnen beleuchtet sein.
2. Kränze und andere Accessoires sind optional, kostenlose Zweige ein Pluspunkt.
3. Davor muss ein Feuer in einem großen Metallfass brennen.
4. Keine heiße Schokolade, kein Weihnachtsmann, keine Musik.
5. Ausnahmen sind erlaubt, wenn der Weihnachtsbaumverkäufer einen Hund dabeihat.

Wir entschieden uns für einen Baum mit krummem, verdrehtem Stamm, weil ihn die drei Paare vor uns nicht haben wollten. Wir gehören nicht zum Lager der Perfekte-Kegelform-Verfechter.

Je mehr Beulen, Dellen, Knorren, desto besser. Kahle Stellen und unregelmäßiger Astwuchs eignen sich perfekt, um unseren Baumschmuck hervorzuheben, besonders den Borg-Kubus, denn zu Weihnachten ist Widerstand zwecklos.

Nachdem unser skoliotischer Baum professionell verpackt und nach Hause verfrachtet worden war, befreiten wir ihn aus seiner engen Netzstrumpfhose und befestigten ihn in einem stabilen Ständer, den wir am Fenster nach vorn raus aufgebaut hatten. Nach zwei Wochen sanken die Zweige ab und ich begann, den Baum von einer gewöhnlichen Balsamtanne in ein lamettabehängtes, verziertes, beleuchtetes Wunderwerk der Natur zu verwandeln – *Abies balsamea dragus queenus.*

Das Baumschmücken sollte dieses Jahr mein einziger dekorativer Beitrag zum Weihnachtsfest, also meine einzige „Beobachtung" sein. Die Figürchen, die Weihnachtsfamilienfotos, unsere liebsten Weihnachtskarten aus den letzten Jahren würden das Licht des Christbaums diesmal nicht zu sehen bekommen. Ich würde nur drei Plätzchensorten backen. Ich würde keine Karten verschicken. Und was war mit meinem Vater? Sollte ich zu ihm rübergehen und ihm helfen, so wie ich es immer für Mom getan hatte?

Ich hatte mich freiwillig bereit erklärt, ihr mit der Weihnachtsdekoration zu helfen, als ihre Ausdauer in Sachen Leitern, Schemel und Küchenstühle erklimmen nachzulassen begann. Mein Vater würde die Efeu-Stechpalmen-Girlande bestimmt nicht einmal anfassen. Für ihn war das alles Krempel.

„Wozu brauchen wir denn drei Krippen?", hatte er gefragt.

„Weil eine von den Enkelkindern ist, die andere von den Erstklässlern, denen ich vorlese, und die mit dem dreibeinigen Kamel und dem armlosen König haben wir damals für unser erstes Weihnachten im Ramschladen gekauft!"

Für Mom war Zurückhaltung an Weihnachten ein Fremdwort. Ihr Lagerbestand rotierte nicht, sondern wurde Jahr für

Jahr in seiner Gänze aufgebaut. Ich muss zugeben, dass ich einen Plan verfolgte, als ich ihr anbot zu helfen. Ich dachte, wenn ich die Kontrolle an mich reißen würde, könnte ich ihr meine Kein-billiger-Plastikkram-Regel aufdrängen, aber meine Mutter hatte eine Art, ihren Willen durchzusetzen, ohne dass es jemals so wirkte, als würde sie ihren Willen durchsetzen, und schon ertappte ich mich dabei, wie ich ihre billige Stechpalmengirlande aus Plastik aufhängte und einen Platz für ihre Weihnachtssterne aus Plastik suchte. Wie hatte sie das nur gemacht? Hypnose? Dieses Geheimnis hat sie mit ins Grab genommen.

Ich musste Platz finden für ihre Armee von Sternsingern, mehrere in Goldlametta, Federn und Perlen gewandete Transvestitenengel, die Wichtel, die aussahen wie einem Horrorfilm entsprungen, eine Auswahl an Weihnachtsmännern und die viktorianische Modellstadt.

Meine Mutter liebte ihr kleines Stückchen Keramik-London, das den Romanen von Charles Dickens nachempfunden war. Jahr um Jahr schoss ihre Sammlung rund um das „gute alte England" in einem erstklassigen Wohngebiet aus dem Boden: dem vorderen Erkerfenster. Mein Vater hatte dem Dorf ein Podest aus einer massiven Sperrholzplatte gezimmert, in bewährter „Gebaut für die Ewigkeit"-Manier (also verdammt schwer). Das Ding an Ort und Stelle zu hieven war ein Zweimannjob (soll heißen ein Mann und eine Tochter).

Dann musste die Sperrholzplatte für die optimal behagliche Wirkung mit einer Kunstschneeschicht bedeckt werden, unter der ein Gewirr aus Kabeln versteckt war, die jeweils in einer Glühbirne endeten. Wie heiß die Dinger wurden, hatte ich übrigens auf die harte Tour gelernt. Mom saß auf dem Sofa und machte Oh und Ah, als würde sie Dickens' Kontor und den Raritätenladen zum ersten Mal sehen. „Die Polizeiwache muss unbedingt ganz nach vorn!"

Ich hatte Styropor unter die Schneeschicht geschoben, um Hügel zu bilden, damit die Cottages logisch und geografisch von der Stadt getrennt waren. Ähm, erwähnte ich da gerade das Wort Logik? Historische Genauigkeit spielte für meine Mutter im Gegensatz zu mir nicht die geringste Rolle.

„Hast du die Eislaufbahn aufgebaut?"

„Mom, da ist kein Platz mehr."

„Klar ist noch Platz, da hinten in der Ecke."

„Aber dann muss ich die Kirche verrücken, und wenn ich die Kirche verrücke, dann haben die Cottages keinen Sinn mehr."

„Und wenn wir sie auf den Tisch stellen?"

„Der Tisch ist voll mit Sternsingern."

„Wo ist der Holz-Lkw?"

„Mom! Ein Lkw?"

„Ja ... falls du dich erinnerst, den hat dein Sohn bei den Juniorpfadfindern gemacht."

Irgendwo fand ich Raum für einen proportionslosen Lkw und eine Eislaufbahn mit magnetisierten Eisläufern, die laut brummend Achten fuhren, wenn der Strom eingeschaltet war.

Das viktorianische Dorf bot ausreichend Unterkunft und Arbeit für seine Dickens-Ureinwohner Scrooge, Marley, Tiny Tim, Mutter Gimlet, den Gendarm u. a., aber meine Mutter erweiterte die Bevölkerung ständig, sodass das Dorf eher an die Straßen Mumbais erinnerte, als ich erst einmal passende Plätzchen für Schneewittchen und die sieben Zwerge, eine Pfadfindertruppe, mehrere Springerspaniel, einen Golden Retriever, ein Rudel Corgis, einen schwarzen Labrador, den ich ganz nach vorn stellte, einen Entenjäger, ein Holstein-Rind, Mutter Teresa und eine Brett-Favre-Actionfigur gefunden hatte.

Würde das Dickens-Village dieses Jahr im Dunkeln bleiben, verbarrikadiert unter Dads Kellertreppe, das Erkerfenster leer?

Mein Vater rief mich an, um letzte Unklarheiten bezüglich eines Geschenks zu beseitigen, und dann ...

„Ähm, also, ich wollte fragen ... möchtest du eigentlich dieses Dorf haben?"

Ich hatte eine seltsame Vorahnung gehabt, dass es so kommen würde. Dass der Eifer, mit dem ich meiner Mutter beim Aufbauen geholfen hatte, als Erbwunsch fehlinterpretiert werden würde. Aber wenn mein Vater wollte, dass ich das Dorf bekam, dann würde ich es nehmen. Ich würde es zum Laufen bringen. Als Hommage für Mom.

„Aber wenn ich so drüber nachdenke ... ich weiß nicht. Vielleicht stelle ich es ja auch selbst auf, nicht das Ganze, nur ein paar Häuser ... könntest du vielleicht vorbeikommen? Du weißt schon, um es aufzubauen? Wie du es für deine Mom gemacht hast?"

Natürlich konnte ich.

Wenn bei meinem Vater Hunde im Haus erlaubt gewesen wären, hätte ich Seamus mitgebracht. Aber bei meinem Vater waren Hunde im Haus nicht erlaubt. Niemals und unter keinen Umständen. Der rechtmäßige Platz eines Hundes befand sich außerhalb von Haus und hübsch zurechtgemachter Garage.

„Ich gehe rüber zu Grandpa, um ihm mit dem Dorf zu helfen." Bildete ich mir nur ein, Mitgefühl aus Seamus' großen, braunen Hundeaugen herauslesen zu können?

In Dads Küche angekommen, musste ich mich zunächst einmal korrigieren. Denn mitten im Raum stand die größte Hundebox, die ich je gesehen hatte. Mugsy lag hinter der verschlossenen Gittertür gemütlich auf einem weichen, gepolsterten Teppichstück. Bei meinem Vater *waren* Hunde im Haus niemals und unter keinen Umständen erlaubt gewesen. Aber seit Moms Tod standen alte Gewohnheiten, Regeln und Traditionen offenbar plötzlich wieder zur Debatte.

„Mugsy? In der Küche?"

„Ja, draußen war es zu kalt für ihn, na ja, er hat doch Rückenprobleme und ich weiß, wie das ist, also darf er nachts zum Schlafen rein."

„Aber es ist Nachmittag."

„Ach so, das, ja. Also, solange er da drinnen bleibt, ist ja alles gut. Wir plaudern miteinander."

Mein Vater. Mit einem Hund im Haus. Was würde als Nächstes passieren? Hatte er eine neue Freundin?

„Die Damen aus dem Hundeverein versuchen, mir einen Hund aufzuschwatzen. Eine von ihnen hat mir sogar angeboten, ihn für mich stubenrein zu machen."

Grundgütiger. Damen? Die ihre Dienste anboten? Oh nein. Nein, nein, nein!

„Vielleicht im Frühjahr – vielleicht. Ich denke darüber nach."

Hatte er sich das mit dem Mugsy-Nachfolger anders überlegt?

Die Tatsache, dass er auch nur mit dem Gedanken spielte, reichte aus, um mir das Gefühl zu geben, dass sich das Leben von selbst wieder zurechtrüttelte. Dass es im Alltag meines Vaters zumindest weiterhin einen Hund geben würde, auch wenn er meine Mutter verloren hatte.

Er hatte bereits alles ausgewickelt, aus den Schachteln geholt und auf die Sperrholzplatte gestellt.

„Das sieht mir aber nicht nur nach ein ‚paar Häusern' aus, Dad."

„Ich hatte nur die Polizeiwache aufstellen wollen, aber die sah so allein nicht gut aus und deine Mutter mochte diese ganzen Strohdachdinger, na ja, und das Kontor musste ich ja aufstellen, weil, wo hätte sonst Scrooge hingepasst? Und du weißt ja, wie sehr sie die Eislaufbahn mochte, und … ach, schau einfach, dass alles gut aussieht."

Also machte ich mich daran, Moms Version der Keramikversion von Dickens' Version des viktorianischen London nachzubauen. Vier Stunden und Scrooge, Tiny Tim, Entenjäger,

Holz-Lkw, Brett Favre, Mutter Teresa u. a. später rief ich Dad aus dem Keller hoch, zur feierlichen Erstbetätigung des Schalters.

Es gab kein Ah und Oh, kein freudiges Klatschen in knorrige Hände, keine Fanfare. Alles, was er sagte, war: „Okay. Kannst wieder abschalten. Die Glühbirnen scheinen ja alle zu funktionieren."

27

Auslöser

Mein Mann Mark gehört zu der Spezies, die auf den Nervenkitzel von Weihnachtseinkäufen auf den letzten Drücker und das infolgedessen notwendige Geschenkeinpacken in letzter Sekunde steht. Vor zwanzig Jahren habe ich einmal am 24. am Einpacktisch eines großen Geschäfts gearbeitet – panische, verzweifelte Menschenmengen drängten und schubsten sich um den Tresen. Ich habe nur dieses eine Mal als Einpackerin gearbeitet, aber als meine acht Stunden um waren, hatte ich gelernt, wirklich *alles* einzupacken.

Mark hatte kein Fingerspitzengefühl für die richtige Tesafilmmenge und erkannte, mal abgesehen von Namensaufklebern, die Wichtigkeit von Dekomaterial nicht. Seine Methoden wurden meinen Ansprüchen nicht gerecht: Das Geschenkpapiermuster war nicht ordentlich ausgerichtet, die Bodennaht verlief nicht mittig und die Enden waren nicht mit militärischer Präzision gefaltet. Wie also hätte ich zulassen können, dass diese knittrigen, unordentlichen Dinger öffentlich sichtbar wurden – auch wenn es sich bei der Öffentlichkeit in diesem Fall nur um meine Familie handelte? Natürlich musste ich alles noch einmal neu einpacken!

Wie hatte ich mir nur einbilden können, dass es diesmal besser laufen würde als Marks klägliche Versuche in den vergangenen Jahren? Vielleicht weil ich glaubte, er hätte inzwischen dazugelernt? Hatte er denn nicht aufgepasst, als ich es ihm wieder und wieder erklärt hatte? Oder ... Momentchen. Hatte er mich etwa genau da, wo er mich haben wollte?

Ich konnte das Haus nicht verlassen, solange die Verpackungssplitterbombe auf dem Boden herumlag – Seidenbandstückchen und Draht, gerade lang genug, um Seamus in Versuchung zu führen und seinen inneren Organen bleibende Schäden zuzufügen. Unsere Quote für Notfallfahrten zum Tierarzt war für dieses Jahr bereits erfüllt, also beharrte ich darauf zu staubsaugen. Es würde nicht lange dauern. Wir würden es trotzdem rechtzeitig zum Heiligabend bei Dad schaffen.

Ich hatte erwartet, dass die Weihnachtszeit nur so strotzen würde vor Gefühlsauslösern. Da war beispielsweise der Augenblick, als ich die Weihnachtskarte von Dad öffnete, in deren Innenseite er auch Moms Namen hatte prägen lassen, dann die Schlussszene aus *Der Weg zum Glück* (verflucht seien Sie, Pfarrer Fitzgibbon, und Sie auch, kleine alte Lady!)

Aber staubsaugen?!

Andererseits ... Mom hatte sich jeden Samstagvormittag mit ihrem Elektrolux den Boden vorgenommen. Sie und ihr stämmiger, torpedoförmiger Partner auf Rädern tanzten Tango über den Teppich, Samba auf dem Linoleum, Walzer auf dem Parkett. Manchmal donnerte meine Mutter mit dem Staubsauger gegen Stuhlbeine oder unterschätzte (vielleicht auch wissentlich) seine mangelnde Bereitschaft, scharfe Drehungen vorzunehmen, sodass die Wände in unserem Flur aussahen wie die erste Kurve einer Formel-1-Strecke. Sie handhabte das lange Kabel wie eine Domina, schleuderte es nach links, nach rechts, beendete die Vorführung mit einem heftigen Ruck.

Nach zwanzig Jahren trennten sich ihre Wege, nicht wegen künstlerischer Differenzen, sondern wegen blauer Schienbeine, einer Schleimbeutelentzündung und eines durchgebrannten kleinen Motors. Ihr neuer Partner Hoover stand aufrecht. Er lehnte sich in die Vorwärts-Rückwärts-Bewegung des Teppich-Cha-Cha-Chas, meisterte aber niemals den Küchenbodenquickstep. Sie liebte ihn für seine herausragende Saugkraft und die tolle Turbowalzenfunktion, aber er wog viel und mit dem Alter fiel es ihr zunehmend schwer, die Führung zu übernehmen. Der Hoover landete im Halbruhestand hinter den Mänteln in einem Wandschrank.

Und dann, Weihnachten vor drei Jahren, schenkte mein Vater ihr mit Oreck einen schlanken, leichten neuen Partner. „Ich bin gestorben und im Himmel wieder aufgewacht!", sagte sie, als sie all die kleinen Geschenkverpackungsüberreste aufsaugte. Sie hatten zwei gute Jahre, dann gelangte Mom an den Punkt, an dem sie dem Paso doble im Esszimmer nicht mehr gewachsen war, und auch sie gingen getrennte Wege. Moms führte aufs Sofa, Orecks in den Wandschrank.

Das Auto war vollgestopft mit Päckchen, deren Verpackung grundrenoviert worden war – Folien mit festlichen Motiven, angemessene Mengen Geschenkband, üppige Schleifen. Seamus ließen wir zu Hause, wo er unsere irdischen Güter bewachen durfte. Viel zu schützen hatten wir nicht, außer jemand brauchte wirklich, wirklich dringend ein Betamaxgerät von Sony oder eine Stereoanlage, die anno 1975 im Studentenwohnheim der letzte Schrei gewesen war.

Ich stellte meine emotionale Empfangsbereitschaft in den Sicherheitsmodus. Auf der kurzen Fahrt zu meinem Vater fragte ich mich: *Werde ich in Mafiabeerdigungsklischees verfallen und mich weinend auf das Dickens-Dorf werfen?* Ich sah die Möglichkeit durchaus gegeben.

Heiligabend fand traditionell bei meinen Eltern statt. Meine Schwester und ich hatten befürchtet, all das Kochen, Backen und Geschenkeeinpacken könnte Dad zu viel werden, aber er hatte darauf bestanden. Seine Auffahrt war voller Autos – Lindas, Amandas, der Kleinstwagen, den meine Kinder gemietet hatten, und der Truck meines Vaters. Wir mussten auf der Straße parken, mitten zwischen Eis, schwerer Schneedecke und alpenähnlichen Verwehungen.

Meine Brille war nicht für dramatische Temperaturveränderungen zwischen Polarkreis draußen und Regenwald in Dads Küche gemacht und beschlug umgehend. Und wieder einmal war ich für kurze Zeit blind, wie damals, wenn ich vom Schneeschippen mit meiner Mutter hereinkam. Aber anders als erwartet stiegen mir nicht die Tränen in die Augen. Der Duft von Ofenschinken, Krakauern, Plätzchen und Dad (Kernseife?) hüllte mich ein wie die fransigen, goldbraunen Ponchos, die Mom mir 1971 gehäkelt hatte.

„Na endlich! Warum hat das denn so lange gedauert?"

Ich entschuldigte mich dafür, dass wir pünktlich gekommen waren.

Als sich der Dunst von meiner Trifokalbrille hob, wurde die Lage klarer. Mugsy befand sich im Haus, in seiner Box. Schon wieder ein Hund im Haus? Und ausgerechnet Mugsy, der Draußenhund? Wurde mein Vater etwa weich? „Was macht denn der Hund hier, Dad?"

„Draußen hat es minus zwölf Grad ... das ist zu kalt für den alten Knacker, und abgesehen davon musste ich ja irgendwo die Bar aufbauen." Er hatte die Box an die Küchenwand geschoben und die Oberseite mit Wodka, Gin, Whiskey, Brandy und einem Eisbehälter bestückt.

Meine Tochter saß auf dem ehemaligen Stammplatz meiner Mutter, direkt neben dem Tischbäumchen und mit freiem Blick auf das Dickens-Dorf. Ich hatte nicht damit gerechnet, Caitlin oder überhaupt irgendwen dort sitzen zu sehen. Ich hatte vermutet, dass mein Vater den Platz zum Heiligtum erklären würde. Hatte er aber nicht. War das gut so? Ja. Wäre die Stelle leer geblieben, hätten wir unsere Geschenke auch gleich neben einem Neonschild auspacken können, auf dem der Schriftzug MOM IST TOT! MOM IST TOT! MOM IST TOT! blinkte.

Und wer wäre besser geeignet gewesen, auf Moms Platz zu sitzen, als Caitlin? Als sie klein war, hatte sie sich mit ihrer Großmutter Geschichten über das Dickens-Dorf ausgedacht: Wo wohnte der Laternenanzünder? Hatten die Kinder Eltern? War dem Gendarmen kalt?

„Dieses Jahr hast du dich mit dem Dorf echt selbst übertroffen, Mom. Brett Favre und Mutter Teresa als Paar? Da wäre ich im Leben nicht drauf gekommen."

Mein Sohn Angus saß ein Polster weiter. Er tat sein Bestes, einen Teller voller Shrimps, Würstchenschnecken und Krautsalatgebirge auf seinen Knien zu balancieren. Ich gab den beiden einen Kuss auf den Scheitel. Sie rochen immer noch nach ihrem Baby-Ich. Nach Aprikosen. Rosen. Maiglöckchen. Das war einer der Momente, in denen ich wünschte, sie würden gleich um die Ecke wohnen, nicht zwei Busstunden weit entfernt. Mit der Zeit waren die Erinnerungen an die Kein-Warmwasser-für-mein-Bad-mehr-übrig-, Schlaflos-bis-ich-den-Schlüssel-in-der-Haustür-höre- und Übernachtungsparty-Tatortreinigungs-Jahre verschwommen und flauschig geworden.

Als die beiden klein waren, hatte ich gedacht, dass sie nie ein enges Verhältnis zueinander entwickeln würden. Ihre gegenseitige Abneigung wuchs im gleichen Tempo wie ihre Füße. Ich kann mich noch an eine ganze Reihe von Vorfällen erinnern:

Eine Hassschrift, die am Kühlschrank klebte: „Ich hasse meinen Bruder. Warum muss er auch hier wohnen?"

Die Racheaktion: die Amputation eines Barbiepuppenbeins, was zu einem zweiwöchigen Aufenthalt im Puppenkrankenhaus führte – natürlich waren wir unterversichert.

Ein sechsjähriger Bruder, der zusammen mit einem vom Dachbalken hängenden kopflosen Rehkadaver in Opas Garage festsaß, deren Tür von einer zehnjährigen Schwester zugehalten wurde.

Inzwischen wohnten sie zehn Straßen voneinander entfernt und bekochten sich abends regelmäßig gegenseitig. Ich weiß nicht, was mich mehr schockiert – dass sie einander mögen oder dass sie kochen können.

„Himmel, das war aber auch Zeit!" Meine Schwester kam ins Wohnzimmer. Sie war schon ordentlich angeschickert und auf dem besten Weg, sich richtig zu betrinken. Sie trug einen riesigen Pulli mit Weihnachtsmotiv, der so kitschig war, dass er schon wieder angesagt wirkte. Verwirrte Rentiere flogen über ihre üppige Brust, auf der Rückseite prangten paillettenverzierte Schneemänner und aufgestickte Zuckerstangen. In ihrer Fünfzigerjahrehochsteckfrisur schimmerten grüne Strähnen.

„Schöne Frisur. Sehr festlich", sagte ich und versuchte, dabei aufrichtig statt allzu sarkastisch zu klingen.

„Danke!"

„Und der Pulli erst. Total kultig, der ganze Kitsch!"

„Was meinst du mit Kitsch? Ich mag den Pulli!"

Die Stimmung war ganz anders als erwartet. Keine langen Gesichter, kein Requiem für eine abwesende Mutter. Es war fröhlich und lustig und es riss mich einfach mit. Die gesamte Familie war da, bis auf drei: Mein New Yorker Neffe Adam hielt sich irgendwo in Asien auf. Mehr wusste meine Schwester auch nicht, da Adam sie wegen ihrer ständigen Kommentare auf Facebook entfreundet hatte. Ebenfalls nicht gekommen war der Mann meiner Nichte Amanda. Sie waren seit sieben Jahren verheiratet und ich glaube, in all der Zeit hat er es nur zu einer unserer lauten, wilden Familienzusammenkünfte geschafft. Damals saß er staunend in der Ecke und schaffte es nicht ein einziges Mal, zu Wort zu kommen. Als er zum Rauchen vor die Tür ging und einfach nicht wiederkam, bemerkten wir seine Abwesenheit überhaupt nicht. Und dann natürlich Mom.

Auf dem Wohnzimmerteppich lagen zwei Geschenkhaufen. Der ordentliche Stapel beim Tischbaum war der für die „echten" Geschenke. Der andere, chaotische Berg, der größtenteils aus braunen Papiertüten mit Schleifen bestand, folgte einer relativ neuen Tradition, die mein Mann in die Ehe eingebracht hatte – Schrottwichteln, eine Alternative zum üblichen Fresskoma nach dem Geschenkeauspacken.

Wir hatten vor einer Weile aufgrund der steigenden Zahl finanziell gebeutelter Studenten (und finanziell gebeutelter Eltern, die für diese finanziell gebeutelten Studenten Kredite aufgenommen hatten), einkommensschwacher Abiturienten, geringfügig Beschäftigter und Rentner in unserer Familie beschlossen, dass jeder nur einer Person ein richtiges Geschenk machen würde. Die Namen wurden an Thanksgiving gelost. Jeder hoffte, der Glückliche zu sein, dessen Name von Adam gezogen wurde. Er arbeitete bei einem bekannten US-amerikanischen, international agierenden Technologiekonzern, und immer wenn ich ihn fragte, was genau er da eigentlich mache, antwortete er: „Die Weltmacht aufrechterhalten." Wer auf Adams Zettelchen stand, hatte in der Geschenklotterie das große Los gezogen. Per Skype hatte sich die Botschaft verbreitet, dass Adam dem- oder derjenigen dieses Jahr irgendetwas Supertolles aus Japan mitbringen würde.

„Keine Kriegsbraut, hoffe ich."

Oh, Dad.

Ich bekam eine Auswahl an Allzweckdummys inklusive Erklärung.

„Der Schwarz-Weiße ist für Wasserapporte", erklärte mein Vater eifrig. „Und den in Knallorange findest du in hohem Gras schneller wieder ..."

„Schon klar, Dad, ich weiß."

„... und mit dem anderen Weißen bekommst du garantiert sein hartes Maul weg. Ach so, ich habe übrigens deinen Namen gezogen."

Nein, sag bloß! Darauf wäre ich nie gekommen!

Es wurden antiquarische Bücher verschenkt, gerahmte Fotos von Mom aus dem Familienarchiv. Es gab keine Tränen, nicht einmal als Dad das Bild von Mom mit seinem Hund Whiskers auspackte. „Das hänge ich neben dem Computer auf!"

Bislang hatte ich mit allem falschgelegen – der Stimmung, dem Pulli meiner Schwester und dem Umgang mit Moms Stammplatz. Das Einzige, dessen ich mir sicher war, war Amandas Geschenk. Weil es nämlich von mir stammte.

Ich bin eine überdurchschnittlich talentierte Verschenkerin. Wer war es, der das lange verloren geglaubte Foto von meiner Schwester mit ihrem Lieblingscap wiederfand und dafür sorgte, dass sie mit der Tradition brach und mich umarmte? Ich war das. Wer schnitt für Dad unsere alten Super-8-Filme zusammen, die er nicht mehr gesehen hatte, seit er den Filmprojektor samt Leinwand weggegeben hatte? Jupp, auch das war ich. „Wo hast du das denn nur ausgegraben?"-Gequietsche, ein paar Tränchen und heruntergeklappte Kinnladen waren mir garantiert.

Ich hatte die „Fighting Bob"-La-Follette-Marionette in der *Wisconsin State Historical Society* entdeckt, wo sie an einer Stange von der Wand baumelte. Daneben hing ein Frank Lloyd Wright, ein Gaylord Nelson (Vater des Tages der Erde und der Umweltbewegung), ein Les Paul, ein Harry Houdini, ein Liberace, ein John Muir, ein Hank Aaron und ein Vince Lombardi. In gewisser Hinsicht erinnerte die Szenerie an Wisconsins

Antwort auf den Mount Rushmore, nur aus Pappmaschee, Garn und Stoff.

„Fighting Bob" La Follette war ein Progressiver, der gegen Eisenbahnkartelle und einen Zustand gekämpft hatte, der sich „Bossismus" nannte. Er war gegen die wachsende Vorherrschaft der Unternehmen über die Regierung gewesen und gilt als einer der zehn wichtigsten Senatoren in der Geschichte der USA. Er war extrem liberal, wenn auch dagegen, dass sich der Völkerbund am Ersten Weltkrieg beteiligte. Im Großen und Ganzen aber war er ein Vorzeige-Progressiv-Liberaler.

Wenn Fighting Bob *der* Vorzeigeprogressive war, dann war meine Nichte Amanda *die* Vorzeigeprogressive. Sie fuhr zum Kapitol von Wisconsin, um mit hunderttausend anderen zu protestieren, als die Legislative ein Gesetz gegen Tarifverhandlungen verabschiedete. Sie hatte einen Abschluss in Politikwissenschaften, Nebenfach: Aufwiegeln. Soweit ich es beurteilen konnte, stand quer über der handgemachten Puppe „Bestes Geschenk aller Zeiten".

Die Schachtel, in der Fighting Bob geliefert wurde, gefiel mir nicht. Damit er hineinpasste, musste er in der Mitte gefaltet werden, aber ich wollte ihn mit dem Gesicht nach oben überreichen. Ich hatte eine Pappschachtel gefunden, die ein wenig zu lang und zu breit war, aber wenn ich die Marionette in die Mitte legte und den Rest auspolsterte, funktionierte es. Zeitungspapier wirkte nicht so festlich wie, sagen wir, die roten Einkaufstüten aus dem höherpreisigen Supermarkt. Das Resultat sah wirklich hübsch aus!

Ich wusste, dass meine Nichte eine irrationale Angst vor Wichteln und Gnomen hatte. Hatte ich einen Zusammenhang mit der Welt der Marionetten auch nur in Betracht gezogen? Nein, hatte ich nicht. Ich hatte meinem Vater extra gesagt, er solle das Paket so lange zurückhalten, dass es in dem ganzen

Geschenkeirrsinn den Schlussakt darstellte. Der große Karton wurde hinter dem Sofa hervorgezaubert, wo ich ihn versteckt hatte. Ich überreichte ihn meiner Nichte. „Das ist ... von mir."

Es folgte ein „Ooooh"-Chor.

„Moment, mach es noch nicht auf!" Meine Tochter hatte die Pause im Programm genutzt, um sich einen Nachschub Shrimps, Dip und Minihackbällchen auf ihren Teller zu laden. Sie hatte keine Ahnung, was ich besorgt hatte. Normalerweise frage ich sie nach ihrer Meinung, wenn mir Zweifel kommen, aber diesmal, mit diesem Geschenk, hatte ich keine Sekunde gezögert. Gekauft!

„Leute, los jetzt!" Amanda wollte unbedingt ihr Geschenk öffnen. Sie riss gespannt das Geschenkpapier ab und hob den Deckel, blickte in die Schachtel und schloss sie hastig wieder.

„Und? Was ist drin?", fragte mein Vater.

„Ich ... ich ... kann nicht." Sie war ganz durcheinander. War sie denn wirklich *so* überwältigt von der Vollkommenheit meines Geschenks?

„Zeig her!"

„N...nein. Es ist ... ich ..."

„Herr im Himmel, jetzt gib schon her!" Linda riss Amanda die Schachtel aus ihren zittrigen Händen und öffnete sie.

„Was zum ..."

„Das ist Fighting Bob La Follette!", sagte ich.

„In einem *Sarg?*", fragte Angus mit käse- und crackervollem Mund.

Amanda hatte den Kopf in den Händen vergraben. „Du weißt doch, wie sehr ich so was hasse."

„Aber das ist kein Gnom!"

„Gnome, Wichtel, *Marionetten!*"

Ich fürchte, in diesem Jahr war mein Geschenkeradar nicht recht auf der Höhe gewesen.

Als Friedensangebot hielt ich ihr eins meiner Minihackbällchen auf einem Zahnstocher hin. „Tut mir leid!"

Meine Schwester beugte sich zu meinem Kissen rüber. „Schenk ihr nächstes Mal doch einfach eine Clownspuppe, die wird sie lieben!"

Wir räumten Papier, Schachteln und Geschenkbänder vom Boden und füllten unsere Gläser auf – niemand hier brauchte dringender einen Drink als eine gewisse Nichte. Essensrunde zwei begann, begleitet von strategischer Schrottwichtelplanung.

Das Schrottwichteln läuft in unserer Familie nach speziellen Regeln ab. Wir ziehen Spielkarten, um zu ermitteln, wer sich als Erster ein Geschenk nehmen darf. Die entsprechende Person greift sich irgendein eingepacktes Geschenk seiner Wahl aus dem Haufen und packt es aus. Man darf wirklich *alles* verschenken. In der Vergangenheit wechselten bereits Retroklapptabletts, Bierhumpen, eine haifischförmige Schlüsselbundleuchte (ein Hailight!), Topflappen, Fäustlinge, Socken, Hundefuttertüten und Bargeld den Besitzer.

Wer als Zweiter dran ist, sucht sich ein Geschenk aus und packt es entweder aus oder klaut im Tausch gegen sein noch verpacktes Geschenk dem Ersten dessen Geschenk. Vielleicht packt also jemand etwas Supertolles aus, nur um es später abgeben zu müssen, was häufig zu verletzten Gefühlen, Schmollen und sogar Bestechung führt. Als die Kinder noch kleiner waren, haben wir die Diebstahlregel zeitweise ausgesetzt, weil meinem Sohn von seinen älteren Cousins und Cousinen oder seiner unverschämten Schwester immer wieder seine Pokémonkarten abgeknöpft wurden, woraufhin er den restlichen Abend auf dem Jackenberg verbrachte, wo er in anderer Leute Ärmel heulte.

Die optimale Auswahlposition hat der Letzte in der Runde, weil er oder sie die bereits geöffneten Geschenke begutachten und eines davon stehlen oder alles auf eine Karte setzen und sich für das Unbekannte entscheiden kann. Ist die Runde vorbei, sind Tauschverhandlungen zwischen den Teilnehmern erlaubt, aber nur mit den Geschenken aus dieser Runde. Das sind die Regeln und Jahr für Jahr versucht meine Schwester, sie zu ändern, weil sie am Ende immer auf ihrem eigenen Krempel sitzen bleibt. Mein Vater stahl immer Geschenke für meine Mutter. Jedes Jahr bekam sie die guten Sachen ab – die edlen Geschirrtücher aus Leinen, die schick bedruckten Schürzen. Ich packte gern Sachen in die Wichteltüten, von denen ich wusste, dass sie zu Auseinandersetzungen führen würden. Auch dieses Jahr war ich davon ausgegangen, dass die lebensgroße Pappfigur von Senator Joe Biden und die „Keep Calm and Carry On"-Tasse kollektive Verhandlungsrunden mit anschließendem Gezeter auslösen würden, aber wieder hatte ich mich geirrt. Es waren zwei große Gipsschafe aus einer Weihnachtskrippe und eine Sammlung Polka-LPs von Frankie Yankovic, um die alle einen Riesenwirbel machten.

Wir aßen zu viel, tranken zu viel, lachten zu viel. Fighting Bob La Follette wurde zum Running Gag des Abends. Mit der Zeit fühlte sich der Anblick von Moms leerem Sofakissen immer mehr so an, als wäre sie nur kurz weggegangen, aufs Klo oder um etwas aus dem Keller zu holen.

Als wir unsere Beute zusammenpackten und uns abmarschbereit machten, überreichte mein Vater mir einen Umschlag. „Hier, ich hatte ganz vergessen, dir den zu geben."

Er war nicht zugeklebt. Ich zog eine Geburtstagskarte heraus. Mein Geburtstag war im August gewesen. Der Tag war verstrichen, ohne dass meine Mutter angerufen und mir „Die Geschichte von Mels Geburt" erzählt hatte, wie heiß es an dem Tag gewesen war und dass es im Krankenhaus keine Klimaanlage gegeben hatte. Ich hatte fieberhaft meine Schubladen nach alten Karten von ihr durchforstet, um sie aufzustellen, fand aber keine, auch wenn ich wusste, dass ich sie irgendwo noch hatte.

„Mom war immer die Kartenbesorgerin und ich hab vergessen, dass ich die hier gekauft hatte, und dann ist mir das verdammte Ding gestern zufällig wieder in die Hände gefallen …"

Die Karte zeigte einen alten Labrador, der auf einem Sofa lag. Innen stand:

Wir alle kommen an den Punkt im Leben, an dem wir auf Seniorenhundefutter umstellen müssen.

Darunter hatte mein Vater in seiner ordentlichen Druckschrift geschrieben:

Du bist eine wunderbare Tochter. Danke für ALLES.

Und damit hatte doch noch jemand auf meinen Gefühlsauslöser gedrückt.

28

Keine Geschenke, bitte

Vorbei waren die Zeiten, in denen die Kinder in ihren Ganzkörperschlafanzügen den Flur entlangtapsten, in unser Schlafzimmer platzten und uns um fünf Uhr früh aufschreckten, um uns mitzuteilen: „Der Weihnachtsmann war da!" Vermisste ich diese Zeiten? Ja. Damals war meine Mutter die Kuchenbäckerin, der Babysitter erster Wahl und, wenn nötig, die Briefkastentante gewesen.

Damals, als meine Schwiegereltern noch im Umland von Chicago lebten, war unser erster Weihnachtsfeiertag einer chaotischen, dysfunktionalen Orgie gleichgekommen. Wir öffneten unsere Geschenke, erlaubten Angus und Caitlin zwanzig Minuten lang, Legobauwerke zu errichten und die neue Barbiepuppe anzuziehen, während Mark und ich noch mehr Geschenke in unseren Minivan luden, und schon war es an der Zeit, sich zweieinhalb Stunden lang über den dicht befahrenen Chicago-Expressway zu wälzen, um an einer weiteren Runde Weihnachtswahnsinn teilzunehmen. Und jetzt? Jetzt dürfen wir zu Hause bleiben, weil Marks Familie sich über das ganze Land verstreut hat. Wenn wir sie besuchen wollten, müssten wir den Hund in eine Tierpension geben oder einen Hundesitter finden, vier Flugtickets kaufen und Hotelzimmer buchen – mit anderen Worten: zu viel Arbeit und zu viel Geld investieren. Facebook, Facetime und die WhatsApp-Familiengruppe mussten reichen.

Ich mochte unsere kleine Weihnacht, zu viert zu Hause, wo wir uns nicht herausputzen mussten und unsere Geschenke gemächlich auspacken, jederzeit ein Nickerchen halten, Football schauen und selbst gemachte Pizza essen konnten. Nach dem langen Abend marionetteninduzierter Psychose schafften wir es erst spät aus dem Bett. Ich schlief besser, einerseits wegen eines verschreibungspflichtigen Schlafmittels, andererseits wegen des Winterschlafgefühls, das uns wohl alle überkommt, wenn die Tage kürzer sind.

Rechtzeitig zum Brunch fanden wir uns alle im Esszimmer ein. Mark machte zusammen mit Angus eine Quiche und Caitlin bereitete die Mimosa-Cocktails für die Heiligabendeinsatznachbesprechung zu, die immer stattfand, ehe wir uns auf den neuen Geschenkeberg unter dem Baum stürzten. Seamus schnüffelte an den Päckchen, die darauf warteten, ausgepackt zu werden.

„Für dich ist nichts dabei!", sagte ich. Er blickte sich zu mir um, dann wieder unter den Baum, dann wieder zu mir. Er wusste, dass Väterchen Weihnacht ihm ein paar Dummys gebracht hatte. *Aber wo sind sie hin?*

Ich hatte sie nach dem Motto „aus den Augen, aus dem Sinn" im Keller verschwinden lassen, aber für einen Labrador bedeutet „aus den Augen" leider nicht gleich „aus der Nase". Seamus parkte sich vor der Kellertür und war nicht wegzubewegen. Wir mussten über ihn hinwegsteigen, um ihn herumlaufen und ihn anstupsen, um an ihm vorbeizukommen. Er bewegte sich keinen Zentimeter. Nicht mal als wir ihn mit Käse lockten. Oder mit Speck. *Ich weiß, dass sie da unten sind. Ich will sie haben. Sie können sich nicht vor mir verstecken!*

„Seamus! Schluss jetzt!"

Er sah mich an. *Ich kann nicht!*

Ich wusste, was zu tun war. Ich musste meine unbestrumpften Füße in ein Paar kalte Stiefel stecken und die drei Dummys in einen Plastikbehälter packen, den ich draußen in der Garage auf ein hohes Regal stellte. Als ich wieder nach drinnen kam, hatte Seamus sich zu einer Hundekugel zusammengerollt und schlief, bis der erste Nanopartikel Essen den Boden berührte.

Es wurden Fotos von dem Geschenkeberg unterm Baum gemacht. Seamus weigerte sich zu kooperieren. Man erkannte ihn auf den Bildern höchstens in Form eines verschwommenen Schwanzes, einer halben Schnauze, eines einzelnen Auges. Er war nicht daran gewöhnt, dass zwei Extramenschen anwesend waren, noch dazu welche, die die Frechheit besaßen, sich auf seine Sessel und sein Sofa zu setzen.

„Warum schaut mich der Hund so an?" Angus hatte es sich gerade gemütlich gemacht, seine Kaffeetasse in optimaler Reichweite auf dem einzigen Beistelltischchen, das noch ins Vorderzimmer gepasst hatte, nachdem der Baum aufgestellt worden war. Ich gab Seamus einen frischen, echten Knochen voller Knorpel und Sehnen – und das nicht, weil Weihnachten war, ich bin nicht der Typ, der seine Haustiere beschenkt. Ich wollte einfach, dass er beschäftigt war und nicht im Weg herumlag. Er schnappte sich den Knochen, setzte sich hin und ließ ihn mir vor die Füße fallen, ohne zu betteln oder zu drängeln, was so noch nie vorgekommen war.

„Warum kannst du nicht genau das Gleiche mit einem Dummy machen?" Er sah mich an, mit diesem intensiven Ich-muss-nach-draußen-Blick. „Ist dir klar, dass wir draußen minus zwölf Grad haben?"

Er legte den Kopf schief. Bellte. Nahm den Knochen auf und trottete in Richtung Hintertür. Die nordpolartige Landschaft konnte ihn nicht schrecken. Er lief über die frisch geschippte

Veranda, dann überquerte er die Schneeberge auf dem Weg zu seinem liebsten Winterreiseort unter den Stufen, die zu unserer Garage hinaufführten.

Frischer Kaffee wurde aufgesetzt, Tassen wurden nachgefüllt, Plätze wurden eingenommen.

Für Angus von Caitlin

„Das Buch wird dir gefallen", sagte sie. „Es handelt von so einem Typen, der in den 1890ern eine Reise auf dem Fahrrad antritt und dann verschwindet."

„Cool", sagte er.

Für Caitlin von Angus

Ein Paar Socken. „Die halten die Füße auch dann warm und trocken, wenn man im Schnee herumläuft."

„Danke!", sagte sie.

Die Kinder hatten zusammengelegt und Mark ein Radrenntrikot von seiner Alma Mater geschenkt, der Marquette University. „Prima!", sagte er. Das Radfahren hatte er gerade erst im Spätsommer für sich entdeckt, nachdem sein Arzt ihm geraten hatte, dass er sich endlich einmal irgendeine sportliche Aktivität suchen solle. Und da sich Mark erwartungsgemäß nicht am Hundetraining beteiligt hatte, schien das Radfahren eine gute Alternative.

Ich schenkte Mark einen handgemachten Schal, an dem ich zu stricken begonnen hatte, als ich im Krankenhaus bei meiner schlafenden Mutter gesessen hatte. Er war erst zu zwei Dritteln fertig und die Stricknadeln steckten noch drin. „Vor dem Frühjahr ist er fertig, versprochen!", sagte ich.

„Kein Stress."

Wir legten eine Pause ein, um den Kaffee, die übrig geblie-
benen Minihackbällchen und Krakauer, die Weihnachtsplätz-
chen und den Schinken wiederaufzuwärmen, den mein Vater in
Klarsichtfolie gehüllt und in eine Tupperdose gesteckt hatte, die
er wiederum in eine Plastiktüte gepackt hatte. Er war zu Hause.
Allein. Ich hatte ihn eingeladen, vorbeizukommen und uns beim
Geschenkauspacken zuzusehen, aber er hatte abgelehnt. „Nein,
verbring du mal Zeit mit *deiner* Familie."

„Aber du gehörst *auch* zu meiner Familie", hatte ich gesagt.

„Ich weiß ja, aber ich … ich möchte einfach lieber zu Hause
bleiben."

Ich hätte ihn drängen und darauf bestehen können, dass er
vorbeikam, aber ich nahm ihn beim Wort. Während der Zeit, die
ich gemeinsam mit dem Hund und ihm draußen verbrachte, war
mir immer klarer geworden, dass er der Typ Mensch war, der nur
tat, was er auch wirklich tun wollte, Punkt. Damals im Herbst
hatte ihn meine Schwester gedrängt, sie auf einen Bootsausflug
mit der *S/V Denis Sullivan* zu begleiten, einer Replik eines Last-
schiffs, das im 19. Jahrhundert durch die Großen Seen geschip-
pert war.

„Nein", hatte er gesagt.

„Ach, Dad, jetzt komm schon! Das wird echt cool, du wirst
sehen!"

„Nein!", hatte er knurrig wiederholt.

„Aber warum denn nicht?"

„Weil ich keine Lust habe."

Thema erledigt.

Wenn ihm danach gewesen wäre rüberzukommen, hätte er
es gesagt. Aber er wollte lieber allein sein und ich fand das vollkommen in Ordnung so.

Ich selbst hatte bisher noch kein Päckchen, keinen Umschlag,
keine Tüte zum Auspacken bekommen. *Noch* nicht? Vor einigen

Wochen, als meine Tochter anrief, um sich für einen Abend mit Freunden unser Auto zu reservieren, hatte ich ihr gesagt: „Ich will keine Geschenke. Für mich ist es Geschenk genug, deinen Bruder und dich im Haus zu haben."

„Echt, Mom? Keine Geschenke? Heißt das so viel wie: ‚Aber wenn du nicht trotzdem etwas hast, bist du geliefert?' Oder willst du wirklich nicht, dass wir dir etwas schenken?"

„Wirklich nicht. Keine Geschenke."

Das hätte von meiner Mutter stammen können – das oder: „Du hättest mir doch auch einfach etwas basteln können." Im Lauf der Jahre bekam sie von mir Zierdosen, beklebt mit goldlackbesprühten Makkaroni, gefilzte Broschen und eine aus einer alten Strumpfhose gebastelte Stoffhexe, die mein Vater hasste, weil sie in der Küche von einem Faden baumelte, der gerade so lang war, dass ihm das Ding ständig im Weg war. Ich hatte ihm angeboten, die Hexe umzuhängen, als ich bei ihm war, um das Haus zu dickensivieren, aber er hatte nur gebellt: „Die bleibt, wo sie ist!"

Geschenkerunde zwei begann bei Sonnenuntergang. Angus öffnete eine Schachtel mit Fahrradteilen, die er benötigte, um das Rad fertigzustellen, an dem er gerade bastelte. Für Caitlin gab es eine Vase und ein bisschen designmäßigen Küchenkram, zusammen mit einem Foto von ihr und ihrer Großmutter, das ich vergrößert und gerahmt hatte: „Ooohh!"

Bilder wurden geknipst und auf Facebook hochgeladen.

„Also, das wars!" Um 16:17 Uhr erklärte Mark die Auspackphase Weihnachten 2013 offiziell für beendet. Caitlin fing an, das Geschenkpapier und -band wegzuräumen und die leeren Schachteln für die Papiersammlung zusammenzufalten. Angus ordnete seinen Geschenkestapel und verschwand in der Küche, um sich Essensnachschub zu holen. Mark sah nach, welches Footballspiel gerade lief. Ich blieb einfach sitzen.

„Danke für alles, Mom", sagte Caitlin und drückte das bereits zerknüllte Geschenkpapier zu einer noch festeren Kugel zusammen.

„Gerne doch", sagte ich und versuchte, mir nicht anhören zu lassen, dass ich enttäuscht war. Wie hatte meine Mutter das nur hinbekommen, ohne Geschenke glücklich zu sein? Wenn sie meine goldbesprühten Nudelkreationen auspackte, hatte sie ehrlich begeistert gewirkt. Ich dachte, ich könnte es schaffen, so zu sein wie sie. Aber ... ich war nicht sie. Ich war ich. Ich brauchte Geschenke.

„Soll ich irgendwas von den Bändern aufheben?"

„Ähm, ja ... du kannst sie ... leg sie einfach ..."

„Alles in Ordnung, Mom?", fragte sie.

„Ähm, klar."

„Ich weiß schon, du musst an Grandma denken, oder?"

Nein, ich denke daran, wie bescheuert es von mir war, dir zu sagen, dass du mir nichts zu schenken brauchst!

„Ja, ähm ... genau. Grandma."

Sie bot an, mir ein Glas Apfelpunsch mit einem Schuss Brandy zu bringen. Sie wolle sowieso in die Küche, das sei also kein Problem. Es hatte zu schneien begonnen, wie aufs Stichwort. Es war wie in dem Film *Weiße Weihnachten*. Ich liebe den Film. Meine Schwester und ich sahen ihn jedes Jahr, wenn er bei *NBC Saturday Night at the Movies* lief, und dann spielten wir die „Sisters"-Szene nach, nur mit Geschirrhandtüchern statt der Straußenfederfächer, die Rosemary Clooney und Vera-Ellen benutzten, und meine Mutter hatte gelacht.

Der Punsch schmeckte wie ein Apfel in einer Tasse, der Brandy sorgte für den richtigen Schwung.

„Wie sieht es mit dem Film aus?", fragte Caitlin. „*Weiße Weihnachten?*"

„Klar, mach ihn ruhig an, wenn du Lust drauf hast."

„Mom, du hast gesagt, dass wir dir nichts schenken sollen …"

„Ich weiß, aber …"

„Aber du hast es nicht so gemeint?"

„Doch, habe ich", sagte ich und schob leise nach: „Jedenfalls in dem Moment."

Meine Laune war im Keller, bei den platt gedrückten Pappschachteln in der Recyclingtonne.

Himmelherrgott, sogar der Hund hat einen Knochen bekommen.

Apropos Hund – wo steckte der eigentlich? „Hast du den Hund gesehen?", fragte ich.

„Ist er nicht unter dem Tisch?" Caitlin ging nachsehen. Dann spähte sie in seine Box.

„Vielleicht ist er ja oben im kleinen Büro auf meinem Stuhl?", überlegte ich laut. Ich ging hoch und rief nach Seamus. Er war nicht da. Neben dem Bett lag er auch nicht. In keinem der Kinderzimmer, nicht auf einem Sessel, um mit Mark Football zu schauen.

Oh. Gott. Er war immer noch draußen! Wann hatte ich ihn noch mal rausgelassen? Vor fünf Stunden?

Ich öffnete die eisblumenüberzogene Hintertür und rief nach ihm. „Seamus!"

Nichts.

„Seamus!" Sein Name stieg aus meinen weißen Atemwolken auf.

Nichts.

Ich schnappte mir einen Mantel. Um Schuhe, eine Mütze, Handschuhe scherte ich mich nicht. Es war sehr still. Kein Verkehrslärm. Niemand war draußen. Ich stand mit pantoffelbewehrten Füßen mitten auf der Veranda. Das einzige Geräusch kam hinter einer Schneewehe unter der Garagentreppe hervor. Nagen. Ich stapfte über die Schneebänke.

Er lag in seiner Höhle und nagte den Knochen ab – umgeben von seinen drei Dummys. „Wie zum Teufel …?" Das Schloss an der Seitentür der Garage war eingefroren und offenbar nicht zugeschnappt, als ich die Tür hinter mir zuzog. Seamus musste sie aufgeschoben haben, auf die Gartenbank geklettert sein, den Behälter vom Regal gezerrt, geöffnet und ausgeleert haben. Die Tatsache, dass keines unserer Autos zerkratzt oder verbeult und Seamus nicht zum Kalten Hund gefroren war, grenzte an ein Weihnachtswunder.

Ich kehrte in eine Küche zurück, die mir oft zu groß vorkam, jetzt aber vollgestopft war mit meiner kleinen Familie – vier Menschen und ein Hund. Ich polierte meine Brille mit dem erstbesten Stückchen Stoff, das ich in die Finger bekam – dem Saum des T-Shirts meines Sohns. Sie hatten mit der Pizzazubereitung begonnen, Angus kümmerte sich um den Teig, Caitlin schnippelte Gemüse und Mark briet die Würstchen an. Ich ging weiter ins Esszimmer. Der Tisch war bereits gedeckt, die Kerzen flackerten. Wo mein Teller hätte stehen sollen, lag ein Geschenk, das unverkennbar Mark verpackt hatte.

„Was ist das?"

„Wir wissen ja, dass du kein Geschenk wolltest, aber …" Caitlin unterstrich ihre Worte mit dem Gemüsemesser und deutete dann mit der Messerspitze auf mich.

„Pack schon aus!" Angus' Hände waren voller Mehl. Seamus kümmerte sich mit vollem Zungeneinsatz um den Boden. Ich löste eine Ecke des Geschenkpapiers mit Schneeflockenmuster.

Es war irgendetwas in einem Rahmen. Mehr erfahren würde ich nur, wenn ich den Pappmantel abnahm. Als Erstes sah ich das große, grüne G.

Keuch!

Und dann … das Foto. Die Nummer 12. Mein liebster Footballspieler Aaron Rodgers in Aktion. Signiert!

„Ach, ihr!", sagte ich fünf- oder sechsmal. Tränen stiegen mir in die Augen und das lag nicht an den Zwiebeln, die Caitlin gerade gehackt hatte. Ich umarmte sie. Bekam einen mehligen Drücker von Angus. Eine Umarmung und einen Kuss von Mark.

„Wir konnten dir ja wohl nicht nichts schenken!", sagte Caitlin, während sie die Zwiebelwürfel mit dem Messer in eine kleine Schale schob.

„Aber wie habt ihr ... wann? Ist das wirklich seine Unterschrift?"

„Geht dich nichts an, geht dich nichts an und ja." Mark schob eine Pizza in den Ofen und zog eine andere heraus, damit sie abkühlen konnte, während Aaron, Seamus und ich dasaßen und ihn beaufsichtigten. Zum ersten und einzigen Mal in meinem Leben war ich dankbar, dass niemand auf mich gehört hatte.

29

Ich muss jetzt gehen

Dad und ich hatten den Hund seit über zwei Monaten nicht mehr draußen trainiert. Aus unseren regelmäßigen Mittwochsterminen waren Wenn-es-sich-einrichten-lässt-Mittwochstermine geworden. Dann Mal-sehen-Donnerstage und Kommt-drauf-an-Dienstage. Im November war Dad mit der Rotwildjagd beschäftigt gewesen und dann kam gemeinsam mit dem üblen Nordwind der Feiertagstrubel dazwischen. Seamus und ich hätten zwar gern im Garten trainiert, aber der war von einer fünfzehn Zentimeter dicken Eisdecke überzogen und ich wollte nicht riskieren, dass sich Seamus einen Muskel zerrte oder ein Band riss, so kurz vor unserem Super Bowl des Apportierens.

Das sonst so verlässliche Tauwetter Mitte Januar war dieses Jahr offensichtlich verschoben worden – auf Mai?! Selbst ich, die alles liebt, was auch nur entfernt mit Schnee zu tun hat, und vor ihrem Tod unbedingt noch auf den zugefrorenen Kanälen Amsterdams eislaufen und eine Reise Richtung Norwegen antreten will, um ein Weihnachten in Lappland zu verbringen, hatte die Nase voll vom Winter. Die romantische Nostalgie des Schneeschippens war zur verhassten Plackerei verkommen. Ich saß in meinem kleinen Büro, ignorierte die Schneewehen und haute in die Tasten. Mein Tagesoutfit? Ein Flanellschlafanzug mit Sockenaffenmuster, ein dicker Wollpulli, fingerfreie Handschuhe, Eskimostiefel und eine Wolldecke. Ich sah aus wie der erbärmliche Bob Cratchit aus Dickens' *Weihnachtsgeschichte*.

Ich hörte Seamus irgendwo herumwinseln. Im Flur? Im Erdgeschoss? Er hatte Treppenhemmung.

Mal wieder.

„Na, komm schon!", flötete ich. Ich erinnerte mich, was mein Vater über den Tonfall gesagt hatte: „Solange du es nett sagst, bekommt ein Hund es nicht mal mit, wenn du ihm mitteilst, dass du ihn zum Schafott führst."

Seamus stand bewegungsunfähig auf dem ersten Treppenabsatz. Er legte eine Pfote auf die nächste Stufe, zog sie aber wieder zurück, versuchte es erneut, zog sie zurück, wie ein Auto, das sich aus einem vereisten Schneehaufen herausruckelt. Ich fand es jedes Mal wieder verblüffend, ihn bei diesem Verhalten zu beobachten. Im einen Moment ging es ihm wunderbar und er trottete die Treppe hinauf und hinunter und im nächsten benahm er sich wie ein Kind, das Anlauf genommen hatte, um in die ausgebreiteten Arme von Papa zu springen, der im Schwimmbecken wartete, dann aber am Rand starr vor Angst anhielt.

Ich musste die Leine holen, sie an Seamus' Halsband befestigen und ihn sanft die ersten paar Stufen hinaufzuziehen, damit er wieder in Bewegung kam. Sobald er lief, war alles in Ordnung. Er hechelte wild und seine Augen schossen im Raum herum, auf der Suche nach irgendetwas, das er apportieren konnte. Er fand einen Nagelknipser, den er auf meinen Befehl hin aber sofort wieder ausgab. Dann verschwand er und kam wieder zurück, hustete eine Vierteldollarmünze hoch, ohne dass ich ihn dazu auffordern musste, verschwand erneut, kehrte mit einem Gitarrenplektron zurück, das er sonst wo gefunden hatte, spazierte davon und brachte mir die Kabelrechnung. Dann setzte er sich und starrte mich an. Mitten in meine Seele.

Warum nur fühle ich diese innere Leere?

„Tut mir leid, Kumpel. Aber wir können heute nicht trainieren. Es ist zu kalt." Ich nahm ihm die Leine wieder ab.

Die Wettervorhersage hielt die gesamte Bevölkerung im Würgegriff. Die gefährliche Windkälte und die weltuntergangsmäßigen Schneemassen drohten jeden, der das Haus verließ, zur Eissäule erstarren zu lassen. Seamus knurrte missbilligend und verließ den Raum. Die Treppe nach unten zu trotten schien ihm keinerlei Probleme zu bereiten.

„Ach, komm schon!", rief ich ihm nach.

Das Thermometer vor meinem Küchenfenster stand auf −25 Grad. Langsam wurde die Lage in der Region ernst. Hauptwasserrohre platzten, Asphalt brach auf. Ich trug lange Unterhosen – und zwar *im* Haus.

Seamus hatte sich auf einem seiner Reservesofas im Familienzimmer zusammengerollt und schmollte. Als ich Anstalten machte, ihn unterm Kinn zu kraulen, wälzte er sich hoch, um in seiner Lieblingsecke nach Krümeln zu suchen.

„Dann redest du also nicht mehr mit mir?" Ich drückte meine Nase gegen seine Schnauze. „Bekomme ich einen Kuss?"

Er drehte seinen großen, schwarzen Kopf weg. *Nein.*

„Ach, komm schon. Gib Frauchen ein Bussi", bettelte ich mit geschürzten Lippen.

Er schüttelte den Kopf und verteilte dabei Sabberfäden wie ein Rasensprinkler. *Kein Apportieren, kein Bussi.*

„Aber ich hab dir doch gesagt, dass es zu kalt ist."

Doch er war schon in sein Bett verschwunden und schien nicht in Stimmung für Besuch.

Der Februar brachte die Hoffnung auf Frühling mit sich, oder zumindest auf etwas, das entfernt an Frühling erinnerte. Außerdem brachte er den Valentinstag mit sich. Es war das erste Mal, dass Dad der Liebe seines Lebens keine Schachtel Pralinen, keine Blumen, kein neues Kleid kaufte, wie er es früher getan hatte, wenn er in der Mittagspause in seiner Polizeiuniform ins Kaufhaus ging, auf eine Schaufensterpuppe zeigte und der Verkäuferin mitteilte: „Ich nehme das da in Größe vierunddreißig."

Tagsüber arbeitete meine Mutter, und wenn wir am Valentinstag aus der Schule zurückkamen, war Dad schon unterwegs zu seiner Schicht, aber nicht ohne den Tisch mit schicken Tellern, einer Vase voller Rosen und der herzförmigen Pralinenschachtel auf Moms Teller gedeckt und das neue Outfit auf ihrer Bettseite ausgelegt zu haben.

An diesem Valentinstag machte uns das Universum ein Geschenk: die Temperatur. Wir sollten vier Grad bekommen – plus! Dad rief an. Der Hundeverein wartete.

Die Wochen, die wir nicht hatten rausgehen können, waren sogar mir lang vorgekommen. Wie musste es da erst Seamus gehen? Ständig drückte er sich die Schnauze am Fenster platt und ich bin mir sicher, dass er dabei dachte: *Ich kann mich noch an eine Zeit erinnern … das muss Jahrzehnte her sein … da gab es noch Wasser zum Reinspringen, das war nicht gefroren.*

Ich konnte es gar nicht erwarten, meinem muffigen, schmollenden, mürrischen Hund die Neuigkeiten mitzuteilen.

„Ich habe gerade mit Grandpa gesprochen. Wir fahren in den Hundeverein!"

Er spitzte die Ohren und leckte mir kurz und zustimmend die Hand. *Echt? Jetzt sofort? Fahren wir jetzt sofort? Los, gehen wir!*

„Nach dem Mittagessen."

Nach dem Mittagessen! Aber … das dauert ja noch eine halbe Ewigkeit!

Bergketten aus Schnee säumten den Parkplatz. Die Angelegenheit würde sich noch zu einem jener endlosen Winter entwickeln, in denen sich die Schneehaufen bis Mai hielten. Wir bauten unseren Apportierparcours am Fuß des Hügels neben dem schneebedeckten Maschendrahtzaun auf. Dafür, dass Seamus seit fast drei Monaten nichts weiter als Schuhe, die Zeitung und Kreditkartenrechnungen apportiert hatte, schlug er sich ganz gut. Den ersten Apport verpatzte er zwar (möglicherweise um mir eins auszuwischen?), aber ein Knurren von Dad reichte und Seamus spurte wieder.

„Wann ist noch mal dieser Apportierwettbewerb?", fragte mein Vater.

„Ähm, in etwa zehn Tagen."

„Na ja, besser vorbereitet als jetzt wird er nicht mehr."

„Dad? Ich mache mir ein bisschen Sorgen."

„Aber worüber denn? Nur weil er heute das eine Mal ..."

„Nein, das ist es nicht. Er hat diese Phobie."

„Was denn bitte für eine Phobie?"

„Manchmal weigert er sich, die Treppe hochzugehen."

„Hmm. Ist er mal ausgerutscht und gestürzt?"

„Nein."

Mein Vater beobachtete, wie Seamus sein Bein hob und ein Pipistrahl den Schnee gelb färbte. „An seinen Krallen kann es auch nicht liegen und er lahmt nicht."

„Aber Dad, wenn er keine Treppen hochgeht, kommt er nicht auf die Bühne. Keiner von uns beiden kann ihn hochheben. Was wollen wir machen, falls es so weit kommt?"

„Dann gehen wir eben Bratfisch essen."

Er war ein wahrer Zenmeister.

Die Kombination aus langer Phase von Unternulltemperaturen und meinen Wechseljahren sorgte dafür, dass mir dieser milde

Tag vorkam wie Mitte Juli. Ich brauchte keinen wärmenden Seamus mehr neben mir auf dem Sofa – ich brauchte dünnere Klamotten. Ich drehte sogar den Thermostat herunter. Mit dem Bauch voll Hundefutter und einem befriedigten Apportierbedürfnis befand sich Seamus nun in seiner Ruhephase nach dem Training. Er ließ sich auf den Boden fallen und schlief tief und fest ein. Manchmal zuckte eine Pfote, dann gab er ein kleines Japsen von sich, mit dem er sich selbst weckte, und er hob den Kopf, als wollte er fragen: *War ich das gerade?*

Zum wiederholten Mal las ich mir den Abschnitt „Wissenswertes" auf der Website vor.

Die Hunde müssen zu jeder Zeit angeleint bleiben, bis ein Schiedsrichter das Zeichen zum Ableinen gibt. Trainingsgegenstände wie Stachelhalsbänder, Elektrohalsbänder etc. sind nicht erlaubt.

Zur Kenntnis genommen. Wir hatten das Elektrohalsband auch nicht noch einmal benutzt.

Ich las erneut die Regeln:

Pro Teilnehmer erfolgen zwei Durchläufe, bei denen die Zeit genommen wird. Als offizielle Zeit wird die bessere der beiden gewertet.

Durchgeführt wird ein Landapport mithilfe eines Apportierdummys. Die Apportierstrecke beträgt 35–40 m pro Richtung. Die Hundebesitzer können ihren eigenen Apportierdummy mitbringen oder ein durch den Veranstalter bereitgestelltes Exemplar nutzen.

Hund und Trainer stehen an einem Ende der Hauptbühne an der Startlinie. Der Apportierdummy muss innerhalb des gekennzeichneten Bereichs am anderen Ende der Bühne ausgelegt werden.

Es ist den Teilnehmern gestattet, eine Hilfsperson mitzubringen, um den Dummy am gekennzeichneten Ort abzulegen (abzuwerfen). Alternativ stellt der Veranstalter eine solche Person zur Verfügung.

Der Trainer lässt den Hund anschließend laufen. Die Zeit läuft ab dem Augenblick, in dem der Hund die Startlinie überquert, bis er sie auf dem Rückweg zum Trainer mit dem Dummy erneut überquert. Der Hund wird disqualifiziert, wenn er den Bühnenbereich verlässt, den Wasser/Pool-Bereich auf der Bühne betritt oder dem Trainer den Apportierdummy nicht zurückbringt.

Offenbar war ich also nicht die einzige Person, deren Hund ein Faible für verbotene, aber landschaftlich ansprechendere Strecken hatte.

Mutter Natur ist ein launisches Miststück. So, jetzt ist es raus. Nach unserer eintägigen Pause von der Kälte beschloss sie, dass wir mit diesem kleinen Frühlingshors d'œuvre erst einmal auskommen mussten, und brachte uns die folgenden zwei Wochen lang mit noch mehr Schnee und noch kälterer Kälte wieder zur Vernunft. Seamus folgte mir mit erwartungsvoller Miene auf Schritt und Tritt durchs Haus. *Wohin gehst du? Gehst du raus?* Nirgendwo war ich ungestört – nicht in der Waschküche, nicht in der Küche, nicht beim Staubsaugen. Er verfolgte mich sogar ins Badezimmer, wo er die Tür mit der Schnauze aufdrückte und die Zugluft hereinließ, während ich auf der Toilette saß oder in der Badewanne lag.

Ich versuchte, mit ihm im Garten zu arbeiten, aber er rutschte ständig aus und fand keinen Halt, also brach ich die Sache wieder ab, nachdem ich den Dummy nur ein einziges Mal geworfen hatte. Wir würden uns auf sein Muskelgedächtnis verlassen und darauf vertrauen müssen, dass die neuen Windungen, die unser

Training hoffentlich in seinem Hundegehirn hinterlassen hatte, zahlreich und tief genug waren.

Einige Tage vor dem Wettbewerb hatte ich einen Traum. Seamus und ich standen am Fuß einer steilen, von Salvador Dalí entworfenen Treppe. Irgendetwas Bösartiges war hinter uns her, und wenn wir es nicht die Treppe hinaufschafften, würde es uns zerfleischen. Aber Seamus rührte sich nicht von der Stelle und ich zerrte und zerrte an ihm, aber je mehr ich zerrte, desto kräftiger stemmte er sich dagegen. Er jaulte wie verrückt und das Ding, das uns in Stücke reißen wollte, kam immer näher. Ich brüllte Seamus an mitzukommen, aber er weigerte sich, und dann, ganz plötzlich, war da meine Mutter auf der Treppe und rief nach ihm, gab lockende Geräusche von sich. Warum machte sie das? Was wollte sie hier überhaupt? Sie redete, aber ohne Ton, wie in unseren alten Super-8-Filmen. Und dann fand ich mich auf dem Parkplatz des Rehazentrums wieder. Ich habe keine Ahnung, wohin der Hund verschwand. Dafür war der Rettungswagen da, mit eingeschaltetem Blaulicht. Ich stand an der Tür und wartete darauf, hereingelassen zu werden. Die Tür öffnete sich einen Spaltbreit und dieses Mädchen, es war vielleicht zwölf oder dreizehn Jahre alt und hatte langes, gewelltes braunes Haar, lief an mir vorbei. Ihr Mantel stand offen. Sie trug einen Pulli mit Burlington-Muster und einen Faltenrock, flache Lederschuhe und Söckchen.

„Ich muss jetzt gehen, sonst komme ich zu spät zum Abendessen!", sagte sie zu mir.

„Aber es regnet! Wo ist deine Mütze?", antwortete ich. Doch sie rannte einfach los, vorbei an dem Rettungswagen und die Straße hinunter in Richtung Cleveland Avenue.

Ich verstehe, was der Hund-auf-der-Treppe-Teil des Traums bedeutet. Das war sicher meine Angst vor dem bevorstehenden

Wettbewerb. Aber der Teil mit dem Mädchen? Je näher der Tag des Wettbewerbs rückte, desto stärker musste ich mich mit Aktionismus ablenken, um eine Panikattacke zu vermeiden. Ich beschloss, dass der perfekte Augenblick gekommen war, um die Familienfotos zu sortieren. Ich hatte schon vor langer Zeit Archivschachteln gekauft, mit dem Vorhaben, zusammen mit Mom alle Fotos durchzugehen. Ich hatte gehofft, dass sie sich an die abgebildeten Personen erinnern würde, und dann hätte ich ihr für später Hinweise auf die Rückseiten geschrieben. Aber wir waren nie dazu gekommen. Und dann besuchte mich eines Tages mein Vater mit den Schachteln samt einer großen Einkaufstüte voller alter Fotos.

Ich zog all die Schwarz-Weiß-Schnappschüsse heraus, die ich noch nie gesehen hatte. Picknickausflüge. Meine Großmutter als kesse Zwanzigerjahreschönheit. Eine unter vielen, die sich in einem Keller drängten – das Bild musste während eines Groß-brands entstanden sein. Und dann ... es war in einem Garten aufgenommen worden. Ein Gruppenfoto. Ich erkannte eine junge Tante Ellen. Tante Jane. Einen kleinen Jungen ... mein Onkel? Und das Mädchen. Das Mädchen aus meinem Traum. Es trug einen Pulli mit Burlington-Muster und einen Faltenrock. Meine Mutter.

War es möglich, dass es Mom gewesen war? Wollte sie mir mitteilen, dass sie damals, in jener Nacht, als ich panisch beim Rehazentrum ankam und gegen die Glastüren hämmerte, damit jemand den Summer betätigte, nichts und niemand hätte retten können? Weil sie nun mal hatte gehen müssen? Weil ihre Mutter sie nämlich nach Hause rief. Zum Abendessen.

30

Der Tag der Wahrheit

Der 5. März war nichts weiter als ein ganz gewöhnlicher Ich-stelle-meinen-Hund-vor-zweihundert-Leuten-auf-eine-Bühne-und-hoffe-er-versaut-es-nicht-Tag. Ich nahm einige tiefe, beruhigende Atemzüge, während ich die Wäsche zusammenlegte. Ich suchte meine innere Mitte, während ich die Spülmaschine einräumte, Häufchen aufklaubte, die Post hereinholte und im Internet surfte. Ich versuchte, mich vom Denken, vom Grübeln, vom Kopfzerbrechen abzulenken. Allerdings ohne nennenswerten Erfolg.

Uns war die Startzeit 17:30 Uhr zugeteilt worden, wir mussten aber zwanzig Minuten vorher zur Anmeldung erscheinen. Ich sagte meinem Vater, dass ich ihn wegen des Verkehrs schon um halb fünf abholen würde, was bedeutete, dass ich um vier den Hund im Auto haben musste, was wiederum bedeutete, dass ich um drei Uhr anfangen musste, den Hund vorzubereiten, oder sagen wir lieber halb drei, weil ich so nervös war. Seamus wusste, dass irgendetwas vor sich ging, als ich seine Box hinaus in die Garage trug.

Fahren wir irgendwohin? Jetzt? Du und ich?

„Hör mal", sagte ich, „ich habe eine einzige Bitte an dich: dass du um Himmels willen nur ein einziges Mal in deinem Leben das tust, worum ich dich bitte. Erinnerst du dich noch, was wir geübt haben? Du wartest. Ich sage ‚Okay‘, du holst den Dummy, du bringst den Dummy zurück. Und zwar zu mir. Keine spannenden Autos, kein Wasserbecken. Keine Faxen. Okay?" Ich umschloss seinen Kopf mit den Händen, aber er wand sich aus meinem Griff. Dann führte er einen perfekten doppelten Axel aus. Ich durfte jetzt nicht vergessen, was mir mein Vater zu Seamus' Verhalten erklärt hatte – dass es sich dabei nicht um Wildheit handelte, sondern um Eifer und Eifer war etwas Gutes. Immerhin stammte Seamus aus einer Arbeitslinie. Bei ihm gab es nur zwei Schalter: An und Los!

Ich ließ ihn in seiner Box abliegen, draußen im kalten Auto, und zwar fast eine halbe Stunde lang (aus Beruhigungsgründen), während ich mich selbst vorbereitete und meine Checkliste durchging:

Pfeife?

Check.

Stark riechender Glücksbringertrainingsdummy?

Check.

Wegbeschreibung?

Check.

Hund?

Check.

Ich schloss die Hintertür ab. Hatte ich alles?

Pfeife?

Check.

Stark riechender Glücksbringertrainingsdummy?

Check.

Wegbeschreibung?

Check.

Ich stieg ins Auto, öffnete die Garagentür und prüfte ein weiteres Mal, ob ich auch wirklich an alles gedacht hatte. War der Hund in seiner Box?

„Seamus? Bist du da hinten?"

Ich hörte Schwanzklopfen.

Check.

Ich setzte rückwärts auf die Straße, rief meinen Vater an und sagte ihm, dass ich auf dem Weg sei. Die vertraute Strecke bis zu seinem Haus fuhr ich halb auf Autopilot, während ich überlegte, grübelte, hoffte. Hatten wir genug trainiert? Würde ich daran denken, die Pfeife zu benutzen? Ich hatte meine Pfeife doch dabei, oder?

Vor Dads Haus musste ich nicht einmal aussteigen und an die Hintertür klopfen, weil er bereits draußen wartete. Seamus war nicht der Einzige hier mit angeborenem Arbeitseifer.

„Hast du die Pfeife?", fragte Dad, als er auf den Sitz glitt.

Hatte ich sie? „Ja."

„Den Dummy?"

„Hab ich auch. Ich bin ein wenig nervös. Und du?", fragte ich.

„Weswegen sollte ich nervös sein?"

„Ach, du weißt schon ... was, wenn er nicht ... die Sache mit der Treppe?"

„Es bleibt dir wohl nichts anderes übrig, als einfach auf das Beste zu hoffen."

Auf das Beste hoffen. Genauso wie wir es bei meiner Mutter getan hatten, und seht, wie die Sache ausgegangen war. Ich bin nicht sonderlich religiös. Ich bete manchmal zu einem speziellen Heiligen (siehe die Geschichte, als der Hund fast ertrank), aber meistens richte ich einfach eine Bitte ans Universum und warte ab, was passiert. Manchmal werden meine Bitten wunschgemäß erfüllt, manchmal aber auch nicht – falsche Farbe, falsche Größe, falsches Ergebnis –, wie beispielsweise im Fall meiner Mutter. Ich wollte, dass sie lebt, aber ... vielleicht wäre das am Ende gar nicht das Beste für sie gewesen ... manchmal lief es auch so, dass genau die Sache, die ich nicht wollte, doch passierte, weswegen wiederum etwas anderes passierte, und dieses andere entpuppt sich am Ende dann als besser als das, worauf ich ursprünglich gehofft hatte.

Wir fuhren durch Tor 2.

„Bist du sicher, dass du weißt, wo du hinfährst?"

„Dad, lies die E-Mail. An der südöstlichen Gebäudeecke. Das ist das Gebäude, das hier ist eine Ecke, das dort ist Süden und das Osten." Ich parkte in einer Lücke mit freier Sicht auf die Tür. Wir saßen mit laufendem Motor im Wagen, zwei Augenpaare auf der Lauer nach irgendeinem Anzeichen von Bewegung.

„Soll ich aussteigen und nachsehen, was los ist?", fragte ich.

„Nein. Bleib einfach sitzen. Wir haben Zeit. Warte ab, bis du andere Leute siehst, die mit ihren Hunden zur Tür gehen."

„Sag mal, Dad?"

„Was?"

„Hast du schon mal so einen Winter erlebt?" Small Talk. Der ist meine Spezialität, wenn ich nervös bin.

„Oh ja. Als ich neu war im Job und Streife lief, war es auch so kalt. Und damals war noch nichts mit daunengefülltem Irgendwas. Es gab kein Thinsulate. Es gab nur lange Unterhosen, einen Wollmantel und den Latz aus Wolle, den deine Mutter für mich gestrickt hatte."

Gott, ja. Der Latz, eine Art Lätzchen mit Rollkragen dran. Mein Vater trug ihn unter seinen Hemden. Beim Angeln, beim Zelten, auf der Jagd. Der Latz hielt warm, ohne aufzutragen. Irgendwann war er verschwunden. Dad vermutete, ihn irgendwo im Jagdcamp in einer Hütte liegen gelassen zu haben. Mom erweckte das alte Strickmuster zu neuem Leben und machte sich daran, einen Latz 2.0 zu stricken, aber zu diesem Zeitpunkt hatte sie bereits vergessen, wie man Maschen abnahm, also ribbelte sie alles wieder auf, fing von vorn an, ribbelte auf, fing von vorn an. Am Ende wurde sie so wütend, dass sie den Latz samt Stricknadeln und allem quer durchs Wohnzimmer warf. Er wurde zu ihrem Moriarty. Er quälte sie aus dem Inneren ihres Strickbeutels.

Ich beschloss, dass es ihr guttun würde, wenn ich einen Tag die Woche vorbeikam, um mit ihr zusammen zu stricken. Ich war sicher, das würde ihr Gedächtnis und die Beweglichkeit ihrer Finger trainieren. Außerdem konnte ich ihr auf diese Weise bei der Fertigstellung ihres Strickprojekts helfen, das sie in den Wahnsinn zu treiben drohte.

„Mom, eine Frau aus dem Wollgeschäft hat mir erklärt, dass ich falsch stricke."

„Was? Aber ich habe es dir so beigebracht, wie ich es von meiner Mutter gelernt habe."

„Sie hat gesagt, ich halte das Garn falsch."

„Das ist ja wohl lächerlich! Ich hoffe, du hast ihr gesagt, wo sie sich ihre Stricknadeln hinstecken kann."

Sie (ich) brauchte fast ein Jahr. Der Latz wurde ein bisschen schief und wir mussten Wolle aus verschiedenen Chargen verwenden, aber …

„Schau mal, Mom! Endlich sind wir fertig."

„Habe *ich* das gestrickt?"

„Jupp!"

„Donnerlittchen, das habe ich aber schlampig gemacht."

Dad und ich saßen mit laufendem Gebläse im Auto. Dad starrte durchs Fenster. Ich dachte an alles, was wir mit Mom durchgestanden hatten, und jetzt mit diesem gleichzeitig dummen und schlauen Hund.

„Ähm … ich war mit ein paar Kumpeln beim Lunch."

Dad? Beim Lunch?!

„Und von den acht Männern waren sechs Witwer."

Es war das erste Mal, dass ich ihn das Wort *Witwer* aussprechen hörte.

„Ja, also, wir haben in dieser Residenz gegessen, in die ich Tante Florence immer schicken wollte, ein echt nettes Haus. Es gibt dort Miets- und Eigentumswohnungen und die haben einen eigenen Flügel für Bewohner, die Betreuung brauchen."

„Sag mal, Dad … woran wirst du eigentlich merken, wann es besser wäre, das Haus zu verkaufen?" Der richtige Moment für diese Frage schien gekommen.

„Darüber habe ich auch schon nachgedacht."

„Und?"

„Na ja, ich müsste wohl verkaufen, wenn … wenn ich nicht mehr fahren kann. Weißt du, im Augenblick komme ich immer noch überallhin und kann angeln gehen und die Einkäufe erledigen und so weiter."

„Aber … sagen wir mal, du könntest es nicht mehr. Würdest du dann in dieser Residenz wohnen wollen?"

„Na klar! Sie haben ein Schwimmbad und einen Fitnessraum. Ich müsste nie wieder Schnee schippen …"

All die Artikel, die ich darüber gelesen hatte, wie man seinen alternden Eltern gegenüber schwierige Themen ansprach … und jetzt war es einfach so passiert?

Eine nach Schiedsrichterin aussehende Frau mit Klemmbrett und laminiertem Mitarbeiterpass um den Hals steckte den Kopf durch die Südosttür und umgehend begannen Leute, mit angeleinten Hunden aus ihren warmen Autos herauszutröpfeln, die im Leerlauf vor sich hin tuckerten.

„Dann geh ich auch mal", sagte ich.

„Lass den Hund hier!"

Ich entdeckte einen Sheltie, irgendeine Terrierart, einen Corgi und einen Goldendoodle. Der Rest waren junge, lebhafte und schwer kontrollierbare Labradore, die ihre Besitzer über den vereisten Parkplatz zogen und zerrten. Sollte ich sie vor dem bärbeißigen Mr Ich-verstehe-keinen-Spaß warnen? Einer der Labradore hatte die Leine zweifach um sein Herrchen gewickelt. Vor sechs Jahren wäre ich das gewesen. *Schätzelchen, komm nach der Show mal in meiner Garderobe vorbei, dann verrate ich dir ein paar Tricks.*

Die Tür wurde ganz geöffnet. Ein Typ mit neonoranger Jägerjacke und Baseballmütze mit Tarnmuster kam nach draußen. Das Sicherheitslicht über ihm tauchte sein Gesicht in Schatten. War das Mr Ich-verstehe-keinen-Spaß?

„Danke für Ihre Geduld! Ich muss mich entschuldigen. Wir suchen gerade nach einer Möglichkeit, Sie drinnen unterzubringen, damit Sie nicht hier draußen in der Kälte in Ihren Autos warten müssen."

Wer war dieser Mann? Hatte Mr Ich-verstehe-keinen-Spaß eine Therapie gemacht?

Er überprüfte die Anwesenheitsliste.

Er wollte wissen, ob wir Fragen hätten.

Er bückte sich und streichelte den Sheltie, beruhigte den überdrehten Drahthaar.

Vielleicht war er nur eine Hilfskraft und Mr Ich-verstehe-keinen-Spaß befand sich noch drinnen, um an seinem Welthass zu arbeiten, während er darauf wartete, vor Publikum seine Tiraden zum Besten geben zu können. Ich lief zum Auto zurück. Es fühlte sich gut an, in etwas Beheiztem zu sitzen.

„Und?"

„Wir sind eingetragen und können loslegen!"

Mein Vater öffnete die Tür und musste sich beim Aussteigen am Griff festhalten. Ich öffnete die Heckklappe, aber nicht die Tür der Hundebox, weil ich Seamus Zeit geben wollte, sich zu beruhigen, ehe ich ihn herausließ.

Dann öffnete ich die Box. „Warte!" Ich musste mich dafür wappnen, die Leine oder sein Nackenfell oder sonst einen Teil von ihm packen zu können, falls er davonschießen wollte. Aber er machte keinerlei Anstalten, sondern wartete brav. Ich nahm seine Leine in die Hand, befahl ihm, bei Fuß zu bleiben, und war, wie ich zu meiner Schande gestehen muss, einigermaßen überrascht, dass er tatsächlich gehorchte. Sein eifriges Winseln verbot ich ihm nicht, aber als er hochzuspringen begann, gab ich ihm mit dem losen Ende der Leine einen leichten Klaps auf die Schnauze. Dad bedachte mich mit einem stolzen Das-ist-mein-Sohn-Blick. Mein Vater hat immer Söhne gewollt. Vielleicht neige ich deswegen dazu, mich wie ein Holzfäller zu kleiden. Meine Mutter hatte immer das Gefühl gehabt, ihren Mann enttäuscht zu haben, als ob es ihre Schuld gewesen wäre, dass sie ihm keinen Sohn geschenkt hatte. „*Ich* habe es nie geschafft, eurem Vater einen Sohn zu schenken", erzählte sie mir nach Angus' Geburt. Es klang, als hätte sie eine Bestellung bei einem Outdoorausrüster aufgegeben, dem gerade leider kurzfristig die Söhne ausgegangen waren.

Wir sollten im Ladebereich der großen Ausstellungshalle warten. Es gab Paletten voller in Knisterfolie gewickelten Zeugs, Displayteile, Schilder. Dad suchte eine Stelle aus, die weit genug von den anderen Hunden entfernt war, aber zu nah an den großen, wie Limonadenflaschen geformten Wertstofftonnen lag. Seamus gelang es in seinem Eifer, sie umzuwerfen wie Bowlingpins.

Dad und ich standen mit Seamus zwischen uns da, ohne ein Wort miteinander zu wechseln. Mein Vater verschränkte immer wieder die Arme, nur um sie sofort wieder fallen zu lassen, oder schob sich die Hände in die Hosentaschen, nur um sie sofort wieder herauszuziehen. Für einen Typ, der behauptete, nicht nervös zu sein, wirkte er ziemlich nervös. Ich selbst schwankte irgendwo zwischen nervös, aufgeregt und begierig, endlich loslegen zu dürfen. Ich hatte meinen Text auswendig gelernt. Ich hatte geübt. Diesmal war ich so viel besser vorbereitet. Und ich hatte meinen Vater dabei. Er würde mir den Rücken stärken, falls ich vom Feind/Moderator wieder ausgescholten wurde. *Vielleicht sollte ich weniger Angst vor der Szene haben, die der Hund, als vor der, die mein Vater machen könnte. Oder ist er etwa nicht schon einmal wegen unflätiger Ausdrucksweise und Streit mit einem Schiedsrichter von einem Wettbewerb ausgeschlossen worden?*

Als Erstes war ein sehniger Terrier an der Reihe, Wally genannt. War die Metalltür, die in die Ausstellungshalle führte, erst einmal hinter dem Teilnehmer zugefallen, konnten wir keinerlei Publikumsgeräusche mehr vernehmen. Alles, was hindurchdrang, war eine verzerrte männliche Stimme, die aus einer schlechten Soundanlage kam.

„Bilde einen Hohlraum mit den Händen, wenn du in die Pfeife bläst, wie ein Megafon, dann hört er dich auch über den Lärm der Menge hinweg", sagte Dad.

„Okay."

Seamus jaulte und kläffte wie beim Tierarzt im Empfangsbereich. Er fing an, nervös zu hecheln, begleitet von einer kleinen Hopseinlage von den Vorderbeinen auf die Hinterläufe und wieder zurück, so wie er es macht, wenn ich versuche, ihn beim Tierarzt auf die Waage zu bugsieren. Normalerweise folgte darauf ein Anfall von Labradorirrsinn. *Oh Scheiße.* Wohin würde das führen? Auf direktem Weg in die Hundeklapse?

Seamus kehrte in einen Zustand halbwegs gemäßigten Arbeitseifers zurück. Aber die Frau mit dem Goldendoodle hatte ein Quietschspielzeug dabei, das ständig quietschte. Seamus fing wieder an zu winseln. Ich befürchtete, wenn wir nicht bald auf die Bühne dürften, würde sich das Fenster schließen, in dem ich ihn unter Kontrolle halten konnte, und er würde anfangen, zu japsen und zu bellen, und dann würden mich die anderen Hundeleute als „albernes Weibsstück" abstempeln.

Keiner der Teilnehmer, die schon fertig waren, kam auf dem Weg zurück, auf dem er gegangen war. Gab es noch eine Tür? Woher sollte ich wissen, was zu tun war, wenn Seamus mit seinem Durchlauf fertig war? *Falls* er mit seinem Durchlauf fertig wurde. Er schnüffelte am Saum der Funktionsjacke meines Vaters, so wie er morgens im Garten herumschnüffelte, um zu überprüfen, wer in der Nacht alles über das Grundstück gestreunt war. Für einen Hund musste die Jacke meines Vaters sein wie eine Patchworkdecke der Gerüche. Rotwild. Ente. Gans. Fasan. Andere Hunde. Forelle. Zander.

„Und denk dran, ein Stückchen hinter der Startlinie zu stehen, damit er nicht zu früh vom Gas geht."

„M-hm."

Als Nächstes war der Goldendoodle mit dem Quietschspielzeug dran.

Dann der Corgi.

Ein schwarzer Labrador.

Noch ein Labrador.

Und dann zeigte die Lady mit dem Klemmbrett auf uns.

Mein Magen machte diese Sache, die er immer macht, wenn ich mich vor Fremden auf eine Bühne stellen und irgendetwas Intelligentes oder Witziges sagen soll, aber vergessen habe, warum ich eigentlich hier bin. Ein bisschen Panik war auch dabei. Ich hätte etwas zu meinem Vater sagen sollen, darüber, wie viel Spaß mir die vergangenen Monate bereitet haben, auch wenn die Umstände, unter denen ich mit ihm reden wollte, ziemlich unpassend waren. Warum hatte ich ihm nicht gesagt, wie wichtig er mir war, als wir noch neben den Paletten standen? Wie froh ich war, dass er mich unter seine verschrammten und verletzten Fittiche genommen hatte?

„Dad?"

„Mach einfach alles so, wie wir es immer gemacht haben, und es wird prima laufen."

Ich wollte, dass Seamus spürte, dass ich das Alphatier war. Ich rief mir in Erinnerung, dass es mir nicht um den Sieg ging. Ich wollte einfach nur, dass er es nicht versaute. Oder? Ich holte tief Luft und rief Seamus bei Fuß. Dann liefen wir, ein Dad, ein Hund und ich, gemeinsam auf das Licht zu.

31

Der Vierzigmeterblitz

E s.
Gab.
Keine.
Treppe.

Keine Rampe, keine Stufen, keine Steigung. *Halleluja, gepriesen sei der heilige Rochus!* Der Lauf würde auf blauem Outdoorteppichboden stattfinden, der mit Panzertape am Betonboden der Ausstellungshalle befestigt worden war. Eine Bühne im eigentlichen Sinn gab es nicht. Wir befanden uns nicht auf einem Podest, sondern auf Bodenhöhe, weswegen es sich bei dem Pseudoententeich, der Seamus schon einmal ins Verderben gestürzt hatte, diesmal um ein Aufstellbecken handelte. Damit der Hund seiner Lust auf Wasser frönen konnte, hätte er die Seitenwand hochklettern und sich in den Pool fallen lassen müssen. Selbst für Seamus war das ganz schön viel Aufwand.

Und ... kein Mr Ich-verstehe-keinen-Spaß! Tarnkappenmann, der uns vorhin die Anweisungen gegeben hatte, war nun in die Rolle des Moderators geschlüpft. Ich konnte mein Glück nicht fassen! Für mich mit meinem Das-Glas-ist-halb-leer-Weltbild konnte das nur eins bedeuten: bevorstehendes Versagen auf voller Breite.

Wir wurden dem Publikum vorgestellt als „ein sehr hübscher, siebenjähriger schwarzer Labrador namens Seamus". Kein Wort darüber, wer ich war oder wer da, einen baumelnden Dummy in der Hand, am anderen Ende des blauen Teppichs stand. Na ja, zumindest wurde ich nicht als Hundemama bezeichnet. Seamus und ich spazierten an unserer Pick-up-Nemesis vorbei. Weil wir es mussten. Einen alternativen Weg gab es nicht. Seamus warf dem Ding einen kurzen Blick zu und ich ruckte kurz an der Leine. Ein Stückchen hinter der mit weißem Klebeband markierten Startlinie nahmen wir unsere Positionen ein, genauso wie Dad es gesagt hatte. Ich hielt die Leine kurz, damit Seamus optimal bei Fuß saß.

Tarnkappenmann redete und redete irgendetwas über Holzfäller und Sportfernsehen und dann machte er einen Witz, dessen Pointe zwar mir, nicht aber dem Publikum entging. Ich hatte Zeit zum Nachdenken. Das letzte Mal, als ich hier gestanden hatte, hatte meine Mutter im Publikum gesessen und ich war kurz davor gewesen, mich übel zu blamieren. Diesmal war ich besser vorbereitet und meine Familie wurde durch meine Schwester repräsentiert. Linda hatte angeboten, das Event aufzuzeichnen, damit sie ihren Facebook-Freunden alternativ zeigen konnte, wie wir versagten oder wie wir mit einem gewaltigen Triumph die Bühne zurückeroberten.

Die kleine Dauerwerbesendung des Moderators zog sich in die Länge und ich geriet ins Grübeln.

Jetzt ist es also so weit. Da wären wir. Zurück am Tatort. Jetzt heißt es: Alles oder nichts. Ich will einfach nur nicht dastehen wie die letzte Idiotin. Ich will so wirken, als ob ich wüsste, was ich hier tue. Aber ... was genau tue ich hier eigentlich? Bin ich Profi? Und wenn ja, für was überhaupt? Hundekram? Vaterkram? Sterbekram? Hm, vielleicht bin ich ja doch eher nur so eine Art Profi. Na ja, vielleicht auch gar kein Profi. Aber immerhin besser als

*früher. Ja, das klingt schon realistischer. Ich will einfach nicht …
ich werde nicht … ich möchte meinen Vater nicht bloßstellen. Bestimmt kennt er hier einige Leute.*

*Ich hoffe, dass Seamus zumindest auf meine Pfeifensignale
hört, falls er davonprescht, sonst wars das hier nämlich sowieso.
Aber trotzdem … sagen wir mal, er versaut es so richtig. Heißt das
dann, das gesamte Training war Zeitverschwendung? Nein, nicht
wirklich. Seamus hört viel besser als früher. Und komm schon …
all die gemeinsame Zeit mit Dad? Wie könnte das Zeitverschwendung gewesen sein? Und was, wenn wir es so richtig versauen? Na
ja, dann kann Dad auf immer und ewig die „Wie meine Tochter
und ihr Hund sich vor zweihundert Leuten blamierten“-Geschich-
te erzählen. Eine Win-win-Situation also.*

Tarnkappenmann stellte uns erneut vor und erklärte dem
Publikum noch einmal die Regeln.

Echt, jetzt ist aber Schluss, hör endlich auf zu reden!

Ich sah runter zum Hund. Er konzentrierte sich auf meinen
Vater.

Seamus hechelte heftig. Ich wartete darauf, dass Tarnkappenmann endlich die Klappe hielt und mir ein offizielles Zeichen
gab … wozu bisher noch gar nicht wirklich etwas gesagt worden
war. Worauf musste ich achten? Ein Winken? Ein Nicken? Einen
Fingerzeig? Alles zusammen?

„Wir legen los, sobald Sie so weit sind“, sagte er.

Ich schätzte, ich war so weit. Mehr oder weniger. Langsam
nahm ich Seamus die Leine ab.

„Warte!“ Seamus zitterte vor Aufregung. Ich nutzte meine
linke Hand als Scheuklappe und Kommunikationsmittel: *Ich
will, dass du direkt zu Grandpa gehst, nicht zum Truck, nicht zum
Pool,* sagte meine Hand. Ich sah zu, wie mein Vater den Dummy
in einem schönen, hohen Bogen von sich warf. Der Dummy traf
mit einem dumpfen, flachen Geräusch auf dem Boden auf. Sea-

mus' Nüstern flatterten. Sein Blick rastete ein. Er hatte sich auf das Ziel eingeschossen.

„Okay!"

In den sechs Jahren seit unserem letzten Abstecher auf die Sportshowbühne hatte er nicht im Mindesten an Beschleunigungskraft verloren. Ich musste mich auf meine Aufgabe konzentrieren, statt auf das Publikum zu achten. Aus dem Zuschauerraum drangen Ooohs und Aaahs zu mir, als Seamus den Laufsteg entlangraste. Er rutschte ein wenig auf dem Teppich, wie ein Baseballspieler, der versucht, es bis zur zweiten Base zu schaffen, und schoss am Dummy vorbei, fasste aber schnell genug wieder Fuß, um ihn mit dem Maul zu packen, ehe er sich umdrehte. „Oh! Er hat ihn, Leute!", rief Tarnkappenmann.

Okay. So weit, so gut.

Ich formte mit den Händen einen Trichter, um den Klang der Pfeife zu verstärken, und blies hinein, wie es mir mein Vater damals im Mai erklärt hatte – nämlich so, als wäre es mir ernst. Und es *war* mir ernst.

„Da kommt er! Da kommt er!", brüllte Tarnkappenmann ins Mikro. Offenbar war er nie in den Genuss einer Rundfunkausbildung gekommen.

Ich fixierte meinen Blick auf Seamus' Augen. Sein Kopf blieb bei jedem geschmeidigen Satz, zu dem er ausholte, auf gleicher Höhe.

Komm schon. Komm schon!

Er hielt den Dummy in einer seltsamen Position, nicht ganz horizontal, nicht richtig am Seil. Es wirkte so, als könne er ihm jeden Moment aus dem Maul rutschen.

Nicht fallen lassen. Noch nicht!

Ich bückte mich. Streckte meine Hand aus, damit Seamus ein Ziel hatte. „Gib ihm etwas, worauf er zulaufen kann", hatte Dad mir im Juni erklärt. Damals hatte ich nicht verstanden, was das bringen sollte. Der Hund konnte mich doch sehen. War ich als Ziel nicht groß genug? Seamus erreichte die Streckenmitte, an der beim letzten Mal unser Unglück begonnen hatte, und ich sah das Weiße in seinen Augen aufblitzen. Er hatte seinen Blick abgewendet und linste zum Wasserbecken. Nein!

„Bei Fuß!", rief ich mit meiner unmädchenhaftesten Stimme.

Er drehte den Kopf nach rechts und verließ seinen Kurs.

Oh, verdammt, so ein Scheiß!

„Bei Fuß!", brüllte ich.

Benutz die verdammte Pfeife! schrie mir mein Vater telepathisch zu.

Ach ja, die Pfeife! Wo ist sie? Ich hatte den Reißverschluss meiner Daunenjacke geöffnet und die Pfeife war in den Ausschnitt gerutscht. Meine Finger verhedderten sich in der Kordel, ehe ich mir die Pfeife in den Mund schieben konnte. Ich blies so fest hinein, dass Speichel aus dem Luftloch drang.

Weiterer Kursverlust.

Nein! Nein, nicht schon wieder!

Ich blies erneut in die Pfeife. So fest, dass es mir in den Ohren knackte. Dazu klatschte ich dreimal kurz in die Hände.

„Bei Fuß!"

Seamus' Fokus verschob sich erneut. Auf mich.

Komm schon. Komm! Nur noch ein paar Meter! Oh Gott, komm schon!

Er raste mit dem Dummy im Maul über die Ziellinie und legte ihn mir nur deswegen in die Hand, weil ich ihn abfing und dadurch verhinderte, dass er einfach immer weiterrannte bis zum Popcornstand am anderen Ende der Halle.

„Feiner Hund! Ja, so ein feiner Hund!" Ich sprang herum. Ich jubelte. Ich führte ein Freudentänzchen auf. Man hätte meinen können, dass ich gerade das Finale bei *Der Preis ist heiß* gewonnen hatte. Ich klopfte Seamus den Hals. Er sah mich an. *Da hab ich dich aber eiskalt erwischt mit meinem kleinen Antäuschungsmanöver, was?*

Zwölf Sekunden!

Tarnkappenmann musste mich bei ausgeschaltetem Mikrofon daran erinnern, dass uns noch ein zweiter Durchlauf bevorstand. *Ach, richtig, stimmt. Runde zwei, da war ja was.* Wir nahmen wieder unsere Plätze ein. Der Bühnengehilfe brachte den Dummy zu meinem Vater und wir kehrten hinter die Startlinie zurück. Diesmal kannte Seamus die Regeln. Ich sah ihn an, er mich. Dad wiederholte seinen makellosen Wurf. Seamus' Nüstern orteten den Dummy.

„Okay!"

Bei Durchlauf Nummer 2 wusste er, wann er auf die Bremse steigen musste, um nicht übers Ziel hinauszuschießen. Er nahm den Dummy auf und hatte sogar noch genug Kapazitäten, um auf dem Rückweg dessen Position zu justieren, ohne dabei auf Hartes-Maul-Techniken zurückzugreifen.

Ich blies kräftig und beherzt in die Pfeife und rief danach ein beeindruckendes „Bei Fuß!".

„Da kommt er! Da kommt er!"

Echt jetzt? Mehr hatte Tarnkappenmann trotz seiner minutiösen Kommentierung des Spielverlaufs nicht auf Lager?

Ich musste mich wieder aufs Wesentliche konzentrieren. Ich war immer noch vollkommen high vom letzten Durchlauf. Aber das hier? Das war der totale Triumph.

„Schaut nur, wie er abgeht, Leute!"

Und dann klatschte jemand im Publikum. Drei schnelle Klatscher. Und Seamus sah hin. *Soll ich weiter geradeaus laufen? Ist mein Frauchen jetzt da drüben? Aber ich dachte doch, es ist direkt vor mir?*

Ich blies noch einmal in die Pfeife. Seamus drehte den Turbo auf und kam mit einer solchen Kraft auf mich zugeschossen, dass ich befürchtete, er würde mich über den Haufen rennen und mir eine Oberschenkelknochenfraktur zufügen. 9,86 Sekunden!

„Applaus für Seamus und seine Halterin!" Das Publikum klatschte und ich konnte das Jubeln meiner Schwester heraushören. Ich befestigte die Leine wieder an Seamus' Halsband, dann verbeugte ich mich und wies auf meinen Vater, um das Publikum wissen zu lassen, dass ich das alles, Ladys und Gentlemen, in Wahrheit diesem Mann zu verdanken hatte. Er ist es, dem all der Ruhm gebührt. Ich habe nur getan, was er mir gesagt hat.

Wir wurden hastig vom Teppich geführt und durch eine andere Tür gebracht, die auf den Parkplatz hinausging. Der arktische Windstoß traf mich wie ein Sprung in einen kalten See in Nordwisconsin.

„Dad! Ohmeingott, ohmeingott!" Den Rückweg zum Auto legte ich in Form kleiner Hopser zurück. Seamus war ein braver Hund und hopste nicht mit. „Neun Komma acht sechs Sekunden, Sch...eibenkleister noch mal!"

„Ja, das war ziemlich gut."

„Ziemlich gut?! Jetzt komm schon, Dad! Das war drei Sekunden besser als der erste Durchlauf!"

„Zwei Komma eins vier Sekunden."

„Scheiße, war er schnell!"

„Okay, okay. Jetzt beruhig dich mal wieder." Er redete in seinem Hier-gibts-nichts-zu-sehen-Leute-Tonfall. *Beruhigen? Ähm, nein danke!*

Ich öffnete die Heckklappe. Früher war das für Seamus eine klare Aufforderung zum Herumkaspern gewesen, aber er hatte umgelernt: Klappe offen, Popo auf den Boden. Ich schwang die Gittertür der Hundebox auf. „Box." Er sprang hinein, machte es sich zufrieden auf seinem Polster bequem und sorgte dafür, dass meine Autoscheiben beschlugen, während wir in die Ausstellungshalle zurückkehrten, um den anderen Teilnehmern zuzusehen und uns in unserem Erfolg zu sonnen. Dad übernahm die Analyse, ich die spritzigen Kommentare.

Wir hatten meine Schwester auf der Tribüne entdeckt und uns zu ihr gesetzt. „Hast du alles auf Video?"

„Na ja …"

Wembly, eine zwölfjährige, schokoladenfarbene Labradorhündin mit weißem Gesicht und durchhängendem Rücken, schlenderte über die Bühne und ließ sich alle Zeit der Welt, bis sie ihr Quietschspielzeug aufnahm und es dort wieder fallen ließ, wo sie vier Minuten und siebenunddreißig Sekunden zuvor aufgebrochen war.

„Herrgott, also wenn das die Konkurrenz ist, dann haben wir echte Chancen auf den Sieg!", sagte mein Vater.

„Aber Dad, wir haben doch schon längst gewonnen, schon vergessen?"

„Hä?"

„Ich wollte doch nur bis zum Ende durchhalten und nicht rausgeschmissen werden."

„Ach so, ja, das."

Moment mal. War er nur dabei, weil er gewinnen wollte? Ich hatte gedacht, ich hätte damals, vor langer Zeit, als wir noch wussten, wie grüne Wiesen aussehen, meine Absichten ganz deutlich zu verstehen gegeben.

Die anderen Teilnehmer hätten mir nicht gleichgültiger sein können. Ich wollte mich in meiner wiederhergestellten Ehre aalen. Ich wollte das Video sehen. Ich zupfte meine Schwester am Jackenärmel. „Und? Hast du alles? Beide Durchläufe? Nur der erste würde auch reichen, weil das der wichtige war, mit dem wir unsere Ehre wiederhergestellt haben!"

„Ich … ich habe ja versucht, ihn aufzuzeichnen …"

Versucht?

Sie zog einen faustgroßen, flusigen Klumpen aus ihrer ausgebeulten Tasche, bei dem es sich um das Ladegerät für irgendein elektronisches Gerät zu handeln schien, gefolgt von einer schlanken, chromglänzenden Kamera. „Das ist ein digitaler Camcorder von Sony. Ich habe ihn gerade erst gekauft … aber ich hab vergessen, die Batterie aufzuladen."

Nein!

Der schwarze Labrador benahm sich genauso wie früher Seamus, verließ die Strecke und wurde disqualifiziert, was meinen Vater zum Lachen brachte und den Typ vor ihm dazu veranlasste, sich umzudrehen und ihm einen bösen Blick zuzuwerfen.

„Aber … ich habe es geschafft, den zweiten Durchlauf mit meinem iPhone aufzunehmen! Schau mal!" Linda scrollte und tippte, bis sich das Video öffnete.

Bin das etwa ich? Ich sehe ja so professionell aus!

Es war nur noch ein einziger Hund im Rennen – ein schlanker, zweijähriger schwarzer Labrador mit glänzendem Fell, der eifrig an seiner Lederleine tänzelte.

„Ich glaube, den Typen kenne ich", sagte mein Vater, was mich nicht weiter überraschte. Ständig liefen wir irgendwelchen Leuten über den Weg, mit denen er als Kind benachbart gewesen war oder die er von der Polizei oder aus dem Hundeverein kannte. „Den Hund habe ich schon mal gesehen."

Die Person am anderen Ende der Laufstrecke warf den Dummy in die Höhe und rief: „Hey, hey, hey!"

„Was soll das mit dem Rumgeheye?", fragte ich.

„Damit wollen sie die Aufmerksamkeit des Hundes erregen."

Der Typ, den mein Vater kannte, ließ den Hund, der gerade noch an seiner Seite gesessen und schon im Sitzen unglaublich schnell ausgesehen hatte, von der Leine und schon nach wenigen Schritten wusste ich, dass Seamus mit seinen Zeiten keine Chance gegen ihn hatte. Tarnkappenmann hatte nicht einmal Gelegenheit, den Durchlauf zu kommentieren.

Acht Sekunden. Acht.

Sein zweiter Durchlauf? Sieben.

Mein Vater stieß mich an. „Wenn du schon vor sieben Jahren angefangen hättest ..."

„Dad!"

„Einen Welpen zu trainieren ist viel einfacher, als einem alten Hund neue Dinge beizubringen. Und ich muss das wissen, weil ich selbst ein alter Hund bin."

Er hatte Schwierigkeiten, die Tribünentreppe hinabzusteigen, wollte aber weder von mir noch von meiner Schwester Hilfe annehmen. „Okay, dann gehen wir mal was essen!"

Kann man dafür ins Gefängnis kommen, dass man unter dem Einfluss starker Erfolgsgefühle Auto fährt?

Auf dem Weg zu unserem Festschmaus sprachen Dad und ich das Vorgefallene noch einmal durch. „Wahrscheinlich hätte ich noch ein paar Schritte weiter zurücktreten sollen. Vielleicht wäre er beim ersten Durchlauf dann nicht übers Ziel hinausgeschossen. Als ich gesehen habe, dass er ein bisschen vom Weg abkommt, dachte ich nur ‚Oh Scheiße!'", sagte er.

„Ja, ich auch!"

„Und als dieses alberne Weibsstück vorne geklatscht hat ..."

„Ja, ich weiß, wirklich ein albernes Weibsstück!"

Konnte es sein, dass das hier das erste Projekt war, an dem mein Vater und ich jemals gemeinsam gearbeitet hatten? Wir hatten noch nie irgendetwas gemeinsam gebaut. Er hatte mich nie gebeten, ihm bei handwerklichen Arbeiten zu helfen, außer ein Brett zu halten, während er es mit der Handsäge zerteilte. Er strich die Wände. Er pflegte den Garten. Er brachte uns bei, wie man einen Köder am Haken befestigt, und nahm meine Schwester und mich mit zum Angeln, wenn er im Sommer ausnahmsweise einmal freihatte und nicht vor Gericht aussagen musste. Aber abgesehen davon war das hier unser erstes Vater-Tochter-Hund-mit-Dummy-Bonding.

Aber hatten wir das denn? Gebondet?

Linda fuhr getrennt von uns und wir trafen uns in einem spelunkigen Diner in der Gegend wieder, um uns ein fetttriefendes After-Show-Festmahl zu genehmigen. Es war ein klassisches Diner, kein Lokal, das nur versucht, ein Diner zu sein. Es gab drehbare Barhocker aus Chrom und Lederimitat vor dem Tresen und Sitzecken an der Fensterfront. Unsere Kellnerin Betty lungerte mit gezücktem Stift in der Nähe unserer Sitzecke herum, bereit, unsere Bestellung aufzunehmen. Meine Schwester und Betty kannten einander durch Lindas angehende Karriere im Low-low-Budget-Filmgeschäft – sie hatte bisher eine betrunkene Pfadfinderin, einen betrunkenen Zombie und eine betrunkene Friseurin gespielt.

„Meine nächste Rolle ist eine glückliche Vorstadtmutter, die sich in einen trinkenden Hausdrachen verwandelt. Das wird meine bislang anspruchsvollste Rolle", sagte sie. „Ich nehme einen Cheeseburger."

Linda zeigte Betty das Video vom zweiten Durchlauf. Betty war beeindruckt. Sie klopfte meinem Vater bewundernd mit ihrem Stift gegen die Schulter.

„Gut gemacht!"

Wir aßen und tranken, während der Star der Show in seiner Hundebox im Auto saß, gewärmt von meinem Daunenparka und Dads herausnehmbarer Thinsulate-Innenjacke.

Ich hatte einen Bärenhunger. Alles auf der Karte klang toll. Ich bestellte einen doppelten Cheeseburger, gewürzte Curly Fries und eine Ovomaltine.

Mark hatte Feierabend und stieß zu uns. Ich hatte ihm eine SMS geschrieben und einen Cheeseburger mit Bacon und hausgemachten Pommes für ihn bestellt. Er wollte alle Einzelheiten wissen: War Seamus ins Zaudern geraten? Was für Zeiten hatte er gemacht? Linda zeigte ihm das Video.

„Ich ... ich bin beeindruckt!", sagte er.

„Was? Dachtest du etwa, wir schaffen das nicht?", sagte ich, während ich Platz auf dem Tisch schuf, damit Betty die Teller mit heißen, fettigen Köstlichkeiten abstellen konnte.

„Will wer Zwiebelringe?", fragte meine Schwester und hielt uns den Teller hin.

„Nein! Nein, ich bin einfach nur beeindruckt, das ist alles."

„Und was ist mit dem neuen Moderator?", fragte Dad. „Ketchup?"

„Ich hab schon zehn Likes für das Video!", sagte meine Schwester. „Vielleicht geht es ja viral! Das könnte der Anfang meiner Karriere als preisgekrönte Filmerin werden!"

Ein alter Mann kam zu uns an den Tisch und fragte meinen Vater, ob er früher einmal in der Nähe der Basilica of Saint Josaphat gewohnt habe. Natürlich hatte er das! Alle Ciesliks stammen aus dieser Gegend. Der Mann war ein Freund von Dads älterem Bruder Jerry. Sie tauschten ein paar Geschichten aus. Dad erzählte ihm, dass Jerry 1988 gestorben war. „Das hier sind mein Schwiegersohn, meine ältere Tochter und meine jüngere Tochter, deren Hund gerade beim Apportierwettbewerb einer Sportshow mitgemacht hat!"

Oh, Mann! Mein Vater hatte rosa Flecken auf den Wangen, er glühte förmlich. Und ich glühte auch. Mein kleiner Plan, den ich vor all den Monaten gefasst hatte ... Moment mal, war das überhaupt *mein* Plan gewesen?

„Dad?"

„Was denn?"

„Ich glaube, Mom hat etwas damit zu tun, dass da keine Treppen waren", sagte ich.

Betty brachte uns ein paar Styroporbehälter für die Essensreste. Seamus würde heute später als sonst sein Futter bekommen, aber dafür würde er Filetstückchen fressen. Zurück im Auto mussten wir warten, bis die Lüftung die Scheiben frei gemacht hatte, die durch Seamus' Hecheln ganz beschlagen waren. Auf dem Rückweg zu Dads Haus redeten wir kaum. Es gab einfach nicht mehr viel zu sagen. Schon seltsam, dass ich es inzwischen als „sein Haus" bezeichnete, aber es fühlte sich einfach nicht mehr richtig an, es „das Haus meiner Eltern" oder „Moms und Dads Haus" zu nennen.

Mir war aufgefallen, dass Dad kürzlich angefangen hatte, in der Vergangenheitsform über Mom zu reden, anstatt Dinge zu sagen wie: „Deine Mutter macht das immer so und so." Ich hatte ihn nie korrigiert, wenn er das tat. Ich war davon ausgegangen, dass er Zeit brauchte, um die alten Gewohnheiten abzuschütteln, so wie es Seamus mit seinem harten Maul ergangen war, seinem Herumgekaspere, seinem Mangel an Konzentrationsfähigkeit.

Ich bog in die Auffahrt ab. Dad fummelte beim Abschnallen kurz am Gurt herum. Das hier wäre ein geeigneter Augenblick gewesen, um ihm zu sagen, wie viel Spaß mir die letzten Monate bereitet hatten, wie viel er mir bedeutete und wie dankbar ich dafür war, dass er mir so viel Neues beigebracht hatte. Ich bemerkte, dass er das Gesicht verzog, als er sein Bein aus der Tür schob. Hatte er Rückenschmerzen?

„Hey, es gibt da noch etwas, das ich dich fragen wollte", sagte er.

„Schieß los", sagte ich.

„Hast du zufällig … das Strickzeug deiner Mom?"

„Ähm, ja, der Beutel ist bei mir."

„Könntest du mal nachsehen, ob dieser Latz dabei ist?"

„Der, bei dem ich Mom geholfen habe?"

„Ja, genau der. Hast du ihn?"

„Ich … ich glaube schon. Wieso?"

„Also … wenn ich eines Tages von euch gehe … ich würde mir wünschen, dass du ihn mit in meinen Sarg legst."

32

Alles hat ein Ende …

Der Ostersonntag und der einjährige Todestag meiner Mutter fielen zufällig auf denselben Tag. Wir würden den 365. Tag, seit Mom die Bühne verlassen hatte, mit Schinken, Kartoffelgratin, Spargel in Blätterteighülle und Osterlammkuchen (kein Kuchen aus Lamm, sondern ein Kuchen in Lammform) begehen. Ich hatte alles unter Kontrolle. Das Essen. Die Tischdekoration. Den Hund. Mein Vater rief am Palmsonntag an, um zu fragen, ob er noch irgendetwas zu essen mitbringen solle, beispielsweise mehr Kartoffeln oder mehr Alkohol. „Du weißt ja, was am Sonntag ist? Abgesehen von Ostern, meine ich?"

„Ja, Dad, das weiß ich."

„Ein ganzes Jahr."

„Ja."

Ich verbrachte die Karwoche damit, den Schinken zu backen, obwohl ich überhaupt kein Schinkenfan bin, Beilagen zuzubereiten und eine ganze Osterlammherde zu backen. Abgesehen von Moms Apfelkuchenform hatte ich auch ihre gusseisernen Osterlammkuchenformen geerbt.

Dieses Jahr war der Ostersonntag ein schöner, sonniger Tag, sehr frühlingshaft, was für Ostern in Wisconsin alles andere als üblich ist. Normalerweise folgt Ostern im Schlepptau eines Sturmtiefs, inklusive starken Windes und Schneeregens. Caitlin und Angus waren in der Stadt. Amanda und Linda waren in einem Auto gekommen, weil ein gewisser Jemand wegen unbezahlter Knöllchen seinen Führerschein hatte abgeben müssen. Mein New Yorker Neffe Adam befand sich gerüchteweise gerade irgendwo am Mittelmeer. Amandas Mann war zu Hause geblieben.

Wir saßen um den Tisch, aßen, tranken und redeten. Niemand erwähnte den Todestag. Das wichtigste Thema waren Seamus und sein (zumindest für seine Verhältnisse) makelloser Auftritt.

„Und, Mom? Was steht als Nächstes an, jetzt, wo du den Wettbewerb gemeistert hast?" Es fühlte sich an, als würde mich meine Tochter im Rahmen einer Nachspielkonferenz interviewen.

„Keine Ahnung. Möchte jemand Schinken?"

„Trainiert ihr jetzt weiter mit Seamus im Hundeverein, du und Grandpa?"

„Äh, nein. Kartoffeln?"

„Nein? Aber wieso denn nicht?"

Wir waren nicht mehr hingefahren, weil … irgendetwas los war. Mit Dad. Immer wenn ich anrief und vorschlug, im Verein zu trainieren, hatte er schon etwas vor. Ein kleiner Teil von mir war froh darüber. Ich hatte meinen Zeh ins kalte Wasser der Hundetrainerwelt getaucht und war mir nicht sicher, ob ich wirklich ganz hineinspringen wollte.

„Wenn du doch nur schon vor sieben Jahren angefangen hättest, ihn zu trainieren!" Schon wieder dieses *Wenn-du-doch-nur!*

„Herrje, Dad, jetzt reicht es aber langsam. Ich habs kapiert. Sagen wir einfach mal, ich hätte tatsächlich früher angefangen. Und dann? Glaubst du, er wäre eine große Nummer geworden?"

„Schon möglich – reich mir doch mal die Kartoffeln." Ich war davon ausgegangen, dass mein Vater in Anbetracht des Datums heute ein wenig niedergeschlagen sein würde – ein Jahr.

„Seamus ist ein toller Hund!", sagte ich, während ich die Schüssel mit den außen knusprigen, innen weichen Kartoffeln weiterreichte. Die potenzielle große Nummer lag unter dem Tisch und leckte die Krümel vom Teppich.

„Natürlich ist er toll. *Jetzt.* Er ist ein anderer Hund als früher!" Mein Vater hatte recht. Seamus wirkte anders, er hatte diesen Endlich-versteht-mich-jemand-Ausdruck. Wenn er sich (was selten vorkam) weigerte, dem Bei-Fuß-Kommando zu gehorchen oder auf das Tut-Tuut der Pfeife zu hören (was noch seltener vorkam), griff ich durch, indem ich ihn am Nackenfell packte und ihn mit einem kehligen „Nein!" schüttelte. Das Elektrohalsband, der Stock und der leere Eimer standen in der Garage, wo sie den Spinnen als Arbeitsgrundlage für ihre Netze dienten.

Teller voller Essen wurden herumgereicht. Der Schinken hatte eine Runde um den Tisch absolviert, dann wurde er vom Spargel abgelöst. Es folgten die unausweichlichen Kommentare über Stinkepipi.

Dad stand auf und schlug mit dem Buttermesser gegen sein leeres Weinglas. „Aufgepasst, miteinander! Ich würde euch allen hier gern danken … für alles. Für eure viele Hilfe …" Ihm versagte die Stimme. Mein chronisch ausgetrocknetes Auge war es plötzlich nicht mehr. „Ich hätte das niemals durchgestanden ohne … ohne euch … und … und … danke, Seamus, dass du keine Schande über die Familie gebracht hast!"

Wir stießen rundum miteinander an und wischten uns mit unseren Servietten die Augen.

„Ich musste mich abmelden." Mein Vater reichte Linda den Spargelteller.

„Beim Hundeverein?", fragte ich. Oh nein. War die Alter-Mann-geht-in-den-Sonnenuntergang-Zeit gekommen?

„Nein, nur fürs Mähen der Felder." Seitdem sein Hund in den Halbruhestand gegangen war, hatte Dad die Aufgabe des Vereinshausmeisters übernommen. Er liebte es, auf diesem riesigen Traktor über das Gelände zu fahren. Er behandelte die Felder mit Respekt. Er mähte das Gras nicht einfach nur, weil das seine Aufgabe war – er mähte es für die Hunde. Sie gaben bedingungslos ihr Bestes, da war ein anständig gemähtes Feld das Mindeste, was er ihnen für ihre Loyalität und ihre harte Arbeit zurückgeben konnte. Aber das Rumpeln des Traktors hatte die Arthritis in seinem Rücken verstärkt. „Ich bin vom Sitz aufgestanden und wäre fast gefallen. War verdammt knapp!"

„Und, Dad? Wer mäht jetzt, wo du es nicht mehr tust, das Gras?", fragte ich nach.

„Niemand. Das solltest du mal sehen. Das Feld, auf dem wir Seamus immer haben laufen lassen? Da ist das Gras inzwischen so hoch wie du."

Wir waren bereit, die Lammkuchenherde zu zerfleischen. Ich schnitt ein großes Stück Popo (Dads Lieblingsstück) von einem Kuchen, der mit der sahnigen, weißen Glasur aus den teigbeklecksten Rezepten meiner Mutter überzogen war.

„Gar nicht mal so schlecht", sagte er. Ich hatte nicht damit gerechnet, Noten für die Glasur zu bekommen. Verflixt noch mal, das war doch kein Apfelkuchen!

„Ich glaube, die ganze Idee mit dem Hundetraining stammte von Mom", sagte ich. „Wer sonst hätte den Gedanken in meinen Kopf pflanzen sollen? Das Letzte, worauf ich Lust hatte, war, eine tote Ente aus einem feuchten Hundemaul zu ziehen."

„Ach, komm schon. Du hast es geliebt", sagte meine Schwester, den Mund voller Osterlamm.

Nein, hatte ich nicht. Oder vielleicht doch? Wenn ich mit dem Hund draußen war und er mir gehorchte, dann hatte ich das Gefühl, alles unter Kontrolle zu haben. Und Seamus? Er wollte einfach nur durch die Felder rennen und in Teiche springen, er brauchte keinen Zweck. Er brauchte bloß zu wissen, dass er seine Arbeit gut gemacht hatte. Und wollen wir letztlich nicht alle genau das?

Zu Ostern läuft kein Footballspiel, dessentwegen alle noch länger bleiben würden, und so ging mein Vater nach dem Brunch. „Ich schaue noch bei deiner Mutter vorbei", sagte er. Sonntags nach der Messe geht er immer zum Friedhof und setzt sich dort auf die kalte Bank aus Gussbeton. Ihr Name steht rechts, seiner links, entsprechend den Bettseiten, auf denen sie geschlafen haben.

Mein Sohn und meine Tochter mussten einen Bus erwischen und auch meine Schwester und ihre Tochter brachen auf.

Ich war seit dem Muttertag nicht mehr auf dem Friedhof gewesen. Ich fand dort keinen Frieden, hatte nicht das Gefühl, dass Mom dort war. Und den Namen meines Vaters neben ihrem auf dem Granitblock zu sehen fühlte sich einfach nur surreal an.

Stattdessen fuhr ich mit Seamus zu einem Feld in der Nähe des Miller-Park-Stadions, um apportieren zu üben, damit er nicht aus der Übung kam. Ich hätte ja im Garten bleiben können, aber der Boden war noch so weich und matschig, dass Seamus beim Hin- und Herlaufen tiefe Furchen in den Rasen gerissen hätte.

Ich nahm die Pfeife und einen weißen Trainingsdummy mit.

Keine Hundebox im Kofferraum. Ich parkte. Öffnete die Kofferraumklappe. Befahl Seamus zu warten. Er rührte sich nicht. Er saß da und machte einfach, was ich ihm gesagt hatte – warten. Ich leinte ihn an und befahl ihm, bei Fuß zu kommen. Als er den Dummy in meiner Hand sah, wurde er ganz aufgeregt und deutete einen Sprung an, aber ich wies ihn mit einem knappen Ruck an der Leine und meinem allerbesten Knurren in seine Schranken.

Ich ließ ihn mitten auf dem Feld Sitz machen, dann warf ich den Dummy. Er flog weiter als geplant und landete mitten im

Präriegras. Eine Frau ging mit ihrem kleinen Bichon Gassi. Ihre Outfits waren aufeinander abgestimmt. Sie hielten an. Ich schickte Seamus los und er flitzte davon ins hohe Gras. Er brauchte länger, als ich erwartet hatte – nämlich fünfzehn Sekunden statt fünf –, um den Dummy zu finden. Ich pfiff ihn zurück und er rannte an meine Seite, wo er noch nicht einmal richtig saß, ehe er brav den Dummy ausgab. „Fein gemacht!", sagte ich und kraulte ihn kräftig hinter den Ohren.

Er hatte noch drei- oder viermal apportiert, da hörte ich die Dame rufen: „Entschuldigen Sie bitte?"

„Ja?" Seamus saß und blieb.

„Ähm, was für ein Spielzeug ist denn das?"

Moment mal. Hat sie gerade Spielzeug gesagt?

„Das hier?" Ich hielt den Dummy hoch.

„Ja, genau. So eins habe ich noch nie gesehen!"

„Das *ist* kein Spielzeug. Das ist ein Apportierdummy."

„Ein was?"

„Ein *Ap-por-tier-dum-my.*"

Sie murmelte irgendetwas Unverständliches vor sich hin, woraufhin ich in mich hineinmurmelte: „Albernes Weibsstück."

Erst kürzlich hatte ich unsere Briefträgerin ausschimpfen müssen, weil sie Seamus mit einem Leckerli aus ihrer Posttasche zum Hochspringen ermunterte hatte. Ich habe alle Bälle aus Seamus' Spielzeugkiste ausgemistet, inklusive aller Tennis- und Baseballbälle, die Seamus auf dem Spazierweg beim Miller-Park-Stadion gefunden hat. Die Frisbeescheibe habe ich aufgehoben, als Mahnung, was ich nie wieder tun sollte. Vor einem Jahr wäre ich nicht einmal auf die Idee gekommen, Verlockungen wie diese aus Seamus' Apportierrepertoire (was auch immer ich damals als Apportieren durchgehen ließ) verschwinden zu lassen. Ich hätte einen Tennisball geworfen und er wäre hinterhergeflitzt, hätte ihn im Sprung gefangen, dann darauf herumgekaut und ihn voller schaumigem Speichel zurückgebracht und ich hätte ihm ins Maul langen müssen, um an den Ball heranzukommen. Ich hätte einen Stock geworfen und er hätte ihn zurückgebracht und daran genagt, bis der Stock den Durchmesser eines Zahnstochers gehabt hätte, ehe er ihn ausgespuckt und dann so lange gekläfft hätte, bis ich den Zahnstocher noch einmal geworfen hätte.

Am Ostermontag rief mein Vater an. Er hatte schlechte Neuigkeiten. „Ich ... ich musste Mugsy einschläfern lassen."

„Oh nein!" Jetzt reichte es aber langsam mit der ganzen Sterberei!

„Jepp, der alte Kerl konnte einfach nicht mehr aufstehen – seine Hinterläufe, die Wirbelsäule ..."

„Ach, Dad."

„Ja, ja. Ich habe hier noch was von seinem Hundefutter, falls du es haben willst."

„Klar, ich komme rüber und hole es ab."

Als ich in seine Auffahrt bog, wartete ich darauf, dass das schwarz-weiße Gesicht aus der Hundeklappe in der Garagentür spähte. Zum ersten Mal seit ... vierzig Jahren? ... befand sich kein Hund im Zwinger. Kein Trooper. Keine Belle. Kein Duke, Buddy, Shadow und nun auch kein Mugsy.

Mein Vater saß am Küchentisch, auf dem Platz, der früher einmal der meiner Mutter gewesen war. Er hielt sich an der Tischkante fest und drückte sich vom Stuhl hoch. Dann ging er steif zum Waschbecken und nahm ein paar Tabletten. „Für den Rücken", sagte er.

Ich erzählte ihm von Seamus und wie gut er sich auf dem Feld geschlagen hatte.

„Natürlich!", erwiderte mein Vater. Dann erzählte ich von der Lady und wie sie den Dummy als „Spielzeug" bezeichnet hatte. „Albernes Weibsstück!", sagte er.

Er trank ein Glas Wasser.

„Sag mal, Dad?"

„Was?"

„Ich glaube, du hast mich in einen Hundetrainingssnob verwandelt."

„‚Snob' würde ich es nicht unbedingt nennen ... eher in jemanden, der weiß, was er tut."

Das aus seinem Mund zu hören ... ich meine ... jetzt brauche ich ein Glas Wasser, um den Kloß in meinem Hals hinunterzuspülen.

„Ich muss mich wieder setzen", murmelte er, kehrte zum Küchenstuhl zurück und ließ sich auf die weinrote, gesteppte Sitzfläche fallen.

Erst Dad ohne Mom und jetzt auch noch Dad ohne Hund?

„Also wirklich kein neuer Welpe?"

„Nein, ich glaube nicht. Ich kann einfach nicht mehr ... das Bücken ... es fällt mir schwer. Ich könnte dem Hund nicht mehr geben, was er verdient."

Es war hart, das zu hören. Hier waren Dads Hundejahre zu Ende. Wie viele Hunde hatte er gehabt? Steelie. Major. Whiskers. Cinnamon. Shadow. Belle. Duke. Buddy. Trooper. Mugsy. Und so gesehen auch Seamus. Im Jenseits erwartete ihn ein ganzes Rudel. Ihn und Mom. Wenn seine Zeit gekommen ist, werde ich nicht nur an den Latz denken, sondern auch an seine Pfeife. Er wird sie brauchen können.

Ich setzte mich auf den Stuhl gegenüber, von dem aus man den Teil des Gartens sehen konnte, in dem meine Mutter immer die Wäsche aufgehängt hatte. Inzwischen stand ein Baum an der Stelle, an der wir früher im Sommer unseren Pool errichtet hatten. Wenn die Badesaison vorbei war, bauten wir das Becken wieder ab, wodurch eine sechs Meter lange, ovale Fläche frei wurde, die Dad mit dem Gartenschlauch flutete, sodass in unserem Garten eine Eisbahn entstand, auf der ich so tun konnte, als sei ich eine berühmte Eiskunstläuferin.

Und so saßen wir da. Über unseren Köpfen schwebte die Küchenhexe. Wir blickten zum Fenster hinaus, auf den unbelebten, hundelosen Zwinger. Es wäre wieder einmal der perfekte Augenblick gewesen, um Dad zu sagen, dass mich an all jenen Mittwochmorgen damals nur eins aus dem Bett hatte bewegen können: das Wissen, dass er auf dem Parkplatz des Hundevereins auf mich wartete. Wie viel er mir beigebracht hatte. Wie dankbar ich war für die Zeit, die wir miteinander verbracht hatten ... wie sehr ich ihn liebte.

„Dad? Ich ... ich wollte nur ..." Ich bekam die Worte nicht heraus. Sie steckten in dem Kloß in meiner Kehle fest. Ich biss mir auf die Unterlippe, um nicht losheulen zu müssen.

Er sah mich an. Ich entdeckte Tränen in seinen Paul-Newman-blauen Augen. Er schniefte, dann legte er seine wettergegerbte Hand auf meine.

„Ja, ja. Ich doch auch."

Danksagung

Ich möchte (in willkürlicher Reihenfolge) folgenden Personen danken: meinem Mann Mark für seine unermüdliche Unterstützung. Außerdem Mr Lamb Free, dem West Allis Training and Kennel Club und Doug und Patti Kennedy von Waterdog Specialties, denn ohne sie und Worth the Wait und Zoey gäbe es Seamus gar nicht. Weiteren Dank schulde ich der Elmbrook Veterinary Clinic und Dr. Bob Merold für seine endlose Geduld und sein umfangreiches Wissen über Seamus' Verdauungstrakt. Dem Wisconsin Veterinary Referral Center. Dem Entwickler von Hex-a-Bumper. Meinem Sohn Angus und meiner Tochter Caitlin, weil sie der Nachwuchs sind, den sich jede Mutter wünscht. Meiner Schwester Linda, weil sie es mir übel nähme, wenn ich mich nicht bei ihr bedanken würde, und ich dann nie die Kuckucksuhr bekäme. Amanda Stys – hoffentlich musst du nach der Geschichte mit Fighting Bob La Folette nicht zum Therapeuten. Adam Deer. Meinem Schreibguru Robert Vaughan. Allen Red-Oak-Autoren. Meiner Agentin Kathy Green. Nanette Varian. Mr Wallace Grey. Shana Drehs, Grace Menary-Winefield und dem Team von Sourcebooks. Und besonders großen Dank schulde ich natürlich meinem Vater, dem Typ, der meine mädchenhaften Pfeifenkünste ertragen musste und dessen Wissen über das Gehirn eines gewissen Labradors auf ewig unvergessen bleiben wird. Nicht vergessen darf ich außerdem meine Mutter – ich schwöre, es war sie, die mir die Idee eingab, Dad, den Hund und mich zusammenzubringen. Ich würde ja sagen, dass ich euch alle lieb habe, aber wir sind nun mal keine von diesen Ich-hab-dich-lieb-Familien.

Edel Books
Ein Verlag der Edel Germany GmbH

Copyright © 2016 Mel C. Miskimen

Titel der Originalausgabe: *Sit. Stay. Heal,* erstmals erschienen 2016 bei Sourcebooks, Inc., 1935 Brookdale Road, Suite 139, Naperville, IL 60563, USA

Copyright der deutschen Ausgabe © 2019 Edel Germany GmbH, Neumühlen 17, 22763 Hamburg
www.edelbooks.com
1. Auflage 2019

Übersetzung: Sarah Heidelberger | www.sarah-heidelberger.de
Projektkoordination und Lektorat: Nina Schnackenbeck
Umschlagfotos: Breanna Rae Weber | Breanna Rae Photography & Design
Umschlaggestaltung: GROOTHUIS. Gesellschaft der Ideen und Passionen mbH | www.groothuis.de
Satz und Layout: Datagrafix GSP GmbH, Berlin | www.datagrafix.com
Druck und Bindung: optimal media GmbH, Glienholzweg 7, 17207 Röbel/Müritz

Dieses Buchprojekt wurde vermittelt durch die Arrowsmith Agency, Hamburg.

Printed in Germany

ISBN 978-3-8419-0604-5